电路分析及应用基础

主　编　瞿　晓

副主编　费正顺　任嘉祺

参　编　吴洁雯　黄　萌　董桂丽

机械工业出版社

CHINA MACHINE PRESS

本书基于应用型人才培养目标，根据工程教育认证的课程要求编写。教材采用线上与线下相结合的新形态数字模式，针对教师和学生都做了全方位的、丰富立体的配套资源，以方便教师教学和学生学习。

本书可用作应用型本科院校或者高职专科学校的自动化、电气工程、信息电子、通信工程、计算机等专业的电路原理等课程的教材，也可以作为工程技术人员的函授教材或参考用书。

针对**教师**的配套：**多媒体课件，课后习题解答、习题库及答案，实验指导书，教学导学案例、教学大纲、教案等。**

针对**学生**的配套：**36 个主要知识点的高清视频微课、6 套在线自测题**等。同学均可扫描书中二维码观看或练习。

选用教材的**老师**请登录 www.cmpedu.com 注册下载教材配套或发邮件至 lixiaoping91142@163.com 向责编索要。

图书在版编目（CIP）数据

电路分析及应用基础/瞿晓主编. —北京：机械工业出版社，2022.6

ISBN 978-7-111-70445-4

Ⅰ.①电…　Ⅱ.①瞿…　Ⅲ.①电路分析-教材　Ⅳ.①TM133

中国版本图书馆 CIP 数据核字（2022）第 050305 号

机械工业出版社（北京市百万庄大街 22 号　邮政编码 100037）

策划编辑：李小平　　　　　责任编辑：李小平
责任校对：闫玥红　张　薇　封面设计：鞠　杨
责任印制：刘　媛

涿州市般润文化传播有限公司印刷

2022 年 6 月第 1 版第 1 次印刷

184mm×260mm · 14.25 印张 · 353 千字

标准书号：ISBN 978-7-111-70445-4

定价：69.00 元

电话服务　　　　　　　　　网络服务

客服电话：010-88361066　　机 工 官 网：www.cmpbook.com
　　　　　010-88379833　　机 工 官 博：weibo.com/cmp1952
　　　　　010-68326294　　金 书 网：www.golden-book.com
封底无防伪标均为盗版　　机工教育服务网：www.cmpedu.com

为贯彻落实教育部《关于进一步加强高等学校本科教学工作的若干意见》和《教育部关于以就业为导向深化高等职业教育改革的若干意见》的精神，以教育部颁布的高等学校工科本科基础课程"电路原理"教学基本要求作为依据，结合应用型本科院校的特色，将电路原理及其分析方法进一步融会贯通，编写了《电路分析及应用基础》一书。本书适用于应用型本科院校或者高职专科学校的自动化、电气工程、信息电子、通信工程、计算机等专业的教学需要。它的主要任务是为学生学习专业知识和从事工程技术工作打好电路技术的初步理论基础，并使他们受到必要的相关基本技能训练。

本书中对电路的基本理论、基本定律、基本概念及基本分析方法进行了比较全面的阐述，内容上重点加强基本概念和基础理论的讲解，并通过工程实例来说明理论在工程实践中的应用，以加深学生对基础知识的掌握和理解，最后通过习题来加深学生对理论的理解和掌握。本书还介绍了相关电工电子技术的现状及发展，反映了现代科学技术发展的新成就。

在本书编写过程中，我们紧密结合当前学科发展的现状、市场需求导向及应用型人才培养目标，明确本课程的主要任务是为后续课程和学生将来工作需要准备必要的基础知识，不过度强调电路理论学科本身知识体系的完整性。删减了一些过深的内容，兼顾了强电类和弱电类专业的需要，编写出适合应用型本科院校和高职专科学校电类专业学生使用的"电路分析及应用基础"教材。通过本书的学习，使学生了解和掌握直流电路、交流电路的基本原理，以及电路的基本分析方法，初步掌握电路的基础理论，并通过相应的实验培养学生的实验技能和动手能力，以培养学生独立思考、分析解决实际问题的能力，为后续相关专业课和专业选修课打下一个良好的基础。

本书采用线上与线下结合的新形态数字教材模式，为方便教师同仁使用配套了多媒体课件、实验指导书、教学导学案例、工程全景演示、教学大纲、教案等教学资料。为方便学生课外预复习，配套了课后习题解答、主要知识点的微课视频、在线自测、课外补充习题、延伸阅读资料等资源，学生均可扫描书中二维码观看或练习。

本书由浙江科技学院瞿晓主编。浙江科技学院的费正顺（副主编）、吴洁雯、董桂丽，浙江机电职业技术学院任嘉祺（副主编），衢州学院黄萌等参加本书的编写工作。各位老师均来自教学一线，有着多年的教学工作经验，也有主持教改项目、编写教材、教学竞赛获奖的经历。

本书编写过程中，还得到了浙江科技学院电气学院同事的关心和大力支持，在此对关心、帮助本书出版的同志和单位表示真挚的感谢；本书在编写时参考和引用了许多业内同行的优秀成果，也对参考文献的原作者表示衷心的感谢！

由于编者学识水平有限，书中难免存在疏漏和不足之处，欢迎读者批评指正，意见可发送电子邮件至 quxiao@ zust. edu. cn。

编　者
2022 年 2 月
于浙江科技学院

目录▄
Contents

第1章　电路的基本概念与基本定律

在现代工业、农业、国防建设、科学研究及日常生活中，广泛而又大量地使用着各种各样的电气设备或电气装置，这些设备或装置实际上是由各种各样的电气元件或部件组成，并按一定的方式连接起来完成某种预期目标而设计、安装、工作运行的。各种电器元件或部件及其连接方式就构成了各种各样的实际电路。

在线测试
自测与练习 1

> **本章要点**
> 1）理解电路模型、电路元件、电压电流的参考方向等基本概念。
> 2）掌握基尔霍夫电流定律和基尔霍夫电压定律。
> 3）掌握电路元件的外特性及其串、并联等效变换。
> 4）理解电位的定义，掌握电位的计算。

1.1　电路组成及其理论模型

人们在工作、生产和生活中会接触到各种各样的实际电路，实际电路种类繁多，但不管简单还是复杂，总可以对其从功能、组成等方面进行归类。

1.1 电路的
基本概念

从功能上分，实际电路主要有以下两个功能（见图 1.1）：

1）能量的产生、传输与转换。以电力的产生、传输和分配为例：发电厂（水电、火电、核电、风电、太阳能发电等多种形式的发电方式）首先利用各种电气装置将不同形式的能量转换成电能，然后利用输电线路将发电厂发出的电能传输到城市、乡村及所有需要用到电能的地方，在那里再将电能分配到各个厂矿企业和千家万户，最终各个用户根据自己的需要将电能转换成机械能、光能、热能等其他形式的能量。

2）信号的传递、变换与处理。以无线电通信为例：利用各种电气装置将声音、图像等转换成无线电信号（这个信号从能量上讲，远比电力系统小得多），无线电信号在大气层中传播，用户利用电气装置将接收到的无线电信号重新还原成声音、图像等，在这个过程中还可以对还原的信号进行适当的处理。最有代表性就是手机通信。

从组成上讲，任何实际电路都由三部分（见图 1.2）组成：

1）**电源**：提供电能或电信号的电气装置，作用是向电路中其他电气元件提供工作时所必需的电压、电流或功率。

2）**负载**：消耗电能的电气装置，作用是将电源提供的电能转换成其他形式的能量。

3）**连接部分**（**中间环节**）：通常由金属导线、开关、控制器等组成，作用是将电源和负载连接起来使电路能正常工作。

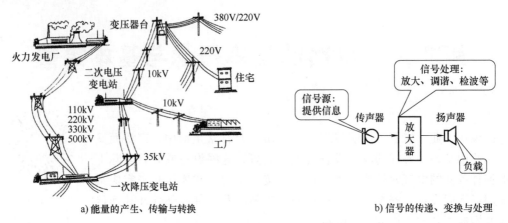

a) 能量的产生、传输与转换　　　　　　　b) 信号的传递、变换与处理

图 1.1　电路的两大功能

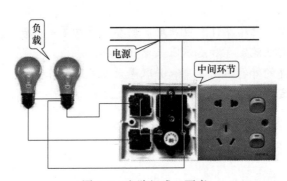

图 1.2　电路组成三要素

电路中的电压和电流是在电源的作用下产生的，因此电源又称为**激励源或激励**；由于激励的作用在电路中产生的电压、电流称为**响应**。根据激励与响应间的因果关系，把激励称为**输入**，响应称为**输出**。

由于实际电气装置、设备和元件种类繁多，数量巨大，其工作时的物理过程也很复杂，不便一一进行分析，但其同时在电磁现象方面却又有着许多相同的地方。为了便于分析实际电路的主要特性和功能，须对实际电气装置或元件进行科学抽象，找出其主要的电磁特性，忽略其次要的电磁特性，经过这种抽象后的电气元件称之为**理想元件**，如同化学理论中的理想气体、力学理论中的理想刚体，它们都具有精确的数学定义。在一定的条件下，对由这些理想元件组成的理想电路进行分析计算得到的结果与实际电路工作时的状况相同或非常接近，可以对实际电路的工作状态进行理论上的预测。在电路理论中对实际电气装置或电路元件进行理论抽象后常用的理想元件主要有以下四种：

1. 电阻元件

凡是在实际电路中消耗电能的电气装置或元件都可抽象为电阻元件，用 R 表示；电气符号如图 1.3a 所示。

2. 电容元件

凡是在实际电路中能储存电场能的电气装置或元件都可抽象为电容元件，用 C 表示；

电气符号如图 1.3b 所示。

3. 电感元件

凡是在实际电路中能储存磁场能的电气装置或元件都可抽象为电感元件，用 L 表示；电气符号如图 1.3c 所示。

4. 电源元件

凡是在实际电路中能够提供电能的电气装置或元件都可抽象为电源元件，电源元件分为电压源和电流源，分别用 $u_s(U_s)$ 和 $i_s(I_s)$ 表示。电气符号分别如图 1.3d、1.3e 所示。

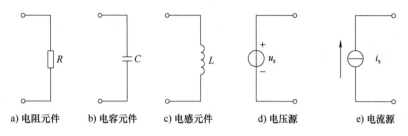

a) 电阻元件　　b) 电容元件　　c) 电感元件　　d) 电压源　　e) 电流源

图 1.3　各种理想元件的电气符号

图 1.4a 所示为一个简单的手电筒实际电路，由干电池、开关、小灯泡和导线连接组成。经过抽象建模，其电路模型如图 1.4b 所示，干电池用电源 U_S 和电阻 R_s 的串联组合作为模型，反映了电池内化学能转换为电能以及电池本身耗能的物理过程；连接导线用理想导线（电阻为 0）即线段表示；开关用理想开关（闭合电阻为 0，打开电阻为 ∞）；灯泡用电阻元件 R_L 表示，反映了它能将电能转换为热能和光能这一物理现象。

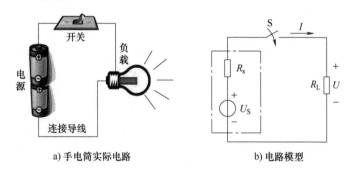

a) 手电筒实际电路　　　　　　　　b) 电路模型

图 1.4　各种理想元件的电气符号

对于抽象的理想元件模型应当注意以下三点：

1）理想电路元件只是一种理想的元件模型，在现实中是不存在的。

2）不同的电气装置或元件，只要具有相同的主要电磁性能，在一定条件下就可以抽象成相同的理想电路元件。

3）而对同一个电气装置或元件在不同的条件下，它的理想模型也有不同的形式。

将千差万别、种类繁多的实际电气装置或元件抽象成理想元件或理想元件的组合是电路理论中的建模问题，模型建得复杂会造成分析计算的困难，模型建得简单会使分析计算的结果与实际情况不符。因此，电路理论的建模问题是比较复杂的问题，需进行专门的研究，在本书中不做研究。

1.2　电路变量及电流和电压的参考方向

1.2.1　电路变量

在电路理论中涉及的变量主要有电流、电压、电荷、磁通、磁链、功率和能量等，其中电流、电压、功率和电能最为常用。

1. 电流

电流是电荷有规则的定向运动所形成的，规定正电荷流动的方向为电流的方向。电流的大小可用电流强度表示，定义电流强度为单位时间内通过导体横截面的电荷量，即

$$i(t) = \frac{\mathrm{d}q(t)}{\mathrm{d}t} \tag{1-1}$$

当电流强度与时间无关时，即为直流电流，用 I 表示。电流强度通常简称为电流，单位是安培（A）。

2. 电压

电压定义为将单位正电荷从电路中一点移动到另一点时电场力所做的功，或表示为电路中任意两点之间的电位之差，即

$$u(t) = \frac{\mathrm{d}w(t)}{\mathrm{d}q(t)} \tag{1-2}$$

当电压与时间无关时，即为直流电压，用 U 表示。电压的单位是伏特（V），电压的极性规定为从正极（+）指向负极（−）。

3. 电能和功率

电能定义为在 $t_0 \sim t$ 时间内，电场力将单位正电荷由 A 点移动到 B 点时所做的功，用 W 表示。根据电压的定义有

$$W = \int_{t_0}^{t} w(t)\,\mathrm{d}t = \int_{q(t_0)}^{q(t)} u(t)\,\mathrm{d}q(t) \tag{1-3}$$

将 $i(t) = \dfrac{\mathrm{d}q(t)}{\mathrm{d}t}$ 代入式（1-3）得

$$W = \int_{t_0}^{t} u(\xi)i(\xi)\,\mathrm{d}\xi \tag{1-4}$$

电能的单位是焦耳（J）。

功率定义为单位时间内电能的变化率，即

$$p(t) = \frac{\mathrm{d}w(t)}{\mathrm{d}t} = u(t)i(t) \tag{1-5}$$

功率的单位为瓦特（W）。

1.2.2　参考方向

1. 电流的参考方向（参考流向）

在电路分析计算中，对于简单电路，很容易判定电流的实际流动方向；但对复杂电路，则

很难直接判断电流的实际流向。因此，为列电路方程而必须事先人为地假定电流的流向，称之为电流的参考方向。当通过对电路分析计算后得到的电流值为正值时，电流的参考方向就是电流的实际流向；当得到的电流值为负值时，表明电流的实际流向与参考方向相反。这样，在假定的电流参考方向下，计算得到的电流值的正或负就可以表明电流的实际流向。在图 1.5a 中表示电流的实际流向与参考方向相同，图 1.5b 中表示电流的实际流向与参考方向相反。

2. 电压的参考方向（参考极性）

同样地，也可以对电路中任意两点之间的电压事先假定一个参考极性，当计算得到的电压值为正值时，电压的参考极性就是电压的实际极性；当计算得到的电压值为负值时，电压的实际极性与参考极性相反。这样，在假定的电压参考极性下，计算得到的电压值的正或负就可以表明电压的实际极性。如图 1.6a 表示电压的实际极性与参考极性相同，图 1.6b 表示电压的实际极性与参考极性相反。

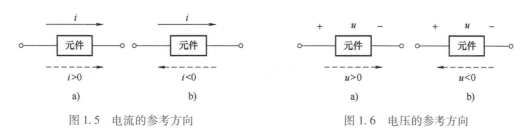

图 1.5　电流的参考方向　　　　　　　　图 1.6　电压的参考方向

3. 关联参考方向

电路中每个元件的电流或电压的参考方向或参考极性是相互独立的，在对电路分析计算前可以任意假定。但为了便于分析电路的其他变量或性质，一般将电流的参考方向和电压的参考极性设为一致，将其称为**关联参考方向**。在后面电路分析计算中的公式都是在关联参考方向的前提下给出的。

当电路中任何一个元件指定其电压和电流的参考方向为关联参考方向后，根据计算得到的电压和电流的实际结果很容易判定该元件是消耗还是提供功率。当

$$p(t) = u(t)i(t) > 0 \qquad \text{消耗功率}$$
$$p(t) = u(t)i(t) < 0 \qquad \text{提供功率}$$

例如：当某元件的电压和电流的参考方向为关联参考方向时，经过计算后得到该元件的电压和电流如下：

当 $U = 2V$，$I = 5A$，则 $P = UI = 10W$，该元件消耗功率 10W，是负载；

当 $U = -2V$，$I = 5A$，则 $P = UI = -10W$，该元件提供功率 10W，起电源作用。

1.3　电路元件及其外特性

电路元件是对实际电气装置或元件进行抽象后得到的电路中最基本的理想元件，元件的电磁特性可以用精确的数学表达式描述。在本书的电路理论中主要研究的是集总参数元件和集总参数电路。集总参数元件定义为：在任何时刻，对于二端元件，流入一个端子的电流一定等于从另一个端子流出的

1.3 电路元件及其伏安特性

1.3 元器件特性及参数测量（实验）

电流；同时元件两个端子之间的电压为单值。由集总参数元件组成的电路称为**集总参数电路**。用集总参数电路模型来描述实际电路应当满足的条件是：实际电路的尺寸 l 远小于电路工作时的电磁波的波长 λ。不满足此条件，则实际电路只能用后面介绍的分布参数电路模型描述。

下面将介绍电路理论中常用的几种二端元件的电磁性质。

1.3.1 电阻元件

凡是以消耗电能为主要电磁特性的实际电气装置或元件从理论上都可以抽象成理想**电阻元件，简称电阻**。电阻有线性和非线性、时变和非时变之分，下面先讨论线性电阻。电路中讨论元件的电磁性质主要是研究元件的外特性，即元件两端的电压与元件中流过的电流之间的关系等。当其电压和电流采用关联参考方向时，线性电阻两端的电压和电流之间的关系服从欧姆定律，即

$$u = Ri \tag{1-6}$$

式中，R 为电阻元件的**电阻**。

当电压用伏特（V）、电流用安培（A）作单位时，电阻的单位为欧姆（Ω）。

由于电压和电流的单位分别为伏特和安培，因此电阻元件的外特性又称为**伏安特性关系**（见图 1.7）。当电压和电流没有采用关联参考方向时，欧姆定律公式中需加一负号，即 $u = -Ri$。

有时要用到欧姆定律的另一种形式

$$i = Gu \tag{1-7}$$

式中，G 为电阻元件的**电导**，$G = 1/R$，单位为西门子（S）。

由于欧姆定律是线性方程，故在电阻元件的伏安特性图中是一条过原点的直线，直线的斜率与元件的电阻 R 成正比，如图 1.7 所示。

当电阻元件的电压和电流采用关联参考方向时，电阻元件消耗的功率为

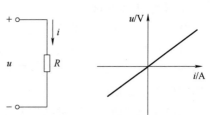

图 1.7　电阻元件及伏安特性关系

$$p = ui = Ri^2 = \frac{u^2}{R} = Gu^2 = \frac{i^2}{G} \tag{1-8}$$

式中，R 和 G 为正实常数，功率 $p \geqslant 0$，所以线性电阻始终消耗功率，是一种无源元件。

电阻元件在 $t_0 \sim t$ 时间内从电源吸收的电能为

$$W = \int_{t_0}^{t} Ri^2(\xi)\,\mathrm{d}\xi = \int_{t_0}^{t} \frac{u^2(\xi)}{R}\,\mathrm{d}\xi \tag{1-9}$$

从上面的分析可知，电阻 R 表示了线性电阻元件电压与电流的比例关系。

在电子线路中经常用到各种**电阻元件，也简称电阻**。电阻在实际使用中按制作材料分为碳膜电阻、金属膜电阻、线绕电阻，按用途分为通用电阻、精密电阻、高压电阻、高阻电阻，按形状分为圆柱形电阻、贴片电阻、排状电阻等。几种常见电阻见图 1.8。

电阻的主要技术参数如下：

1）标称阻值。为了便于工业化大量生产和使用者在一定范围内选用，国家规定了一系列的按一定规律分布的各种标称阻值，使用者可根据需要进行选择和搭配，以得到自己所需的电阻值。标称阻值的单位为欧（Ω）、千欧（kΩ）、兆欧（MΩ）、太欧（TΩ）。

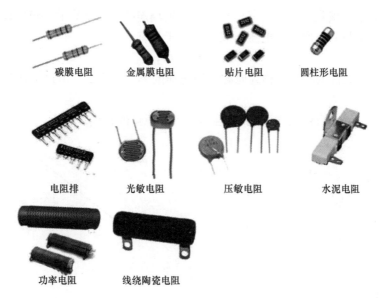

碳膜电阻　　　金属膜电阻　　　贴片电阻　　　圆柱形电阻

电阻排　　　光敏电阻　　　压敏电阻　　　水泥电阻

功率电阻　　　线绕陶瓷电阻

图 1.8　各种电阻

2）阻值误差。电阻允许误差：±10%，±5%等。

3）额定功率。其标准有：1/8W，1/4W，1/2W，1W，2W，5W，10W 等。

目前电阻的标称阻值的标注方法有在电阻上采用圆环形彩色的标注方法，颜色与数值的对应见表 1.1。

表 1.1　通用电阻色环颜色与所对应的数字列表

色环颜色	棕	红	橙	黄	绿	兰	紫	灰	白	黑	金	银
代表数值	1	2	3	4	5	6	7	8	9	0	±5%	±10%

标注方法有 4 环标注法和 5 环标注法，如图 1.9 所示。例如 4 环标注的电阻色环标志为"棕黑橙银"，则该电阻的阻值为 10kΩ，允许误差为 ±10%；5 环标注的电阻色环标志为"红绿黑橙金"，则该电阻的阻值为 250kΩ，允许误差为 ±5%。

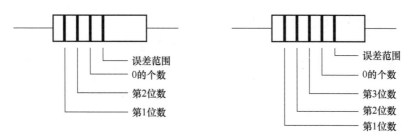

误差范围
0的个数
第2位数
第1位数

误差范围
0的个数
第3位数
第2位数
第1位数

图 1.9　通用电阻色环颜色标注法

1.3.2　电容元件

凡是能够以储存电场能量为主要电磁特性的实际电气装置或元件从理论上都可抽象成理想电容元件。电容也有线性和非线性之分，线性电容元件及其伏安特性如图 1.10 所示，与电压正极相连的极板聚集的是正电荷，与电压负极相连的极板聚集的是负电荷。通过研究发现，极板上的电荷量 q 与所加的电压 u 成正比，于是有

$$q(t) = Cu(t) \tag{1-10}$$

式中，C 表示电容元件的参数，称为**电容**，当电荷的单位为库仑，电压为伏特，则电容的单位为法拉（F）。

如图 1.10 所示，线性电容的**库伏特性**是一条过原点的直线。

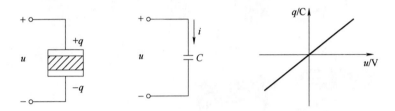

图 1.10　电容元件及伏安特性关系曲线

电容元件具有下列特性：

1. 电容是一种动态元件

当电容元件的电压和电流取关联参考方向，则有

$$i = \frac{\mathrm{d}q(t)}{\mathrm{d}t} = C\frac{\mathrm{d}u(t)}{\mathrm{d}t} \tag{1-11}$$

这表明电容中的电流与其两端电压的变化率成正比，当电容两端加的是直流电压时，电流为零，所以电容有隔断直流电流的作用。

2. 电容是一种记忆元件

将式（1-1）改写为

$$q(t) = \int i(t)\,\mathrm{d}t$$

根据电路具体情况，可以确定它的积分上下限为

$$q(t) = \int_{-\infty}^{t} i(\xi)\,\mathrm{d}\xi = \int_{-\infty}^{t_0} i(\xi)\,\mathrm{d}\xi + \int_{t_0}^{t} i(\xi)\,\mathrm{d}\xi = q(t_0) + \int_{t_0}^{t} i(\xi)\,\mathrm{d}\xi \tag{1-12}$$

式中，$q(t_0)$ 为 t_0 时刻电容所带的电荷量。

式（1-12）表明，电容在 t 时刻所带的电荷量等于 t_0 时刻的电荷量加上 $t_0 \sim t$ 时间内增加的电荷量。如果设 t_0 为计时起点，并令其为零，则

$$q(t) = q(0) + \int_{0}^{t} i(\xi)\,\mathrm{d}\xi \tag{1-13}$$

由此可知，电容元件的电压也具有上述性质

$$u(t) = u(0) + \frac{1}{C}\int_{0}^{t} i(\xi)\,\mathrm{d}\xi \tag{1-14}$$

从以上二式可知，电容二个极板上的电荷量和电容的电压除与 $0 \sim t$ 时刻的电流值有关外，还与 $q(0)$ 或 $u(0)$ 值有关，即与电容以前的状态有关，将此性质称之为电容是一种"记忆"元件。而电阻元件在任何时刻 t 的电压仅与该瞬间的电流值有关，而与之前的状态没有关系，所以说电阻是无"记忆"的元件。

3. 电容是一种储能元件

在电压和电流取关联参考方向下，线性电容元件的功率表达式为

$$p(t) = u(t)i(t) = Cu(t)\frac{\mathrm{d}u(t)}{\mathrm{d}t} \tag{1-15}$$

电容元件在 t 时刻吸收电场能量为

$$W_C = \int_{-\infty}^{t} u(\xi)i(\xi)\,\mathrm{d}\xi = \int_{-\infty}^{t} Cu(\xi)\frac{\mathrm{d}u(\xi)}{\mathrm{d}\xi}\,\mathrm{d}\xi$$

$$= C\int_{u(-\infty)}^{u(t)} u(\xi)\,\mathrm{d}u(\xi)$$

$$= \frac{1}{2}Cu^2(t) - \frac{1}{2}Cu^2(-\infty) \tag{1-16}$$

可以认为，$u(-\infty) = 0$，这样，电容元件在任何时刻 t 具有的电场能量为

$$W_C(t) = \frac{1}{2}Cu^2(t) \tag{1-17}$$

时间 $t_1 \sim t_2$ 内电容元件能量的变化为

$$W_C = C\int_{u(t_1)}^{u(t_2)} u\,\mathrm{d}u = \frac{1}{2}Cu^2(t_2) - \frac{1}{2}Cu^2(t_1)$$

$$= W_C(t_2) - W_C(t_1) \tag{1-18}$$

当电容元件储存电场能量（充电）时，$|u(t_2)| > |u(t_1)|$，$W_C(t_2) > W_C(t_1)$，在此时间内电容元件通过电路吸收能量；当电容元件释放电场能量（放电）时，$W_C(t_2) < W_C(t_1)$，电容元件将储存的电场能量通过电路释放出来。所以电容元件是一种储能元件，并且电容元件也不会释放出多于它储存的能量，因此，它又是一种无源元件。

实际电容器从构成上来说，都是由两块平行金属板、中间放入不同绝缘介质（云母、电介质、聚乙烯、钽等材料）所构成。当两块金属板上加上电压时，就会在金属板上分别聚集起等量的正负电荷，从而在绝缘介质中建立电场并具有电场能量；当把电压移去，电荷仍然保留在极板上，电场和电场能量继续存在。电容在实际使用中按制作材料分瓷片电容、云母电容、纸介电容、聚脂电容、钽电容、电解电容等数十种，除电解电容有极性外，其余电容都是无极性的。几种常见电容如图 1.11 所示。

电容的主要技术参数如下：

1）标称电容值。为了便于工业化大量生产和使用者在一定范围内选用，国家规定了一系列的按一定规律分布的各种标称电容值，使用者可根据需要进行选择和搭配，以得到自己所需的电容值。标称电容值的单位为 F（法）、μF（微法）、pF（皮法），$1\mathrm{F} = 10^6\mu\mathrm{F}$，$1\mu\mathrm{F} = 10^6\mathrm{pF}$。

2）电容值误差。即标称电容值允许误差分别为：$\pm 10\%$，$\pm 5\%$，$\pm 1\%$ 等。

3）额定电压：电容在正常工作时所能承受的最大电压，一般规格有 6.3V、10V、16V、25V、36V、50V、100V、160V、250V、400V 等。使用中不要超过额定值，否则电容会被击穿。

电容标称值的识别方法有数值标注法和色环标注法。数值标注法通常用在标注 1μF 以下的电容，如某一瓷片电容上标有 104，表示有效数值为 10，后面再加 4 个 0，即电容标称值为 10×10^4pF，为 0.1μF。而色环标注法的规则与色环电阻的标注规则相同。

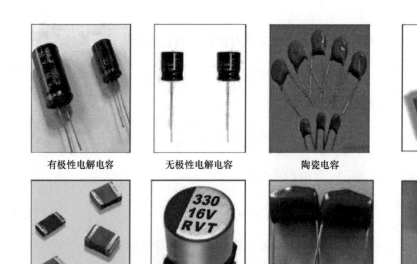

有极性电解电容	无极性电解电容	陶瓷电容	钽电容
贴片电容	贴片电解电容	薄膜电容	安规电容(X型)

图 1.11　常见电容

电解电容器的容量一般大于 0.1μF，并在其上标有电容值和耐压值，并且在管脚的一端（短脚）标有极性"－"极，另一端是正极，在直流电路中不能接错。

1.3.3　电感元件

凡是能够以储存磁场能量为主要电磁特性的实际电气装置或元件从理论上都可抽象成理想电感元件。电感也有线性和非线性之分，而实际电感元件从构成上来说，都是采用金属导线绕制的线圈。图 1.12a 为一绕制在非铁心材料上的线圈，工程上一般各圈的直径基本相同，当线圈通过电流时就会产生磁通 Φ_L，定义一参数磁链 Ψ_L 为

$$\Psi_L = N\Phi_L \tag{1-19}$$

式中，N 为线圈的匝数。

Φ_L 和 Ψ_L 的方向与电流 i 的参考方向成右手螺旋关系，由于它们是线圈自身通过的电流产生的，所以称为**自感磁通和自感磁链**。当磁链 Ψ_L 随时间变化时，在线圈的两端子之间产生感应电压 u。如果感应电压 u 的参考方向与磁链 Ψ_L 满足右手螺旋关系，则根据电磁感应定律有

$$u(t) = \frac{\mathrm{d}\Psi_L(t)}{\mathrm{d}t} \tag{1-20}$$

电感元件是对实际线圈抽象后得到的一种理想模型，主要研究线圈中通过电流时产生的磁通以及如何储存磁场能量，线性电感元件的电路图形符号如图 1.12b 所示。研究发现，线性电感元件的自感磁链与线圈中通过的电流成正比

$$\Psi_L(t) = Li(t) \tag{1-21}$$

式中，L 为线圈的自感系数，简称为**电感**。

当磁链的单位用韦伯（Wb），电流的单位用安培（A）时，电感的单位是亨利（H）。

线性电感元件的**伏安特性**曲线是一条过原点的直线（见图 1.12c）。

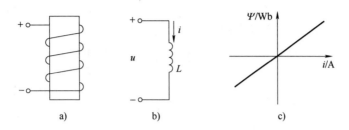

图 1.12 电感元件及其伏安特性曲线

电感元件具有下列特性：

1. 电感是一种动态元件

当电感元件的电压和电流取关联参考方向时，将式（1-21）代入式（1-20）得电感元件的伏安特性关系为

$$u(t) = L \frac{\mathrm{d}i(t)}{\mathrm{d}t} \tag{1-22}$$

式中，u 和 i 与 Ψ_L 成右手螺旋关系。公式表明，只有通过线圈的电流随时间变化时，才会在线圈两端产生感应电压，当线圈通过直流电流时，就不会产生感应电压，即感应电压为零。

2. 电感是一种记忆元件

将式（1-22）改写为

$$i(t) = \frac{1}{L} \int u(t) \, \mathrm{d}t \tag{1-23}$$

根据电路具体情况，可以确定它的积分上下限为

$$i(t) = \frac{1}{L} \int_{-\infty}^{t} u(\xi) \, \mathrm{d}\xi = \frac{1}{L} \int_{-\infty}^{t_0} u(\xi) \, \mathrm{d}\xi + \frac{1}{L} \int_{t_0}^{t} u(\xi) \, \mathrm{d}\xi$$

$$= i(t_0) + \frac{1}{L} \int_{t_0}^{t} u(\xi) \, \mathrm{d}\xi \tag{1-24}$$

式中，$i(t_0)$ 为 t_0 时刻电感中通过的电流。

式（1-24）表明，电感在 t 时刻通过的电流等于 t_0 时刻的电流加上 $t_0 \sim t$ 时间内增加的电流。如果设 t_0 为计时起点，并令其为零，则

$$i(t) = i(0) + \int_{0}^{t} u(\xi) \, \mathrm{d}\xi \tag{1-25}$$

由式（1-21）可知，电感元件的磁链也具有上述性质

$$\Psi_L(t) = \Psi_L(0) + \int_{0}^{t} u(\xi) \, \mathrm{d}\xi \tag{1-26}$$

由式（1-25）和式（1-26）可知，电感元件的电流和磁链除与 $0 \sim t$ 的电压值有关外，还与 $i(0)$ 或 $\Psi_L(0)$ 值有关，即与电感元件以前的状态有关，将此性质称之为电感是一种"记忆"元件。

3. 电感元件是一种储能元件

在电压和电流取关联参考方向下，线性电感元件的功率表达式为

$$p(t) = u(t)i(t) = Li(t)\frac{\mathrm{d}i(t)}{\mathrm{d}t} \tag{1-27}$$

电感元件在 t 时刻吸收磁场能量为

$$W_L = \int_{-\infty}^{t} u(\xi)i(\xi)\,\mathrm{d}\xi = \int_{-\infty}^{t} Li(\xi)\frac{\mathrm{d}i(\xi)}{\mathrm{d}\xi}\mathrm{d}\xi$$

$$= L\int_{i(-\infty)}^{i(t)} i(\xi)\,\mathrm{d}i(\xi)$$

$$= \frac{1}{2}Li^2(t) - \frac{1}{2}Li^2(-\infty)$$

可以认为 $i(-\infty) = 0$，这样电感元件在任何时刻 t 具有的磁场能量为

$$W_L(t) = \frac{1}{2}Li^2(t) \tag{1-28}$$

$t_1 \sim t_2$ 时间电感元件能量的变化为

$$W_L = L\int_{i(t_1)}^{i(t_2)} i\,\mathrm{d}i = \frac{1}{2}Li^2(t_2) - \frac{1}{2}Li^2(t_1)$$

$$= W_L(t_2) - W_L(t_1) \tag{1-29}$$

当电感元件储存磁场能量时，$|i(t_2)| > |i(t_1)|$，$W_L(t_2) > W_L(t_1)$，在此时间内电感元件通过电路吸收能量；当电感元件释放磁场能量时，$W_L(t_2) < W_L(t_1)$，电感元件将储存的磁场能量通过电路释放出来。所以电感元件是一种储能元件，并且电感元件也不会释放出多于它储存的能量，因此它又是一种无源元件。

电感在实际使用中通常是用漆包线绕制在某种形状的物体上，如圆柱体、长方体等；也可以绕好后将物体抽走形成空心电感。按绕制电感线圈的物体性质可分为线性电感和非线性电感，如果物体是非铁磁性物质，如硬纸版、胶木、木头、塑料等，则为线性电感，L 为一确定的常量；如果物体是铁磁物质，如铁、镍、钴的合金等，则为非线性电感，L 不是常数，而是变量。几种常见电感如图 1.13 所示。

图 1.13　几种常见电感

电感的主要技术参数如下：

1）标称电感值。为了便于工业化大量生产和使用者在一定范围内选用，国家规定了一

系列按一定规律分布的各种标称电感值，使用者可根据需要进行选择和搭配，以得到自己所需的电值。标称电感值的单位为 H（亨）、mH（毫亨）、μH（微亨）。

2）电感值误差。即标称电感值允许误差，分别为：±10%，±5%，±1% 等。

3）额定电流。电感在正常工作时所能承受的最大电流，一般规格有 0.5A、1A、2A、5A、10A 等，使用中流过电感的电流不能超过额定值，否则会烧毁电感。

电感标称值的识别方法有数值标注法和色环标注法，其标注规则同电容。μH 数量级的电感的封装形式如同电阻或电容，在使用中应加以注意，避免与电阻或电容元件搞混淆。

1.3.4 电压源和电流源

实际电源有各种形式的电池、发电机、信号发生器等（见图 1.14）。

图 1.14　常见电源

根据使用中呈现的主要电磁特性可抽象成电压源和电流源两种。

1. 电压源

电压源是理想的二端电路元件，它具有以下性质：

（1）输出电压不随外电路参数的变化而变化

理想电压源的端电压输出可表示为

$$u(t) = u_s(t) \tag{1-30}$$

式中，$u_s(t)$ 为给定的时间函数，与外电路参数的变化无关。

当不随时间变化时，电压源称为直流电压源，用 U_S 或 U 表示；它的伏安特性曲线为一条平行于电流轴的直线，如图 1.15 所示。

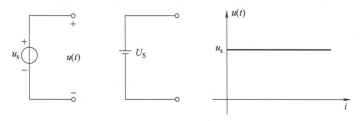

图 1.15　理想电压源电路图形符号及伏安特性曲线

（2）输出电流随外电路参数的变化而变化

理想电压源的输出电流与外接负载的大小有关。

2. 电流源

电流源是理想的二端电路元件，它具有以下性质：

（1）输出电流不随外电路参数的变化而变化

理想电流源的端电流输出可表示为

$$i(t) = i_s(t) \tag{1-31}$$

式中，$i_s(t)$ 为给定的时间函数，与外电路参数的变化无关。

当不随时间变化时，电流源称为直流电流源，用 I_S 或 I 表示。它的伏安特性曲线为一条平行于电压轴的直线，如图 1.16 所示。

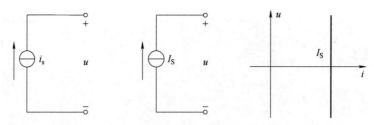

图 1.16　理想电流源及伏安特性曲线

$$p(t) = u_s(t) i_s(t) \tag{1-32}$$

（2）输出电压随外电路参数的变化而变化

理想电流源的端电压与外接负载的大小有关。

无论是电压源还是电流源在一般情况下都是向电路提供电能的，因此，根据前面关联参考方向的定义，电源的端电压和通过电源的电流的参考方向取非关联参考方向。即当 $p(t) \leqslant 0$ 时，表示电压源或电流源向电路提供功率；当 $p(t) \geqslant 0$ 时，表示电压源或电流源吸收功率，处于被充电状态。

这里介绍的电源称之为独立电源。同样还存在非独立电源，称之为**受控电源**。

1.3.5　受控电源

受控电源与独立电源不同，它的输出电压或电流受电路中某部分电压或电流的控制。

受控电源分受控电压源和受控电流源。根据控制量是电压还是电流又分为电压控制电压源（VCVS）、电压控制电流源（VCCS）、电流控制电压源（CCVS）、电流控制电流源（CCCS）。它们的电路图形符号如图 1.17 所示，μ、g、r、β 分别表示相应的控制系数。当各控制系数为常数时，被控量与控制量成线性关系，则相应的受控源称之为线性受控源。这里我们只讨论线性受控源。

从图 1.17 可知：

$$u_2 = \mu u_1 (\text{VCVS}) \qquad i_2 = g u_1 (\text{VCCS}) \tag{1-33}$$

$$u_2 = r i_1 (\text{CCVS}) \qquad i_2 = \beta i_1 (\text{CCCS}) \tag{1-34}$$

式中，μ 和 β 为无量纲的常数；r 和 g 分别为具有电阻和电导量纲的常数。

受控电源与独立电源不同，独立电源对电路的作用反映了电路中各元件和各支路的电压、电流的产生（响应）是由于独立电源的存在（激励）。

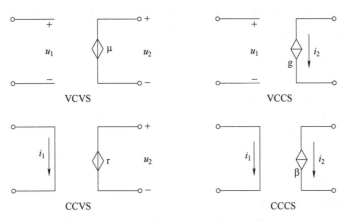

图 1.17　各种受控源的电路图形符号

1.4　基尔霍夫定律

　　基尔霍夫定律的内容包含两个定律，即电流定律（KCL）和电压定律（KVL）。基尔霍夫定律是集总参数电路的基本定律，在讲述基尔霍夫定律之前，首先介绍 4 个基本概念。

　　支路：组成电路的每一个二端元件称为一条支路，实际上只要是几个二端元件串联在一起、且通过同一电流的电路都称为支路，如图 1.18 中元件 1 和元件 2 组成的路径为同一条支路。

　　结点：不同支路的连接点，但实际上由三条及以上支路的连接点才是真正意义上的结点。如图 1.18 中的 a、b、c、d 四个结点，e 和 g 就不是结点。

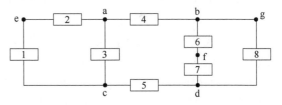

图 1.18　支路、结点和回路

　　回路：由支路组成的闭合回路。如图 1.18 中的 eace、abfdca、bfdgb、eabfdca、abgdca 和 eabgdce 等回路。

　　网孔：其中不包含其他支路的单一闭合路径。如图 1.18 中的 acea、abfdca 和 bfdgb 回路；网孔是回路中的一种。

　　电路中每条支路的电压和电流都受到两类约束：元件约束和结构约束。元件约束是指每一个二端元件的电压和电流应遵循的伏安特性关系，如电阻元件的伏安特性关系应服从欧姆定律。结构约束是指元件的连接给支路电压和支路电流带来的约束，基尔霍夫定律就是这类约束关系的体现。

1.4.1　基尔霍夫电流定律（KCL）

　　基尔霍夫电流定律指出：在集总参数电路中，任何时刻，对任何一个结点，连接该结点的所有支路电流的代数和恒等于零。用数学表达式表示为

$$\sum i = 0 \tag{1-35}$$

这里的代数和是由人们事先规定好的流入还是流出结点的电流方向决定的。例如，若流入结点的电流前面取"+"号，则流出结点的电流前面取"–"号。例如在图1.19中对结点 a 写基尔霍夫电流定律，有

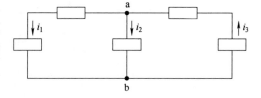

图 1.19　基尔霍夫电流定律

$$i_1+i_2-i_3=0$$

同样地也可以说，在集总参数电路中，在任何时刻，对任何一个结点，流入该结点的电流等于流出该结点的电流。用数学表达式表示为

$$\sum i(\text{流入}) = \sum i(\text{流出}) \tag{1-36}$$

这种特性称之为电流流动的连续性。这里的结点是具体的结点，实际上基尔霍夫电流定律还适用于广义结点，即由几个结点组成的闭合曲面。如图1.20所示，有

$$i_1+i_2+i_3=0$$

此结果很容易证明，只要对图1.20中三个结点 a、b、c 分别写基尔霍夫电流定律，然后三式相加便得上述结果。

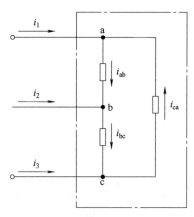

图 1.20　KCL 广义结点

1.4.2　基尔霍夫电压定律（KVL）

基尔霍夫电压定律指出：在集总参数电路中，任何时刻，沿任何一回路，组成该回路的所有支路电压的代数和恒等于零。用数学表达式表示为

$$\sum u = 0 \tag{1-37}$$

在写式（1-37）之前，应首先指定沿回路的绕行方向（顺时针或逆时针），当支路电压或元件电压的参考方向与回路的绕行方向一致时，该电压前面取"+"号；当支路电压的参考方向与回路的绕行方向相反时，该电压前面取"–"号。如图1.21所示，在对指定的回路1写基尔霍夫电压定律之前，首先指定组成该回路的各支路电压的参考方向和回路的绕行方向，则根据 KVL 有

$$-u_1+u_3+u_6+u_4=0$$

基尔霍夫电压定律不仅适用于闭合回路，也适合于不闭合的路径。如图1.21，若求 u_{ab}，仍可用 KVL 写出

$$u_8+u_{ab}+u_9-u_7-u_6=0$$

得　　　　$$u_{ab}=u_6+u_7-u_8-u_9$$

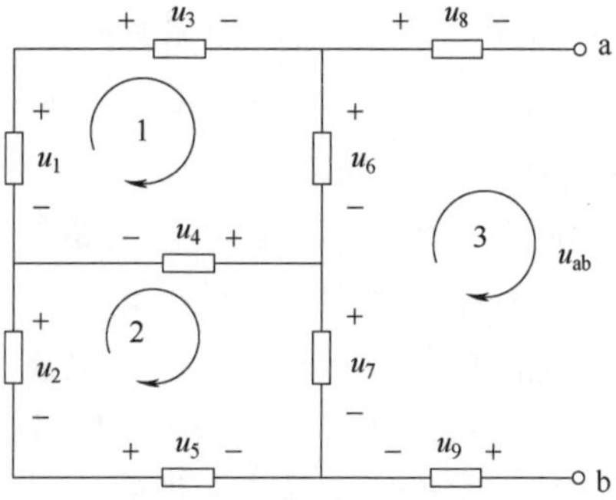

图 1.21　基尔霍夫电压定律

KCL 和 KVL 分别对支路电流和支路电压进行线性结构约束，由于这两个定律仅与元件的相互连接方式有关，而与元件本身的性质无关，即与元件约束无关。因此，无论元件是线性还是非线性，时变还是时不变，这两个定律始终成立。

应当注意的是，在对电路同时写 KCL 和 KVL 时，从理论上讲，这两个定律是相互独立的，因而电路中每个元件或每条支路的电压和电流的参考方向可任意设定。但在实际应用这

两个定律时，一般要求电压和电流的参考方向取关联参考方向。

例 1.1　图 1.22 所示电路中，已知 $R_1 = 2\Omega$，$R_2 = 2\Omega$，$R_3 = 2\Omega$，$U_1 = 3V$，$U_3 = 1.5V$，试求电阻 R_2 二端的电压 U_2。

解： 各支路电流和电压的参考方向如图 1.22 所示。根据欧姆定律和 KCL、KVL 有

回路 1：
$$-U_1 + R_1 I_1 + I_2 R_2 = 0$$

回路 2：
$$-I_2 R_2 + R_3 I_3 + U_3 = 0$$

结点 a：
$$I_1 - I_2 - I_3 = 0$$

将各元件参数代入上式，并解出上述联立方程有
$$I_1 = 0.75A，I_2 = 0.75A，I_3 = 0A$$
$$U_2 = R_2 I_2 = 1.5V$$

例 1.2　电路如图 1.23 所示，试求电路中的电流 i。

解： 电路中有一个受控源 CCVS，结合欧姆定律，利用 KVL 对电路写电压方程（绕行方向为顺时针）有
$$2i - 8 + 4i - 6 + 8i = 0$$
$$i = \frac{6+8}{4+8+2}A = 1A$$

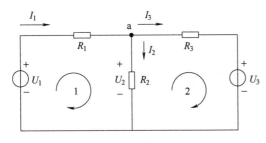

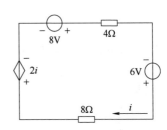

图 1.22　例 1.1 的图　　　　　　图 1.23　例 1.2 的图

1.5　电路元件的连接

实际电路是由各种电气元件或部件及其连接方式所构成的。最基本的连接方式是串联和并联。

1.5.1　电阻元件的串联与并联

1. 电阻的串联

将若干个电阻元件按顺序依次连接在一起，这种连接方式称为电阻的**串联**，如图 1.24a 所示，串联的电阻中流过同一个电流。由 KVL 及欧姆定律可得出图 1.24a 所示 n 个电阻串联电路的端口伏安关系

1.5 电阻、电感、电容的串并联及等效变换

$$
\begin{aligned}
u &= u_1 + u_2 + \cdots + u_n = R_1 i + R_2 i + \cdots + R_n i \\
&= (R_1 + R_2 + \cdots + R_n)i \\
&= Ri
\end{aligned}
\tag{1-38}
$$

由欧姆定律可得出图 1.24b 所示的只含有一个电阻 R 的一端口网络的端口伏安关系为

$$u = Ri \tag{1-39}$$

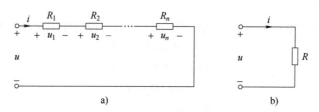

图 1.24　电阻的串联

由式（1-38）和式（1-39）可知，若

$$R = R_1 + R_2 + \cdots + R_n \tag{1-40}$$

n 个电阻串联可以用一个等效电阻 R 来代替，如图 1.24b 所示，R 又称为串联电路的总电阻，其大小等于各串联电阻之和，即

$$R = R_1 + R_2 + \cdots + R_n = \sum_{i=1}^{n} R_i \tag{1-41}$$

串联电阻具有分压作用，图 1.24a 所示电路中，第 i 个电阻两端的电压为

$$U_i = R_i I = \frac{R_i}{R} U \qquad i = 1, 2, \cdots, n \tag{1-42}$$

式（1-42）称为电阻串联电路的分压公式。

在图 1.25 中只有两个电阻串联，则 R_1、R_2 上分得的电压 U_1、U_2 分别为

$$\begin{cases} U_1 = \dfrac{R_1}{R_1 + R_2} U \\[2mm] U_2 = \dfrac{R_2}{R_1 + R_2} U \end{cases} \tag{1-43}$$

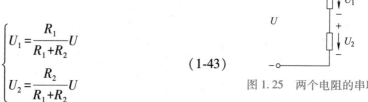

图 1.25　两个电阻的串联

电阻串联在实际中的应用很多，例如通过电阻的串联，可以限制和调节电路中电流的大小。另外，当负载的额定电压低于电源电压时，可用串联电阻的方法进行分压。

2. 电阻的并联

将若干个电阻元件连接于两个公共点之间，这种连接方式称为电阻的**并联**。显然，并联电阻承受同一个电压。由 KCL 及欧姆定律可得出图 1.26a 所示 n 个电阻并联的端口伏安关系为

$$\begin{aligned} i &= i_1 + i_2 + \cdots + i_n \\ &= \left(\frac{1}{R_1} + \frac{1}{R_2} + \cdots + \frac{1}{R_n} \right) u \\ &= \frac{1}{R} u \end{aligned} \tag{1-44}$$

由欧姆定律可得出图 1.26b 所示只含有一个电阻 R 的一端口网络的端口伏安关系为

$$i = \frac{1}{R} u \tag{1-45}$$

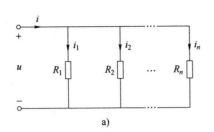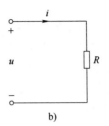

图 1.26　电阻的并联

由式（1-44）、式（1-45）可知，若

$$\frac{1}{R}=\frac{1}{R_1}+\frac{1}{R_2}+\cdots+\frac{1}{R_n}$$

n 个电阻并联可以用一个等效电阻 R 来代替，如图 1.26b 所示，R 又称为并联电路的总电阻，等效电阻的倒数为

$$\frac{1}{R}=\frac{1}{R_1}+\frac{1}{R_2}+\cdots+\frac{1}{R_n}=\sum_{i=1}^{n}\frac{1}{R_i} \tag{1-46}$$

式（1-46）可以写成

$$G=G_1+G_2+\cdots+G_n=\sum_{i=1}^{n}G_i \tag{1-47}$$

式中，G 称为**电导**，是电阻 R 的倒数，在国际单位制中，电导的单位是西［门子］(S)。

即 n 个电导并联，其等效电导等于各个并联电导之和。

图 1.26a 所示电路中，第 k 个电阻两端的电流为

$$i_k=\frac{u}{R_k}=G_k u=\frac{G_k}{G}i \tag{1-48}$$

式（1-48）称为电阻并联电路的分流公式。

在并联电路的计算中，最常遇到的是两个电阻并联的电路，如图 1.27 所示，其等效电阻为

$$\frac{1}{R}=\frac{1}{R_1}+\frac{1}{R_2}$$

得图 1.27 所示两个电阻的并联为

$$R=\frac{R_1 R_2}{R_1+R_2} \tag{1-49}$$

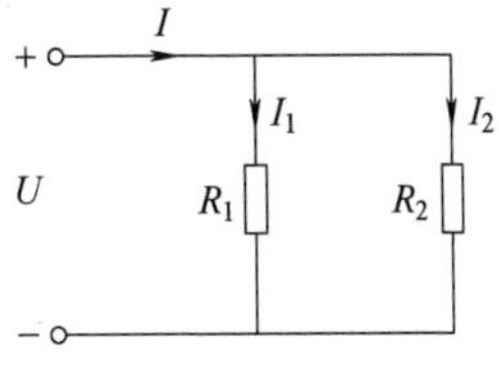

图 1.27 所示电路中，各分支电流为

$$\begin{cases} I_1=\dfrac{U}{R_1}=\dfrac{R_2}{R_1+R_2}I \\[2mm] I_2=\dfrac{U}{R_2}=\dfrac{R_1}{R_1+R_2}I \end{cases} \tag{1-50}$$

图 1.27　并联电路

实际电路中的负载大多数都是并联连接的（比如照明系统中并联的电灯、插座等），这些并联连接的负载处于同一电压下工作，任何一个负载的工作情况基本上都不受其他负载的

影响。

电路中往往既有电阻的串联又有电阻的并联，称之为电阻的**混联**。混联电路求等效电阻时，首先要搞清楚各电阻之间的串并联关系，然后再利用电阻串联和并联的公式进行等效合并。

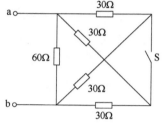

图 1.28　例 1.3 的图

例 1.3　图 1.28 所示电路中，求开关 S 断开和闭合时 a 和 b 之间的等效电阻 R_{ab}。

解： S 断开时

$$R_{ab} = (30+30) // (30+30) // 60\Omega = 20\Omega$$

S 闭合时

$$R_{ab} = [(30//30)+(30//30)] // 60\Omega = 20\Omega$$

虽然 S 断开和闭合时，a 和 b 之间的等效电阻 R_{ab} 相同，但是其中的串并联关系完全不同。

例 1.4　（1）求图 1.29a 所示电路中的电流 i。

　　　　（2）求图 1.29b 所示电路中的电压 u。

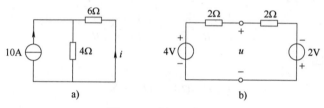

图 1.29　例 1.4 的图

解：（1）利用分流公式得 $i = \dfrac{u}{R_1} = -\dfrac{4}{4+6} \times 10A = -4A$

（2）利用分压公式得 $u = \dfrac{2}{2+2}(4+2)V - 2V = 1V$

1.5.2　电容元件的串联与并联

和电阻元件的串联、并联一样，当电容元件为串联或并联组合时，它们也可以用一个等效电容来代替。

1. 电容的串联

图 1.30a 为 n 个电容的串联，和电阻串联一样，串联的电容中流过相同的电流 i。根据式（1-11），每个电容两端的电压与电流的关系为（设每个电容的初始储能为零）

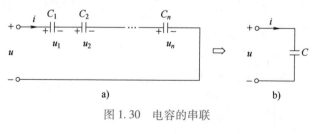

图 1.30　电容的串联

$$u_i = \frac{1}{C_i}\int_0^t i\,\mathrm{d}t \qquad i = 1, 2, \cdots, n$$

根据 KVL，总电压为

$$u = u_1 + u_2 + \cdots + u_n$$
$$= \frac{1}{C_1}\int_0^t i\mathrm{d}t + \frac{1}{C_2}\int_0^t i\mathrm{d}t + \cdots + \frac{1}{C_n}\int_0^t i\mathrm{d}t$$
$$= \left(\frac{1}{C_1} + \frac{1}{C_2} + \cdots + \frac{1}{C_n}\right)\int_0^t i\mathrm{d}t$$
$$= \frac{1}{C}\int_0^t i\mathrm{d}t \tag{1-51}$$

式中，C 称为图 1.30a 中 n 个串联电容的等效电容，其值由式（1-52）决定

$$\frac{1}{C} = \frac{1}{C_1} + \frac{1}{C_2} + \cdots + \frac{1}{C_n} = \sum_{i=1}^n \frac{1}{C_i} \tag{1-52}$$

可以看出，串联电容等效电容量的倒数等于各个电容的电容量的倒数和，所以电容串联时，其等效电容比每一个电容都小。当每个电容的额定电压小于外加电压时，可将电容串联使用。

2. 电容的并联

图 1.31a 为 n 个电容的并联，由于各电容两端的电压相等，都等于 u，根据 KCL，总电流为

$$i = i_1 + i_2 + \cdots + i_n = C_1\frac{\mathrm{d}u}{\mathrm{d}t} + C_2\frac{\mathrm{d}u}{\mathrm{d}t} + \cdots + C_n\frac{\mathrm{d}u}{\mathrm{d}t}$$
$$= (C_1 + C_2 + \cdots + C_n)\frac{\mathrm{d}u}{\mathrm{d}t} = C\frac{\mathrm{d}u}{\mathrm{d}t}$$

式中，C 称为 n 个并联电容的等效电容（见图 1.31b），其值为

$$C = C_1 + C_2 + \cdots + C_n = \sum_{i=1}^n C_i \tag{1-53}$$

可见，当需要较大的电容量时，可以把电容并联起来使用。

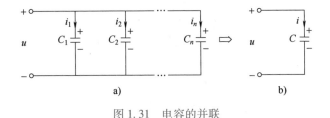

图 1.31 电容的并联

1.5.3 电感元件的串联与并联

当电感元件为串联或并联组合时，它们同样可以用一个等效电感来代替。

1. 电感的串联

图 1.32a 为 n 个电感的串联，同样，串联的电感中流过相同的电流 i。根据式（1-22）及 KVL，总电压（设各电感间无互感）为

$$u = u_1 + u_2 + \cdots + u_n = L_1\frac{\mathrm{d}i}{\mathrm{d}t} + L_2\frac{\mathrm{d}i}{\mathrm{d}t} + \cdots + L_n\frac{\mathrm{d}i}{\mathrm{d}t}$$

$$= (L_1 + L_2 + \cdots + L_n)\frac{\mathrm{d}i}{\mathrm{d}t} = L\frac{\mathrm{d}i}{\mathrm{d}t}$$

L 称为等效电感，其值为

$$L = L_1 + L_2 + \cdots + L_n = \sum_{i=1}^{n} L_i \qquad (1\text{-}54)$$

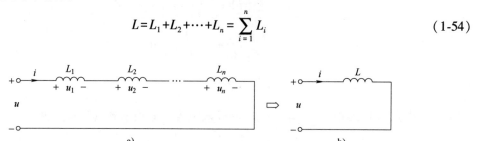

图 1.32　电感的串联

2. 电感的并联

n 个电感做并联组合时，如图 1.33a 所示，并联电感两端的电压相等，都等于 u。根据 KCL，很容易得出并联后的等效电感为（设各电感间无互感）

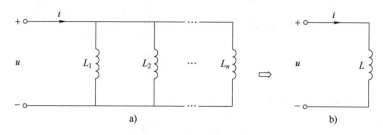

图 1.33　电感的并联

$$i = i_1 + i_2 + \cdots + i_n$$
$$= \frac{1}{L_1}\int_0^t u\mathrm{d}t + \frac{1}{L_2}\int_0^t u\mathrm{d}t + \cdots + \frac{1}{L_n}\int_0^t u\mathrm{d}t$$
$$= \left(\frac{1}{L_1} + \frac{1}{L_2} + \cdots + \frac{1}{L_n}\right)\int_0^t u\mathrm{d}t$$
$$= \frac{1}{L}\int_0^t u\mathrm{d}t$$

等效电感 L 的值为

$$\frac{1}{L} = \frac{1}{L_1} + \frac{1}{L_2} + \cdots + \frac{1}{L_n} = \sum_{i=1}^{n}\frac{1}{L_i} \qquad (1\text{-}55)$$

例 1.5　电路如图 1.34 所示，求 a、b 两端的等效电容与等效电感。

解：
$$C = \frac{5 \times \left\{1 + \left[\frac{(3+2)\times 20}{(3+2)+20}\right]\right\}}{5 + \left\{1 + \left[\frac{(3+2)\times 20}{(3+2)+20}\right]\right\}}\mathrm{F} = 2.5\mathrm{F}$$

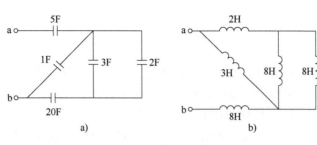

图 1.34　例 1.5 的图

$$L=\frac{\left[\left(\frac{8\times 8}{8+8}\right)+2\right]\times 3}{\left[\left(\frac{8\times 8}{8+8}\right)+2\right]+3}\mathrm{H}+8\mathrm{H}=10\mathrm{H}$$

1.5.4　电源的串联与并联

当电源元件为串联或并联组合时，它们同样可以用一个等效电源来代替。注意：只允许大小、极性完全相同的电压源并联，此时可用其中一个电压源来等效；只允许大小、方向完全相同的电流源串联，此时可用其中一个电流源来等效。

1. 电压源的串联

n 个电压源串联可用一个电压源等效代替，如图 1.35 所示，利用基尔霍夫电压定律，这个等效电压源的电压为

$$U_{\mathrm{S}}=U_{\mathrm{S}1}+U_{\mathrm{S}2}+\cdots +U_{\mathrm{S}n}=\sum_{k=1}^{n}U_{\mathrm{S}k} \tag{1-56}$$

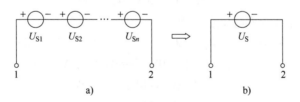

图 1.35　n 个电压源串联

如果 $U_{\mathrm{S}k}$ 的参考方向与 U_{S} 的参考方向一致时，式中 $U_{\mathrm{S}k}$ 的前面取正号，不一致时取负号。

2. 电流源的并联

n 个电流源并联可用一个电流源等效代替，如图 1.36 所示，利用基尔霍夫电流定律可知这个电流源电流为

$$I_{\mathrm{S}}=I_{\mathrm{S}1}+I_{\mathrm{S}2}+\cdots +I_{\mathrm{S}n}=\sum_{k=1}^{n}I_{\mathrm{S}k} \tag{1-57}$$

如果 $I_{\mathrm{S}k}$ 的参考方向与 I_{S} 的参考方向一致时，式中 $I_{\mathrm{S}k}$ 的前面取正号，不一致时取负号。

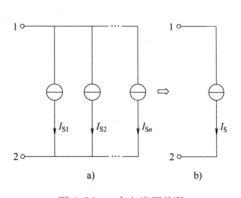

图 1.36　n 个电流源并联

1.6 电位的定义及计算

前面已经介绍了电压的定义，但在后面分析电子电路时，还会用到电位的概念。在模拟电路和数字电路的学习中，经常需要了解电路中某点电位的高低，或者是某点相对于另一点电位的高低。规定电路中任何一点的电位（符号 V）等于该点与参考电位点之间的电压，单位也是伏特（V）。因此，在需要计算电位时，必须选定电路中的任意一点作为参考点，它的电位称为**参考电位**，一般设参考电位为 0V。电路中其他各点的电位都同它做比较，比它高的为正，比它低的为负，正值愈大则电位愈高，负值愈大则电位愈低。参考点在电路图中标上"接地"符号，所谓"接地"只是表示参考电位点或零电位点，并非真正与大地相接。

下面举例说明电位的概念及与电压的区别。

电路如图 1.37 所示，已知 $U_1 = 140V$，$U_2 = 90V$，各支路电压计算结果如图 1.37 所示，可得

$$U_{ab} = 6\Omega \times 10A = 60V = V_a - V_b$$

$$U_{ca} = V_c - V_a = 4A \times 20\Omega = 80V$$

$$U_{da} = V_d - V_a = 5\Omega \times 6A = 30V$$

这个结果只能说明 a、b、c、d 各点之间的电压值，或是二点之间的电位差，但无法知道各点的电位是多少伏。如果将图 1.37 中的 b 点"接地"（见图 1.38），作为参考零电位点，则有

$$V_b = 0V \qquad V_a = 60V \qquad V_c = 140V \qquad V_d = 90V$$

$$U_{ab} = V_a - V_b = 6V - 0V = 60V$$

$$U_{ca} = V_c - V_a = 140V - 60V = 80V$$

$$U_{da} = V_d - V_a = 90V - 60V = 30V$$

而如果将 a 点作为参考零电位点，则有

$$V_a = 0V \qquad V_b = -60V \qquad V_c = 80V \qquad V_d = 30V$$

$$U_{ab} = V_a - V_b = 0V - (-60)V = 60V$$

$$U_{ca} = V_c - V_a = 80V - 0V = 80V$$

$$U_{da} = V_d - V_a = 30V - 0V = 30V$$

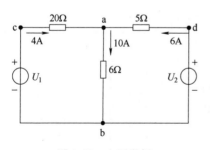

图 1.37 电压举例

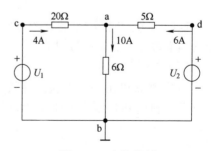

图 1.38 电位举例

从上面的结果可以看出：

1）如果没有选定参考电位点，而去讨论电路中某点的电位高低是没有意义的。电路中

参考电位点选取不同，电路中各点的电位值也会随着改变，所以各点电位高低是相对的。

2）电路中任何一点的电位等于该点与参考电位点之间的电压，或者说电路中任意两点之间的电压等于这两点之间的电位之差。

3）电路中任意两点之间的电位差也就是电压是不会改变的，所以两点间的电压值是绝对的。

有了电位的概念以后，图 1.37 所示电路中的电压源可以简化成图 1.39a 或 b 所示电路。在后面的电路中经常会出现这样的简化形式。

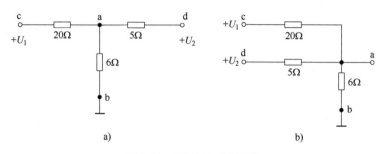

图 1.39　图 1.37 的简化图

习　题

1-1　在图 1.40 中，有五个元件构成电路。电压和电流的参考方向如图所标，现通过实验测得 $I_1 = -4A$，$I_2 = 6A$，$I_3 = 10A$，$U_1 = 140V$，$U_2 = -90V$，$U_3 = 60V$，$U_4 = -80V$，$U_5 = 30V$。

（1）试标出各电流的实际方向和各电压的实际极性（可另画一图）。

（2）判断哪些元件是电源，哪些元件是负载？

（3）计算各元件的功率，电源发出的功率和负载消耗的功率是否平衡？

1-2　在图 1.41 中，已知 $I_1 = 3mA$，$I_2 = 1mA$。试确定电路元件 3 中的电流 I_3 和其二端电压 U_3，说明它是电源还是负载，并验证整个电路的功率是否平衡。

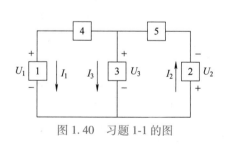

图 1.40　习题 1-1 的图

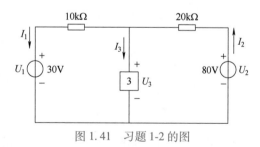

图 1.41　习题 1-2 的图

1-3　一只 110V/8W 的指示灯，现要接在 380V 的电源上，问要串联多大阻值的电阻？应选用多大功率的电阻？

1-4　电容中电流 i 的波形如图 1.42 所示，现已知 $u(0) = 0$，求 $t = 1s$，$t = 2s$，$t = 4s$ 时电容的电压 u。

1-5　图 1.43 所示电感电路中，$i(0) = 0$，电感二端电压的波形如图 1.43b 所示，试求当 $t = 1s$，$t = 2s$，$t = 3s$，$t = 4s$ 时的电感电流 i。

1-6　试求图 1.44 所示电路中每个元件的功率，并分析电路的功率是否守衡，说明哪个电源发出功率，哪个电源吸收功率。

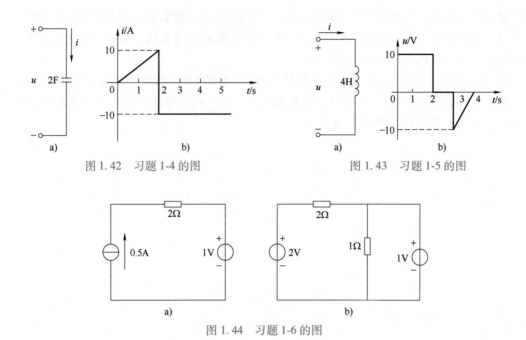

图 1.42　习题 1-4 的图

图 1.43　习题 1-5 的图

图 1.44　习题 1-6 的图

1-7　有两只电阻，其额定值分别为 40Ω，10W 和 200Ω，40W，试问它们允许通过的电流是多少？如将二者串联起来，其两端最高允许电压加多大？

1-8　求图 1.45 所示电路中的电流 i_1 和 i_2。

1-9　在图 1.46 所示电路中，已知 $U_1 = 10V$，$U_2 = 4V$，$U_3 = 2V$，$R_1 = 4Ω$，$R_2 = 2Ω$，$R_3 = 5Ω$，1、2 两点处于开路状态，试计算开路电压 U_4。

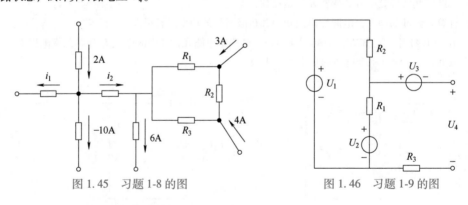

图 1.45　习题 1-8 的图　　　　　　　图 1.46　习题 1-9 的图

1-10　试用 KCL 和 KVL 求电路中的电压 u（见图 1.47）。

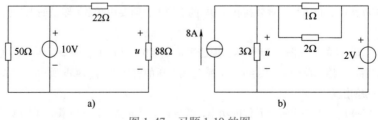

图 1.47　习题 1-10 的图

1-11 试求图 1.48 所示电路中的电流 i。

1-12 试求图 1.49 所示电路中的电压 U_0。

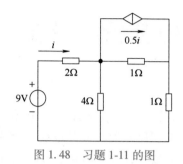

图 1.48　习题 1-11 的图

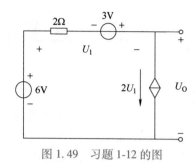

图 1.49　习题 1-12 的图

1-13 试求图 1.50 所示电路中受控源吸收的功率 P。

1-14 在图 1.51 所示电路中，已知电阻 R 消耗功率 $P=50\text{W}$，试求电阻 R 的阻值。

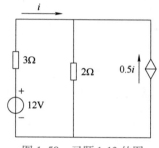

图 1.50　习题 1-13 的图

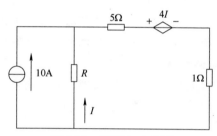

图 1.51　习题 1-14 的图

1-15 在图 1.52 所示电路中，已知 $U=3\text{V}$，试求电阻 R。

1-16 在图 1.53 所示电路中，问 R 为何值时 $I_1=I_2$；R 又为何值时 I_1、I_2 中一个电流为零，并指出哪一个电流为零。

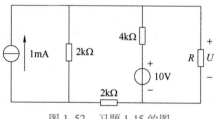

图 1.52　习题 1-15 的图

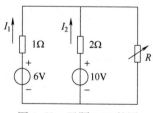

图 1.53　习题 1-16 的图

第2章　直流电路的分析与计算

在线测试
自测与练习2

实际应用中电路的结构形式多种多样，最简单的电路只有一个回路（例如手电筒的电路），称为**单回路电路**。有的电路虽然有很多个回路，但是可以用电路元件串并联等效的方法变换为单回路电路进行求解。然而也有的多回路电路无法用串并联的方法进行简化，或者即使能化简也是相当繁琐的，这样的多回路电路称为**复杂电路**。

本章要点
1) 掌握电阻电路、实际电压源和实际电流源的等效变换。
2) 掌握支路电流法、网孔电流法和回路电流法。
3) 掌握结点电压法。
4) 掌握叠加定理、齐次定理、戴维南定理和诺顿定理。
5) 了解特勒根定理。

2.1 电阻电路的
等效变换

2.1　电阻电路的等效变换

具有两个出线端的部分电路通常被称为**二端网络**，如果这个二端网络中含有独立电源，则称为**有源二端网络**；如果不含独立电源，则称为**无源二端网络**。在图2.1a中，A部分电路是由电源和电阻构成的，是有源二端网络。B部分电路是由几个电阻构成的，是无源二端网络。

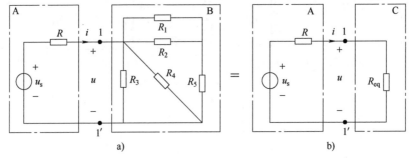

图2.1　电路的等效变换

2.1.1　等效变换电路

对电路进行分析和计算时，有时可以把电路中某一部分简化，即用一个较为简单的电路替代原电路。图 2.1a 中的 B 这个无源二端网络就可以利用电阻的串并联公式用一个电阻 R_{eq} 替代，如图 2.1b 所示，使整个电路得以简化。进行替代的条件是使图 2.1 中 B 部分和 C 部分电路有相同的伏安特性（相同的电压和电流），电阻 R_{eq} 称为**等效电阻**。当图 2.1a 中 B 部分电路被 R_{eq} 替代后，A 部分电路的任何电压、电流和功率都将维持与原电路相同，这就是电路的"等效概念"，即当电路中某一部分（二端网络）用其等效电路替代后，未被替代部分的电压、电流和功率均应保持不变。

用等效电路的方法求解电路时，需要注意的是"**对外等效**"的概念。电压、电流和功率保持不变的部分仅限于二端网络以外的电路。等效后的电路与原来的部分显然是不同的，例如把图 2.1a 所示电路简化后，不难按图 2.1b 求得端子 1-1'左部分的电流 i 和端子 1-1'的电压 u，它们分别等于原电路中的电流 i 和电压 u。如果要求图 2.1a 中 B 部分电路的各电阻的电流，就必须回到原电路，根据已求得的电流 i 和电压 u 求解。所谓"对外等效"也就是对端口外部电路的作用效果相等。

习惯上把图 2.1a 与图 2.1b 说成是互为等效变换电路。电路等效变换的目的是为简化电路，可以方便地求出结果。

例 2.1　求图 2.2 所示电路中电压源发出的功率 P。

解：这是一个电阻的混联电路，右侧 1Ω 电阻和 2Ω 电阻串联，再和中间 6Ω 电阻并联，然后和左侧 2Ω 电阻串联，利用第 1 章电阻的串并联等效公式，可以简化为一个单回路电路。

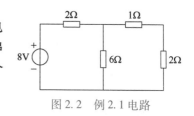

图 2.2　例 2.1 电路

总的等效电阻为

$$R_{eq} = (1+2)//6\Omega + 2\Omega = 4\Omega$$

等效以后就是一个单回路电路，电压源发出的功率 P 就等于等效电阻消耗的功率

$$P = \frac{u^2}{R_{eq}} = \frac{8^2}{4}\mathrm{W} = 16\mathrm{W}$$

2.1.2　电阻星形联结与三角形联结之间的等效变换

有的电路的混联是无法用串并联合并的。比较典型的有电阻的星形与三角形联结，两者之间可以进行等效变换。

图 2.3 所示是一种具有桥形结构的电路，它是测量中常用的一种电桥电路，其中的电阻既非串联又非并联。R_1、R_3 和 R_5（R_2、R_4 和 R_5）各个电阻有一端接在一个公共结点上，另一端则分别接到 3 个端子上，构成一个 **Y 联结（或称为星形联结）**；电阻 R_1、R_2 和 R_5（R_3、R_4 和 R_5）各个电阻分别接在 3 个端子的每两个之间，构成一个 **△联结（或称为三角形联结）**。

Y 联结和 △ 联结都是通过 3 个端子与外部相连。图 2.4a、2.4b 分别示出接于端子 1、2、3 的 Y 联结和 △ 联结的 3 个电阻。端子 1、2、3 与电路的其他部分相连，图中没有画出电路的其他部分。当两种联结的电阻之间满足一定的关系时，它们在端子 1、2、3 以外的特性可以相同，就是说它们可以互相等效变换。如果

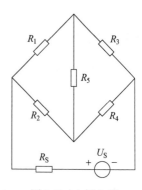

图 2.3　电桥电路

在它们的对应端子之间具有相同的电压，即 $u_{12}=u_{23}=u_{31}$，而流入对应端子的电流分别相等，即 $i_1=i_1'$，$i_2=i_2'$，$i_3=i_3'$，在这种条件下，它们彼此等效。这就是 Y-△ 等效变换的条件。

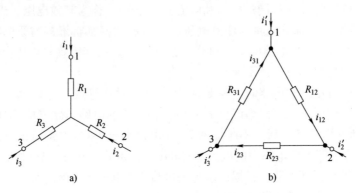

图 2.4　Y 联结和△联结

对于图 2.4a 所示的 Y 联结电路，根据 KCL 和 KVL 求出端子电压与端子电流之间的关系方程组为

$$\left.\begin{array}{l} i_1+i_2+i_3=0 \\ R_1i_1-R_2i_2=u_{12} \\ R_2i_2-R_3i_3=u_{23} \\ R_3i_3-R_1i_1=u_{31} \end{array}\right\}$$

可以解出电流为

$$\left.\begin{array}{l} i_1=\dfrac{R_3u_{12}}{R_1R_2+R_2R_3+R_3R_1}-\dfrac{R_2u_{31}}{R_1R_2+R_2R_3+R_3R_1} \\[3mm] i_2=\dfrac{R_1u_{23}}{R_1R_2+R_2R_3+R_3R_1}-\dfrac{R_3u_{12}}{R_1R_2+R_2R_3+R_3R_1} \\[3mm] i_3=\dfrac{R_2u_{31}}{R_1R_2+R_2R_3+R_3R_1}-\dfrac{R_1u_{23}}{R_1R_2+R_2R_3+R_3R_1} \end{array}\right\} \tag{2-1}$$

对于图 2.4b 所示的△联结电路，各电阻中电流为

$$i_{12}=\frac{u_{12}}{R_{12}},\quad i_{23}=\frac{u_{23}}{R_{23}},\quad i_{31}=\frac{u_{31}}{R_{31}}$$

根据 KCL，图 2.4b 中的△联结电路端子电流分别为

$$\left.\begin{array}{l} i_1'=i_{12}-i_{31}=\dfrac{u_{12}}{R_{12}}-\dfrac{u_{31}}{R_{31}} \\[3mm] i_2'=i_{23}-i_{12}=\dfrac{u_{23}}{R_{23}}-\dfrac{u_{12}}{R_{12}} \\[3mm] i_3'=i_{31}-i_{23}=\dfrac{u_{31}}{R_{31}}-\dfrac{u_{23}}{R_{23}} \end{array}\right\} \tag{2-2}$$

由于两个等效电路对应的端子电压、电流均相等，故式（2-1）与式（2-2）中电压 u_{12}、u_{23}、u_{31} 前面的系数应该对应相等。于是得到

$$R_{12} = \frac{R_1R_2 + R_2R_3 + R_3R_1}{R_3}$$

$$R_{23} = \frac{R_1R_2 + R_2R_3 + R_3R_1}{R_1}$$

$$R_{31} = \frac{R_1R_2 + R_2R_3 + R_3R_1}{R_2}$$

$$\left. \right\} \qquad (2\text{-}3)$$

式（2-3）就是根据 Y 联结的电阻确定△联结的电阻的公式。

由式（2-3）可求出

$$R_1 = \frac{R_{12}R_{31}}{R_{12} + R_{23} + R_{31}}$$

$$R_2 = \frac{R_{12}R_{23}}{R_{12} + R_{23} + R_{31}}$$

$$R_3 = \frac{R_{23}R_{31}}{R_{12} + R_{23} + R_{31}}$$

$$\left. \right\} \qquad (2\text{-}4)$$

式（2-4）就是根据△联结的电阻确定 Y 联结的电阻的公式。

式（2-3）和式（2-4）的共同规律是端子 1、2、3 的"互换性"。为了便于记忆，以上互换公式可归纳为

$$Y\,\text{电阻} = \frac{\triangle\text{相邻电阻的乘积}}{\triangle\text{电阻之和}}$$

$$\triangle\text{电阻} = \frac{Y\,\text{电阻两两乘积之和}}{Y\,\text{不相邻电阻}}$$

$$\left. \right\}$$

分析这两个公式的量纲可以发现这两组公式的量纲式为 $\Omega = \Omega \cdot \Omega / \Omega$，所以乘积项一定在分子上——此为"积上"。式（2-3）是求△联结的电阻的公式，"△"字的"一"在下，则"和"在上；式（2-4）是求 Y 联结的电阻的公式，"Y"字的"一"在上，则"和"在下。此为"和平"，合起来即为"积上和平"。

若 Y 联结中 3 个电阻相等，即 $R_1 = R_2 = R_3 = R_Y$，则等效△联结中 3 个电阻也相等，由式（2-12）可以求出它们等于

$$R_\triangle = R_{12} = R_{23} = R_{31} = 3R_Y \qquad (2\text{-}5)$$

或

$$R_Y = \frac{1}{3}R_\triangle \qquad (2\text{-}6)$$

例 2.2　求图 2.5a 所示桥形电路的总电阻 R_{12}。

解：将结点①、③、④内的△电路用等效 Y 电路替代，得到图 2.5b。利用式（2-4）得

$$R_2 = \frac{2 \times 2}{2 + 2 + 1}\Omega = 0.8\Omega$$

$$R_3 = \frac{2 \times 1}{2 + 2 + 1}\Omega = 0.4\Omega$$

$$R_4 = \frac{2 \times 1}{2 + 2 + 1}\Omega = 0.4\Omega$$

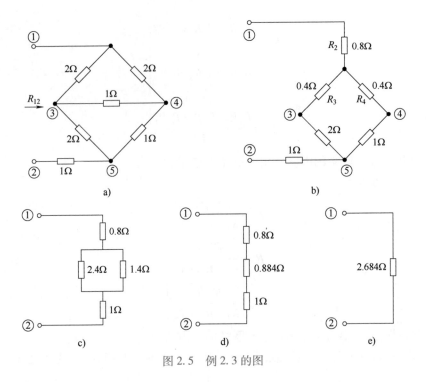

图 2.5 例 2.3 的图

然后用串、并联的方法，得到图 2.5c ~ 图 2.5e，所以

$$R_{12} = 0.8\Omega + [(0.4+2)//(0.4+1)]\Omega + 1\Omega$$
$$= 0.8\Omega + 0.884\Omega + 1\Omega$$
$$= 2.684\Omega$$

2.1.3 二端口网络的输入电阻

二端口网络向外引出一对端子，这对端子可以与外部电源或其他电路相连接。对一个端口来说，从它的一个端子流入的电流一定等于从另一个端子流出的电流。图 2.6a 所示是一个二端口网络的图形表示。

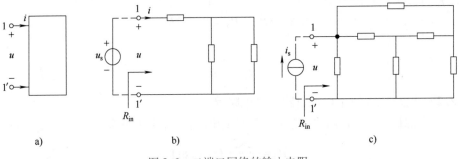

图 2.6 二端口网络的输入电阻

如果一个二端口网络内部含电阻，则应用电阻的串、并联和 Y-△ 变换等方法，可以求得它的等效电阻。如果二端口网络内部除电阻以外还含有受控源，但不含任何独立电源，可以证明（见 3.3 节），不论内部如何复杂，端口电压与端口电流均成正比，如图 2.6a 所示，

定义此端口的**输入电阻**为

$$R_{in} = \frac{u}{i} \tag{2-7}$$

端口的输入电阻也就是端口的等效电阻，但两者的含义有区别。求端口的等效电阻的一般方法称为电压、电流法，即在端口加以电压源 u_s，然后求出端口电流 i；或在端口加以电流源 i_s，然后求出端口电压 u，如图 2.6b 和 c 所示。根据式（2-7），$R_{in} = \frac{u_s}{i} = \frac{u}{i_s}$。

图 2.6b 中二端口网络的输入电阻可通过电阻串并联化简求得，图 2.6c 电路具有桥形结构，应用 Y-△ 变换才能简化。

例 2.3 求图 2.7 所示的 ab 右侧二端口网络的输入电阻。

解：对电路写 KVL 方程有

$$-u + Ri - \mu u = 0$$

所以 $R_{in} = \frac{u}{i} = \frac{R}{1+\mu}$

例 2.4 求图 2.8 所示电路的输入电阻。

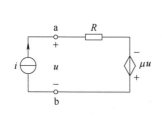

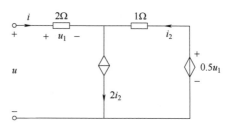

图 2.7 例 2.3 的图

图 2.8 例 2.4 的图

解：设端口电压、电流如图所示。由电路得

$$u_1 = 2i$$

由 KCL 得

$$i + i_2 = 2i_2$$

所以

$$i = i_2$$

由 KVL 得

$$u = u_1 - i_2 + 0.5u_1$$
$$= 1.5u_1 - i_2$$
$$= 2i$$

$$R_{in} = \frac{u}{i} = 2\Omega$$

2.2 实际电源的模型及其等效变换

第 1 章中所定义的理想电压源和理想电流源实际上是不存在的。实际电源既做不到电压源端电压不变，也做不到电流源的输出电流不变，是因为电源内部都存在电阻。那么，应该用一个什么样的电路模型来描述实际电源呢？

2.2 实际电源的模型及其等效变换

2.2.1　实际电源模型

一个实际电源既可以用图 2.9a 所示的电压源模型表示，又可以用图 2.9c 所示的电流源模型表示。

电压源模型为理想电压源 U_S 和电阻 R 的串联组合，端子 1-1′处的电压 U 与输出电流 I 的关系为

$$U = U_\mathrm{S} - RI \tag{2-8}$$

电压 U 与电流 I 的特性曲线如图 2.9b 所示。

电流源模型为理想电流源 I_S 和电阻 R' 的并联组合，端子 1-1′处的电压 U 与（输出）电流 I 的关系为

$$I = I_\mathrm{S} - \frac{U}{R'} \tag{2-9}$$

电压 U 与电流 I 的特性曲线如图 2.9d 所示。

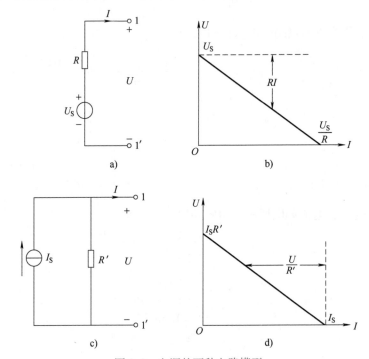

图 2.9　电源的两种电路模型

2.2.2　电压源和电流源等效变换

在式（2-8）和式（2-9）中，如果令

$$\begin{cases} R = R' \\ U_\mathrm{S} = I_\mathrm{S} R' \end{cases} \tag{2-10}$$

则式（2-8）和式（2-9）所示的两个方程完全相同，也就是在端子 1-1′处的 U 和 I 的关系将完全相同。式（2-10）就是这两种电源模型之间等效变换的条件。变换时注意 U_S 和 I_S 的参考方向，I_S 的参考方向由 U_S 的负极指向正极。

两种电源模型之间的这种等效变换仅保证端子 1-1′ 外部电路的电压、电流和功率相同（即只是对外部等效），对内部并无等效可言。例如，端子 1-1′ 开路时，两电路对外均不发出功率，但此时电压源发出的功率为零，电流源发出的功率为 $I_S^2 R'$，全部消耗在 R' 上。

另外，理想的电压源和理想的电流源之间没有等效的关系。因为理想电压源可以看成是实际电压源模型内阻为 0 的理想情况，理想电流源可以看成是实际电流源模型内阻无穷大，所以不满足 $R = R'$ 的等效条件。

利用两种电源形式的等效互换，可以把一个复杂电路，经过逐步等效变换，使之得到简化，从而有利于求解电路。当只求解电路中某一支路的电流或电压时，等效变换的方法将显得更为适宜。在进行等效变换时，待求支路应始终保留在电路中，不得变动。

例 2.5 求图 2.10a 所示电路中的电流 i。

解：图 2.10a 电路可简化为图 2.10d 所示单回路电路。简化过程如图 2.10b ~ 图 2.10d 所示。由化简后的电路可求得电流为

$$i = \frac{9-4}{1+2+7}A = 0.5A$$

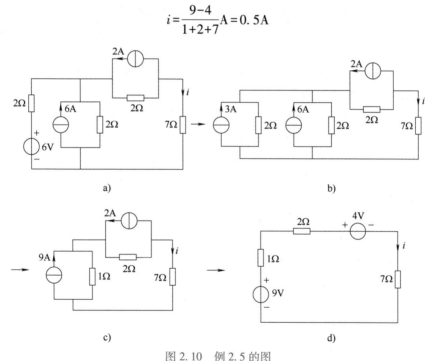

图 2.10 例 2.5 的图

这几节已经介绍了一些简单电路的分析方法，主要通过电路的等效变换对电路中某一支路电压或电流进行求解，这种方法可统称为**等效变换法**。其特点是利用等效原则对电路进行简化后再进行计算，但是该方法在等效变换的过程中改变了电路的结构，只适合求解某端口外部电路时使用。

2.3　支路电流法和回路电流法

当需要对电路进行全面分析时，等效变换的方法显然已不适用，对于这样的问题需采用以下几节介绍的方法进行分析计算。将以包含

2.3，2.4 支路电流法和节点电压法

独立电源、线性电阻和线性受控源的线性电路为研究对象，介绍电路分析的一般方法如支路电流法、回路电流法和节点电压法。所谓一般分析方法是指具有明显的固定格式和步骤，适用性较强，原则上适用于各种电路的基本分析方法。

2.3.1 支路电流法

支路电流法是最基本的方法，回路电流法和节点电压法都是由支路电流法推导出来的。采用上述电路分析的一般方法对电路进行分析时，一般无需改变电路的结构。因回路电流法和结点电压法的方程数都比支路电流法的方程数少，而且其规律明显、易于掌握，其方程可通过观察电路直接列出，故在电路分析中经常应用。尤其是结点电压法，它便于编程计算，是分析大规模集成电路的首选方法，应用十分广泛。

电路（模型）由电路元件连接而成，电路中各支路电流受到 KCL 约束，各支路电压受到 KVL 约束，这两种约束只与电路元件的连接方式有关，与元件本身特性无关，称为拓补约束。电路（模型）的电压和电流还要受到元件本身伏安特性（例如电阻的欧姆定律）的约束，这类约束只与元件的伏安特性有关，与元件的连接方式无关，称为元件约束。任何电路的电压和电流都必须同时满足这两类约束关系。

电路分析的基本任务是求出给定电路中各支路的电流和电压。因此，可以直接选取各支路电流或支路电压作为待求的电路变量，根据两类约束关系建立电路方程，解这些电路方程即可求出各支路电流或支路电压。这种方法称为**支路分析法**。支路分析法又分为支路电流法和支路电压法。本节只讨论支路电流法。

支路电流法是各种电路分析方法中最基础的方法，它以支路电流为未知量，应用基尔霍夫电流定律（KCL）和基尔霍夫电压定律（KVL），分别对结点和回路列出所需要的方程组求解，从中解出各支路电流。

假设电路有 b 条支路，n 个结点，则有 b 个未知量需要求解。应用基尔霍夫电流定律，只能列出 $n-1$ 个独立方程，其余的 $b-(n-1)=b-n+1$ 个独立方程可根据基尔霍夫电压定律列出。通常情况下选择电路中的网孔列 KVL 方程，且网孔的个数恰好是 $b-n+1$ 个。

如图 2.11 所示电路，它有 3 条支路，设各支路电流分别为 i_1、i_2、i_3，其参考方向标示在图中。线性代数中已有结论：当未知变量与独立方程数目相等时，未知变量才可能有唯一解。所以要根据两类约束关系找到包含未知量 i_1、i_2、i_3 的 3 个相互独立的方程式进行求解。

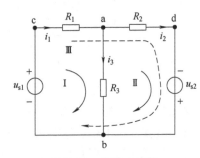

图 2.11　支路电流法

根据 KCL，对结点 a 和结点 b 分别建立电流方程。流入结点的电流前面取 "+" 号，流出结点的电流前面取 "-" 号，则有

结点 a：	$i_1-i_2-i_3=0$	①
结点 b：	$-i_1+i_2+i_3=0$	②

可以看出，式①乘以（-1）就得式②，因而二式是互相不独立的。为了得到独立方程只能取其中之一，例如式②。

根据 KVL，电压电流采用关联参考方向，按图 2.11 中所标顺时针绕行方向对回路Ⅰ、

Ⅱ、Ⅲ分别建立电压方程，得

回路Ⅰ：$\qquad R_1 i_1 + R_3 i_3 = u_{s1}$ ③

回路Ⅱ：$\qquad R_2 i_2 - R_3 i_3 = u_{s2}$ ④

回路Ⅲ：$\qquad R_1 i_1 + R_2 i_2 = u_{s1} + u_{s2}$ ⑤

式③、式④、式⑤彼此也是互相不独立的，式③加式④即得式⑤，所以只能取其中两个方程作为独立方程，例如式③和式④。得到 3 个互相独立的方程如下：

$$\left.\begin{array}{l} -i_1 + i_2 + i_3 = 0 \\ R_1 i_1 + R_3 i_3 = u_{s1} \\ R_2 i_2 - R_3 i_3 = u_{s2} \end{array}\right\} \qquad (2\text{-}11)$$

式（2-11）即是图 2.11 所示电路以支路电流为未知量的足够的相互独立的方程组之一，它完整地描述了该电路中各支路电流和支路电压之间的两类约束关系。式（2-11）可用克莱姆法则求解。

例 2.6　图 2.12 所示电路中 $R_1 = R_2 = 10\Omega$，$R_3 = 4\Omega$，$R_4 = R_5 = 8\Omega$，$R_6 = 2\Omega$，$u_{s3} = 20\text{V}$，$u_{s6} = 40\text{V}$，试用支路电流法列写出求解电路所必需的独立方程组。

解：本题电路有 $n = 4$ 个结点（结点 a、b、c、d），$b = 6$ 条支路，故有 6 个未知量。

假设各支路的电流方向如图 2.12 所示，由 KCL 列 $n-1 = 3$ 个结点电流方程，设流出结点的电流取正号。

结点 a：$\qquad I_1 + I_2 + I_6 = 0$

结点 b：$\qquad -I_2 + I_3 + I_4 = 0$

结点 c：$\qquad -I_4 + I_5 - I_6 = 0$

假设 3 个独立回路（取网孔）的绕行方向为顺时针（已标出），由 KVL 可列 3 个回路电压方程

回路Ⅰ：$\qquad 2I_6 - 8I_4 - 10I_2 = -40$

回路Ⅱ：$\qquad -10I_1 + 10I_2 + 4I_3 = -20$

回路Ⅲ：$\qquad -4I_3 + 8I_4 + 8I_5 = 20$

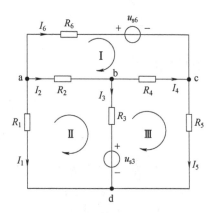

图 2.12　例 2.6 的图

联立上述 6 个方程即为求解电路所必需的独立方程组。联立求解此方程组即可求得各支路电流。显然，支路较多时，用支路电流法求解电路的工作量较大。

由本题的求解过程可以归纳出用支路电流法分析电路的步骤如下：

1）选定各支路电流的参考方向。

2）任取 $n-1$ 个结点，依 KCL 列独立结点电流方程。

3）选定 $b-n+1$ 个独立回路（平面电路可选网孔），指定回路的绕行方向，根据 KVL 列写独立回路电压方程。

4）求解联立方程组，得到各支路电流。

5）由各支路电流，利用各元件的伏安特性关系可求各支路电压，进而可求电路中任意两点间的电压，进而可求电路中任何一个元件吸收（或发出）的功率。

例 2.7　如图 2.13 所示电路，已知中 $U_{S1} = 140\text{V}$，$R_1 = 20\Omega$，$R_2 = 5\Omega$，$R_3 = 6\Omega$，$I_{S2} = 6\text{A}$，求各支路电流、电压 U 和电流源的功率 P。

解： 各支路电流参考方向如图 2.13 所示。选结点 b 为独立结点，选两个网孔作为独立回路，以顺时针方向作为绕行方向，则有

$$-I_1+I_3-I_{S2}=0$$
$$R_1I_1+R_3I_3=U_{S1}$$
$$-R_2I_{S2}-R_3I_3=-U$$

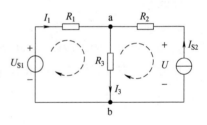

图 2.13　例 2.7 的图

代入已知条件得

$$-I_1+I_3=6A$$
$$20\Omega\times I_1+6\Omega\times I_3=140V$$
$$-6\Omega\times I_3+U=30V$$

解上述方程得

$$I_1=4A，I_3=10A，U=90V，P=90V\times6A=540W$$

在此例中，若不用求电压 U，电流源 I_{S2} 没有电阻与之并联，称为**无伴电流源**，该支路的电流恒定不变，不需要求解，所以如果回路选择合适只需列出两个方程，求解两个未知量：

$$-I_1+I_3-I_{S2}=0$$
$$R_1I_1+R_3I_3=U_{S1}$$

代入已知条件得

$$-I_1+I_3=6A$$
$$20\Omega\times I_1+6\Omega\times I_3=140V$$

解得

$$I_1=4A，I_3=10A$$

此例中，第二种方法在选回路时没有选无伴电流源所在的回路，原因是电流源两端的电压也是未知的，会引入新的未知量。

例 2.8　图 2.14 所示电路中，已知 $U_{S1}=140V$，$U_{S2}=90V$，$R_1=20\Omega$，$R_2=5\Omega$，求各支路电流。

解： 各支路电流参考方向如图 2.14 所示。选结点 a 为独立结点，选两个网孔作为独立回路，以顺时针方向作为绕行方向。列方程时先把受控源看作独立，则支路电流方程为

$$-I_1-I_2+I_3=0$$
$$R_1I_1=U_{S1}-0.75U_1$$
$$-R_2I_2=-U_{S2}+0.75U_1$$

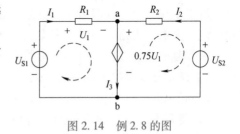

图 2.14　例 2.8 的图

用待求变量（支路电流）表示控制量 $U_1=R_1I_1$，代入上述方程组整理得

$$-I_1-I_2+I_3=0$$
$$1.75R_1I_1=U_{S1}$$
$$-0.75U_1-R_2I_2=-U_{S2}$$

代入已知条件得

$$-I_1 - I_2 + I_3 = 0$$
$$35\Omega \times I_1 = 140\text{V}$$
$$15\Omega \times I_1 + 5\Omega \times I_2 = 90\text{V}$$

解得

$$I_1 = 4\text{A}, \quad I_2 = 6\text{A}, \quad I_3 = 10\text{A}$$

此例表明，当电路中有受控电压源时，可先把受控电压源看作独立源列在方程的右边，然后补充用支路电流表示控制量的方程，代入上述方程，消去控制量。

2.3.2 网孔电流法

对于支路数较多的复杂电路，应用支路电流法求解时联立求解的方程个数（方程数等于支路数）会很多，计算起来比较繁琐。下面将介绍一种简单而有效的分析方法——回路电流法。当选择网孔作为独立回路时，回路电流法又称为网孔电流法。

下面仍以图 2.11 电路来说明网孔电流。如前所述，该电路共有三条支路，在结点 b 应用 KCL，则有

$$-i_1 + i_2 + i_3 = 0 \tag{2-12}$$

即

$$i_3 = i_1 - i_2$$

可见 i_3 不是独立的，它由独立电流 i_1、i_2 的线性组合确定。这种线性组合关系，可以设想为有两个电流 i_1 和 i_2 分别沿此电路的两个网孔连续流动而形成。这种假想的沿网孔连续流动的电流，称为**网孔电流**。对于具有 b 条支路和 n 个结点的电路来说，共有 $b-n+1$ 个网孔电流。由于把各支路电流当作网孔电流的代数和，必自动满足 KCL。所以用网孔电流作为电路变量时，只需按 KVL 列出电路方程。以网孔电流为未知量，根据 KVL 对全部网孔列出方程。由于全部网孔是一组独立回路，这组方程将是独立的。这种方法称为网孔电流法。

以图 2.11 所示网孔电流方向为绕行方向，写出两个网孔的 KVL 方程分别为

$$R_1 i_1 + R_3 i_3 = u_{s1}$$
$$R_2 i_2 - R_3 i_3 = u_{s2} \tag{2-13}$$

将式（2-12）代入上式，消去 i_3，整理后得到

$$(R_1 + R_3)i_1 - R_3 i_2 = u_{s1}$$
$$-R_3 i_1 + (R_2 + R_3)i_2 = u_{s2} \tag{2-14}$$

这就是以网孔电流为变量的网孔方程。写成一般形式为

$$R_{11} i_1 + R_{12} i_2 = u_{s11}$$
$$R_{21} i_1 + R_{22} i_2 = u_{s22} \tag{2-15}$$

式中，R_{11}，R_{22} 称为网孔自电阻，它们分别是各自网孔内全部电阻的总和。

例如 $R_{11} = R_1 + R_3$，$R_{22} = R_2 + R_3$。$R_{kj}(k \neq j)$ 称为网孔 k 和网孔 j 的互电阻，它们是两网孔公共电阻的正值或负值。**当两网孔电流以相同方向流过公共电阻时取正号，当两网孔电流以相反方向流过公共电阻时取负号**，例如 $R_{12} = R_{21} = -R_3$。u_{s11}，u_{s22} 分别为各自网孔中全部电压源电压升值的代数和。绕行方向由 "－" 极到 "＋" 极的电压源取正号；反之则取负号。

由独立电压源和线性电阻构成的电路的网孔方程很有规律，可理解为各网孔电流在某网孔全部电阻上产生电压降的代数和，等于该网孔全部电压源电压升值的代数和。根据以上总

结的规律和对电路图的观察，就能直接列出网孔方程。具有 m 个网孔的平面电路，其网孔方程的一般形式为

$$\left.\begin{aligned}
R_{11}i_1+R_{12}i_2+\cdots+R_{1m}i_m&=u_{s11}\\
R_{21}i_1+R_{22}i_2+\cdots+R_{2m}i_m&=u_{s22}\\
&\vdots\\
R_{m1}i_1+R_{m2}i_2+\cdots+R_{mm}i_m&=u_{smm}
\end{aligned}\right\} \tag{2-16}$$

网孔电流法的计算步骤如下：

1）在电路图上标明网孔电流及其参考方向。若全部网孔电流均选为顺时针（或逆时针）方向，则网孔方程的全部互电阻项均取负号。

2）用观察电路的方法列出各网孔方程。

3）求解网孔方程，得到各网孔电流。

4）假设支路电流的参考方向。根据支路电流与网孔电流的线性组合关系，求得各支路电流。

5）用电阻的伏安特性方程求得各支路电压。

例 2.9 已知 $u_{s3}=20\text{V}$，$u_{s6}=40\text{V}$，$R_1=R_2=10\Omega$，$R_3=4\Omega$，$R_4=R_5=8\Omega$，$R_6=2\Omega$，用网孔电流法求解图 2.15 中各支路电流。

解： 设网孔电流为 i_{11}，i_{22}，i_{33}，其绕行方向如图 2.15 中所标。列写网孔方程为

$$\begin{cases}
20\Omega\times i_{11}-10\Omega\times i_{12}-8\Omega\times i_{13}=-40\text{V}\\
-10\Omega\times i_{11}+24\Omega\times i_{12}-4\Omega\times i_{13}=-20\text{V}\\
-8\Omega\times i_{11}-4\Omega\times i_{12}+20\Omega\times i_{13}=20\text{V}
\end{cases}$$

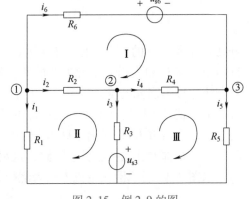

图 2.15　例 2.9 的图

解上面方程组得

$$i_{11}=2.382\text{A},\quad i_{22}=-2.508\text{A},\quad i_{33}=-0.956\text{A}$$

各支路电流的参考方向如图 2.15 所示，观察电路，得各支路电流为

$i_1=-i_{22}=2.508\text{A}$，$i_2=i_{22}-i_{11}=-4.890\text{A}$，$i_3=i_{22}-i_{33}=-1.552\text{A}$，

$i_4=i_{33}-i_{11}=-3.338\text{A}$，$i_5=i_{33}=-0.956\text{A}$，$i_6=i_{11}=2.382\text{A}$

比较例 2.6 与例 2.9 发现，支路电流法列出 6 个方程，即使用行列式法求解，也相当繁琐，而用网孔电流法仅列出了 3 个方程，求解相对简单。

2.3.3　回路电流法

与网孔分析法相似，也可用 $b-n+1$ 个独立回路电流作变量，来建立回路方程。由于回路电流的选择有较大灵活性，当电路存在 m 个电流源时，若能选择每个电流源电流作为一个回路电流，就可以少列写 m 个回路方程。网孔电流法只适用于平面电路，而回路电流法却是普遍适用的方法。

例 2.10 用回路电流法重解图 2.16 所示电路。

解： 为了减少联立方程数目，选择回路电流的原则是：每个电流源支路只流过一个回路电流。若选择图 2.16 所示的三个回路电流 i_1、i_3 和 i_4，则 $i_3=2\text{A}$，$i_4=1\text{A}$ 成为已知量。只需

列出 i_1 回路的方程

$$(5\Omega+3\Omega+1\Omega)i_1-(1\Omega+3\Omega)i_3-(5\Omega+3\Omega)i_4=20\text{V}$$

代入 i_3 和 i_4 的值解得

$$i_1=\frac{20+8+8}{5+3+1}\text{A}=4\text{A}$$

$$i_2=i_1-i_4=3\text{A}$$

$$i_5=i_1-i_3=2\text{A}$$

$$i_6=i_1-i_3-i_4=1\text{A}$$

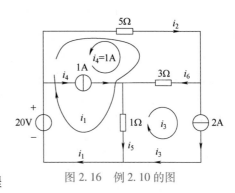

图 2.16   例 2.10 的图

读者可另选一组回路电流，只用一个回路方程求出电流 i_2。

2.3.4   含有独立电流源时的网孔方程

当电路中含有独立电流源时，不能用式（2-16）来建立含电流源网孔的网孔方程，因为该式未考虑电流源的电压。若有电阻与电流源并联，则可先等效变换为电压源和电阻串联，将电路变为仅由电压源和电阻构成的电路，再用式（2-16）来建立网孔方程。若电路中的电流源没有电阻与之并联，则应增加电流源电压作为变量来建立这些网孔方程。此时，由于增加了电压变量，需补充电流源电流和网孔电流关系的方程。

综上所述，对于由独立电压源、独立电流源和电阻构成的电路来说，其网孔方程的一般形式应改为以下形式：

$$\left.\begin{aligned}R_{11}i_1+R_{12}i_2+\cdots+R_{1m}i_m+u_{is11}&=u_{s11}\\R_{21}i_1+R_{22}i_2+\cdots+R_{2m}i_m+u_{is22}&=u_{s22}\\\vdots\\R_{m1}i_1+R_{m2}i_2+\cdots+R_{mm}i_m+u_{is33}&=u_{smm}\end{aligned}\right\} \tag{2-17}$$

式中，u_{iskk} 表示第 k 个网孔的全部电流源电压的代数和，其电压的参考方向与该网孔电流参考方向相同的取正号，相反则取负号。

由于变量的增加，需要补充这些电流源（i_{sk}）与相关网孔电流（i_i,i_j）关系的方程，其一般形式为

$$i_{sk}=\pm i_i\pm i_j$$

式中，当电流源（i_{sk}）参考方向与网孔电流参考方向（i_i 或 i_j）相同时取正号，相反则取负号。

例 2.11   用网孔电流法求图 2.17 电路的支路电流。

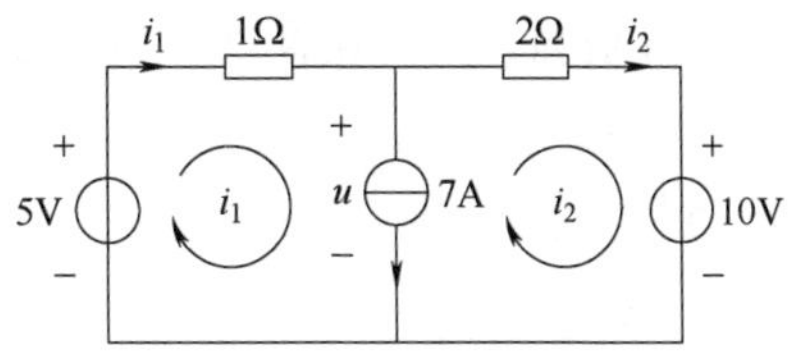

解：设电流源电压为 u，考虑了电压 u 的网孔方程为

$$\left.\begin{aligned}1\Omega\times i_1+u&=5\text{V}\\2\Omega\times i_2-u&=-10\text{V}\end{aligned}\right\}$$

图 2.17   例 2.11 的图

补充方程　　　$i_1-i_2=7\text{A}$

求解以上方程得到　　　　$i_1=3\text{A}$　　$i_2=-4\text{A}$　　$u=2\text{V}$

例 2.12 用网孔电流法求解图 2.18 电路的网孔电流。

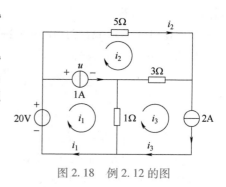

图 2.18　例 2.12 的图

解： 当电流源出现在电路外围边界上时，该网孔电流等于电流源电流，成为已知量，此例中为 $i_3 = 2\text{A}$。此时不必列出此网孔的网孔方程，只需计入 1A 电流源电压 u，列出两个网孔方程和一个补充方程为

$$\begin{cases} 1\Omega \times i_1 - 1\Omega \times i_3 + u = 20\text{V} \\ (5\Omega + 3\Omega)\ i_2 - 3\Omega \times i_3 - u = 0 \\ i_1 - i_2 = 1\text{A} \end{cases}$$

代入 $i_3 = 2\text{A}$，整理后得到

$$1\Omega \times i_1 + 8\Omega \times i_2 = 28\text{V} \qquad i_1 - i_2 = 1\text{A}$$

解得 $\qquad\qquad\qquad i_1 = 4\text{A} \qquad\qquad i_2 = 3\text{A} \qquad\qquad i_3 = 2\text{A}$

由此可见，若能选择电流源电流作为某一网孔电流，能进一步减少联立方程数目。

2.3.5　含受控源电路的网孔方程

在列写含受控源电路的网孔方程时，可按如下步骤：

1）先将受控源作为独立电源处理。

2）然后将受控源的控制变量用网孔电流表示，再经过移项整理即可得到如式（2-17）形式的网孔方程。

下面举例说明。

例 2.13 列出图 2.19 所示电路的网孔方程。

解： 在写网孔方程时，先将受控电压源的电压 ri_3 写在方程右边

$$\begin{cases} (R_1 + R_3)\,i_1 - R_3 i_2 = u_s \\ -R_3 i_1 + (R_2 + R_3)\,i_2 = -ri_3 \end{cases}$$

将控制变量 i_3 用网孔电流表示，即得补充方程为

$$i_3 = i_1 - i_2$$

代入上式，移项整理后得到以下网孔方程

$$\begin{cases} (R_1 + R_3)\,i_1 - R_3 i_2 = u_s \\ (r - R_3)\,i_1 + (R_2 + R_3 - r)\,i_2 = 0 \end{cases}$$

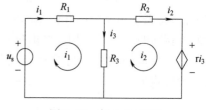

图 2.19　例 2.13 的图

由于受控源的影响，互电阻 $R_{21} = r - R_3$ 不再与互电阻 $R_{12} = -R_3$ 相等。自电阻 $R_{22} = R_2 + R_3 - r$ 不再是网孔全部电阻 R_2、R_3 的总和。

2.4　结点电压法

在电路中任意选择某一结点为参考结点，其他结点与参考结点之间的电压称为**结点电压**。结点电压的参考极性是以参考结点为负，其余独立结点为正。对于具有 n 个结点的连通电路来说，它的 $n-1$ 个结点对第 n 个结点的电压，就是一组独立电压变量。用这些结点电压作变量建立的电路方程，称为结点电压方程。结点电压法是以结点电压为待求变量，对电

路进行分析求解的方法。

2.4.1 结点电压的定义

在图 2.20 所示电路中，共有 4 个结点，6 条支路，各支路电流的参考方向及结点编号已标示于图中。用 u_1、u_2、u_3、u_4、u_5 和 u_6 表示各支路电压，其参考方向与各支路电流参考方向相同。以结点 0 作为参考结点，用接地符号表示（电位为 0V），其余三个结点电压分别为 u_{10}、u_{20} 和 u_{30}。则各结点电压就等于各结点电位，即 $u_{10}=v_1$，$u_{20}=v_2$，$u_{30}=v_3$。

例如图 2.27 所示电路各支路电压可表示为

$$\begin{cases} u_1 = u_{10} = v_1 \\ u_2 = u_{20} = v_2 \\ u_3 = u_{30} = v_3 \\ u_4 = u_{10} - u_{30} = v_1 - v_3 \\ u_5 = u_{10} - u_{20} = v_1 - v_2 \\ u_6 = u_{20} - u_{30} = v_2 - v_3 \end{cases}$$

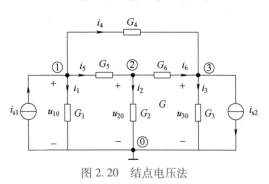

图 2.20　结点电压法

2.4.2 结点电压方程

下面以图 2.20 所示电路为例说明如何建立结点方程。对电路的三个独立结点①、②、③列出 KCL 方程为

$$\left.\begin{array}{l} i_1 + i_4 + i_5 = i_{s1} \\ i_2 - i_5 + i_6 = 0 \\ i_3 - i_4 - i_6 = -i_{s2} \end{array}\right\} \tag{2-18}$$

这是一组线性无关的方程。列出用结点电压表示的电阻伏安特性方程为

$$\left.\begin{array}{l} i_1 = G_1 v_1 \\ i_2 = G_2 v_2 \\ i_3 = G_3 v_3 \\ i_4 = G_4 (v_1 - v_3) \\ i_5 = G_5 (v_1 - v_2) \\ i_6 = G_6 (v_2 - v_3) \end{array}\right\} \tag{2-19}$$

将式（2-18）代入式（2-19）中，经过整理后得到

$$\left.\begin{array}{l} (G_1 + G_4 + G_5) v_1 - G_5 v_2 - G_4 v_3 = i_{s1} \\ -G_5 v_1 + (G_2 + G_5 + G_6) v_2 - G_6 v_3 = 0 \\ -G_4 v_1 - G_6 v_2 + (G_3 + G_4 + G_6) v_3 = -i_{s2} \end{array}\right\} \tag{2-20}$$

这就是图 2.20 所示电路的结点方程。写成一般形式为

$$\left.\begin{array}{l} G_{11} v_1 + G_{12} v_2 + G_{13} v_3 = i_{s11} \\ G_{21} v_1 + G_{22} v_2 + G_{23} v_3 = i_{s22} \\ G_{31} v_1 + G_{32} v_2 + G_{33} v_3 = i_{s33} \end{array}\right\} \tag{2-21}$$

式中，G_{11}、G_{22}、G_{33}称为结点自电导，它们分别是各结点全部电导的总和。

此例中 $G_{11}=G_1+G_4+G_5$，$G_{22}=G_2+G_5+G_6$，$G_{33}=G_3+G_4+G_6$，G_{ij}（$i\neq j$）称为结点 i 和 j 的互电导，是结点 i 和 j 间电导总和的负值，此例中 $G_{12}=G_{21}=G_5$，$G_{13}=G_{31}=G_4$，$G_{23}=G_{32}=G_6$。i_{s11}、i_{s22}、i_{s33}是流入该结点全部电流源电流的代数和，其电流参考方向为：流入该结点的取正号、相反的取负号。此例中 $i_{s11}=i_{s1}$，$i_{s22}=0$，$i_{s33}=-i_{s2}$。

从上可见，由独立电流源和线性电阻构成电路的结点方程，其系数很有规律，可以用观察电路图的方法直接写出结点方程。

由独立电流源和线性电阻构成的具有 n 个结点的连通电路，其结点方程的一般形式为

$$\left.\begin{array}{r}G_{11}v_1+G_{12}v_2+\cdots+G_{1(n-1)}v_{n-1}=i_{s11}\\ G_{21}v_1+G_{22}v_2+\cdots+G_{2(n-1)}v_{n-1}=i_{s22}\\ \vdots\\ G_{(n-1)1}v_1+G_{(n-1)2}v_2+\cdots+G_{(n-1)(n-1)}v_{n-1}=i_{s(n-1)(n-1)}\end{array}\right\} \quad (2\text{-}22)$$

例 2.14 用结点分析法求图 2.21 所示电路中各电阻支路电流。

解： 用接地符号标出参考结点，标出两个结点电压 u_1 和 u_2 的参考方向，如图 2.21 所示。用观察法列出结点方程为

$$\begin{cases}(1S+1S)u_1-u_2=5A\\ -1S\times u_1+(1S+2S)u_2=-10A\end{cases}$$

整理得到

$$\begin{cases}2S\times u_1-1S\times u_2=5A\\ -1S\times u_1+3S\times u_2=-10A\end{cases}$$

解得各结点电压为　　$u_1=1V$　　$u_2=-3V$

选定各电阻支路电流参考方向如图所示，可求得

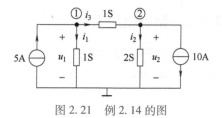

图 2.21　例 2.14 的图

2.4.3　含独立电压源的结点电压方程

当电路中存在独立电压源时，不能用式（2-22）建立含有电压源结点的方程，其原因是没有考虑电压源的电流。若有电阻与电压源串联，可以先等效变换为电流源与电阻并联后，再用式（2-22）建立结点方程。若没有电阻与电压源串联，则应增加电压源的电流变量来建立结点方程。此时，由于增加了电流变量，需补充电压源电压与结点电压关系的方程。

综上所述，对于由独立电压源、独立电流源和电阻构成的电路来说，其结点方程的一般形式应改为以下形式

$$\left.\begin{array}{r}G_{11}v_1+G_{12}v_2+\cdots+G_{1(n-1)}v_{n-1}+i_{us11}=i_{s11}\\ G_{21}v_1+G_{22}v_2+\cdots+G_{2(n-1)}v_{n-1}+i_{us22}=i_{s22}\\ \vdots\\ G_{(n-1)1}v_1+G_{(n-1)2}v_2+\cdots+G_{(n-1)(n-1)}v_{n-1}+i_{us(n-1)(n-1)}=i_{s(n-1)(n-1)}\end{array}\right\} \quad (2\text{-}23)$$

式中，i_{uskk}是与第 k 个结点相连的全部电压源电流的代数和，其电流参考方向为流入该结点的取正号，相反的取负号。

由于变量的增加，需要补充这些电压源与相关结点电压关系的方程，其一般形式如下：

$$u_{sk}=v_i-v_j$$

式中，v_i 是连接到电压源参考极性"+"端的结点电压；v_j 是连接到电压源参考极性"−"

端的结点电压。

例 2.15 用结点分析法求图 2.22a 所示电路的电压 u 和支路电流 i_1，i_2。

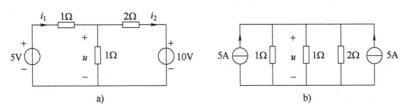

图 2.22 例 2.15 的图

解： 先将电压源与电阻串联等效变换为电流源与电阻并联，如图 2.22b 所示。对结点电压 u 来说，图 2.22b 与图 2.22a 等效。只需列出一个结点方程。

$$\left(1S+1S+\frac{1}{2}S\right)u=5A+5A$$

解得

$$u=\frac{10}{2.5}V=4V$$

按照图 2.22a 所示电路可求得电流 i_1 和 i_2

$$i_1=\frac{5-4}{1}A=1A \qquad i_2=\frac{4-10}{2}A=-3A$$

例 2.16 用结点分析法求图 2.23 所示电路的结点电压。

解： 选定 6V 电压源电流 i 的参考方向。计入电流变量 i 列出两个结点方程为

$$\begin{cases} 1S\times u_1+i=5A \\ 0.5S\times u_2-i=-2A \end{cases}$$

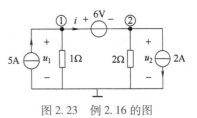

补充方程 $\qquad u_1-u_2=6V$

解得 $\qquad u_1=4V,\ u_2=-2V,\ i=1A$

图 2.23 例 2.16 的图

这种增加电压源电流变量建立的一组电路方程，称为改进的结点方程，它扩大了结点方程适用的范围，为很多计算机电路分析程序采用。

2.4.4 含受控源电路的结点电压方程

与建立网孔方程相似，列写含受控源电路的结点方程时，要注意以下两个步骤：

1）先将受控源作为独立电源处理。

2）然后将控制变量用结点电压表示并移项整理，即可得到如式（2-23）形式的结点方程。

例 2.17 列出图 2.24 所示电路的结点方程。

解： 列出结点方程时，将受控电流源 gu_3 写在方程右边

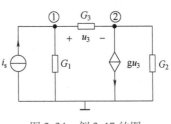

$$\begin{cases} (G_1+G_3)u_1-G_3u_2=i_s \\ -G_3u_1+(G_2+G_3)u_2=-gu_3 \end{cases}$$

图 2.24 例 2.17 的图

补充控制变量 u_3 与结点电压关系的方程

$$u_3 = u_1 - u_2$$

代入方程，移项整理后得到以下结点方程：

$$(G_1 + G_3)u_1 - G_3 u_2 = i_s$$
$$(g - G_3)u_1 + (G_2 + G_3 - g)u_2 = 0$$

由于受控源的影响，互电导 $G_{21} = g - G_3$ 与互电导 $G_{12} = -G_3$ 不再相等。自电导 $G_{22} = G_2 + G_3 - g$ 不再是结点②全部电导之和。

2.5 叠加定理

2.5 叠加定理和齐次定理

2.5.1 线性叠加定理

电路元件可分为线性元件和非线性元件。线性元件的参数（如 R、L、C、U_s、I_s）是常量，与元件两端的电压和通过元件的电流无关。由线性元件组成的电路称为**线性电路**，叠加定理是线性电路的重要定理之一。

叠加定理的内容是：在线性电路中，多个独立源共同作用时在任一支路中产生的响应，等于各独立源单独作用时在该支路所产生响应的代数和。

以下通过具体电路图说明应用线性叠加定理分析线性电路的方法、步骤及需要注意的问题。

电路如图 2.25a 所示，用叠加定理求电流 i 和电压 u。首先画出各独立源单独作用时的电路图，当电压源 u_s 单独作用时，电流源 i_s 置零（即其支路作开路处理），如图 2.25b 所示；当电流源 i_s 单独作用时，电压源 u_s 置零（即其支路作短路处理）如图 2.25c 所示。

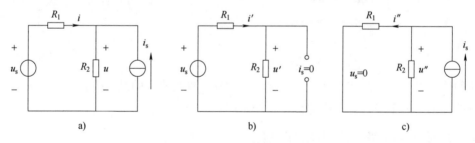

图 2.25 叠加定理

由图 2.25b 电路可求出电压源单独作用时的响应分量，由于电流源支路开路，R_1 与 R_2 为串联电阻，所以有

$$i' = \frac{u_s}{R_1 + R_2} \qquad u' = \frac{R_2 u_s}{R_1 + R_2}$$

同理由图 2.25c 电路可求出电流源单独作用时的响应分量，由于电压源支路短路，R_1 与 R_2 为并联电阻，所以

$$i'' = \frac{R_2 i_s}{R_1 + R_2} \qquad u'' = \frac{R_1 R_2}{R_1 + R_2} i_s$$

由叠加定理得二者共同作用的电路响应，即为各响应分量的代数和，因 i' 与 i 参考方

向一致，而 i'' 相反，所以 $i=i'-i''$；而 u'、u'' 与 u 参考方向均一致，所以 $u=u'+u''$。

另外使用叠加定理分析电路时，应该注意如下三点：

1）叠加定理只适用于线性电路，而不适用于非线性电路。

2）叠加定理适用于求解电压、电流及电位，但并不适用于求解功率。

这是因为电路中元件上的功率并不等于每个独立源单独作用在元件上所产生的功率之和。例如图 2.25a 中 R_1 电阻吸收的功率为

$$P=i^2R=(i'-i'')^2R \neq i'^2+i''^2R=P_1+P_2$$

3）叠加时注意各电流分量和电压分量的参考方向，当分量与总量的参考方向一致时，分量前取"+"号；参考方向相反时，分量前取"−"号。

例 2.18 电路如 2.26a 图，用叠加原理计算电流源的电压 U 及 R_3 的功率 P。

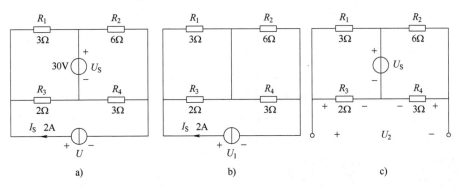

图 2.26 例 2.18 的图

解：各独立源单独作用时的电路如图 2.26b 和 2.26c 所示，电流源单独作用时在电流源两端产生的电压为

$$U_1=I_S\left[(R_1//R_3)+(R_2//R_4)\right]=6.4V$$

$$U'_{R3}=2\times(R_1//R_3)=2.4V, \quad P_1=U'^2_{R3}/R_3=2.88W$$

电压源单独作用时在电流源两端产生的电压为电阻 R_3、R_4 电压的代数和。

$$U''_{R3}=\frac{U_S}{R_1+R_3}R_3=12V \qquad U''_{R4}=\frac{U_S}{R_2+R_4}R_4=10V$$

$$U_2=U''_{R3}-U''_{R4}=12V-10V=2V$$

$$P_2=U''^2_{R3}/R_3=72W$$

所以
$$U=U_1+U_2=8.4V$$

$$P=(U'_{R3}+U''_{R3})^2/R_3=103.68W \neq P_1+P_2=74.88W$$

由以上分析可知，元件上的功率并不等于每个独立源单独作用在元件上所产生的功率之和。另外，可以看出，应用叠加定理就是把多电源的复杂电路化解为单电源的简单电路，然后对电压和电流求代数和。

2.5.2 齐次定理

线性电路另一个重要特性就是齐次性，把该性质总结为线性电路中另一重要的定理就是齐次定理：当一个激励源（独立电压源或独立电流源）作用于线性电路，其任意支路的响

应（电压或电流）与该激励源成正比。

若线性电路中有多个激励源作用，由叠加定理和齐次定理的结合应用，不难得到这样的结论：线性电路中，当全部激励源同时增大到 K 倍，其电路中任何处的响应也增大到 K 倍。

例 2.19　图 2.27 所示线性无源网络 N，已知当 $u_s = 1V$，$i_s = 1A$ 时，$u = 0V$；当 $u_s = 10V$，$i_s = 0A$ 时，$u = 1V$。试求 $u_s = 0V$，$i_s = 10A$ 时，电阻 R 上的电压。

解：根据叠加定理和线性电路的齐次性，电压 u 可
表示为

$$u = u' + u'' = K_1 u_s + K_2 i_s$$

代入已知数据，可得到

$$\begin{cases} K_1 + K_2 = 0 \\ 10K_1 - 0K_2 = 1 \end{cases}$$

求解后得　　$K_1 = 0.1$　　　$K_2 = -0.1$

图 2.27　例 2.19 的图

因此，当 $u_s = 0V$，$i_s = 10A$ 时，电阻 R 上输出电压为

$$u = [2 \times (-1) + (-1.5) \times (-2)]V = 1V$$

该题可以直接用叠加和齐次定理来解，根据齐次定理已知 $u_s = 10V$，$i_s = 0A$ 时，$u = 1V$。则 $u_s = 1V$，$i_s = 0A$ 时，$u = 0.1V$；再根据叠加定理已知当 $u_s = 1V$，$i_s = 1A$ 时，$u = 0V$，则当 $u_s = 0V$，$i_s = 1A$，可以得出 $u = -0.1V$，再根据齐次定理，当 $u_s = 0V$，$i_s = 10A$ 时，可以推导得出 $u = -1V$。

2.6 戴维南定理
和诺顿定理

2.6 戴维南定律与
诺顿定律（实验）

2.6　戴维南定理和诺顿定理

工程实际中，常常碰到电路结构比较复杂，却只需计算某一支路参数的情况。这时如果将需要求解的支路外的其余部分电路化简为最简电路，可大大方便分析和计算。一个线性有源二端网络可以用戴维南定理等效为一个实际电压源，也可以用诺顿定理等效为一个实际电流源。

2.6.1　戴维南定理

对含独立电源的线性电阻二端网络，均可等效为一个实际电压源。如图 2.28a、b 所示，图中的线性有源二端网络可以用一个理想电压源与电阻相串联来等效代替，理想电压源 u_{oc} 称开路电压，数值等于有源二端网络的端口开路电压 U_{ab}。串联电阻 R_O 称戴维南等效电阻，等于有源二端网络内部所有独立电源置零时（变成无源二端网络）两端子间的等效电阻，如图 2.28c 所示。

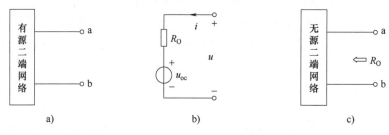

图 2.28　戴维南定理

当二端口网络的端口电压和电流采用关联参考方向时，其端口电压电流关系方程可表示为

$$u = R_0 i + u_{oc} \tag{2-24}$$

戴维南定理可以在二端口网络外加电流源 i，用叠加定理计算端口电压表达式的方法证明如下。

在二端口网络端口上外加电流源 i，如图 2.29a 所示，根据叠加定理，端口电压可以分为两部分组成：一部分由电流源单独作用（二端口内全部独立电源置零）产生的电压 $u' = R_0 i$，如图 2.29b 所示；另一部分是外加电流源置零（$i = 0$），即二端口网络开路时，由二端口网络内部全部独立电源共同作用产生的电压 $u'' = u_{oc}$，如图 2.29c 所示。由此得到 $u = u' + u'' = R_0 i + u_{oc}$

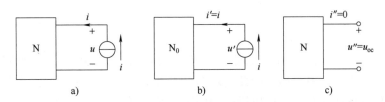

图 2.29　戴维南定理的证明

此式与式（2-24）完全相同，这就证明了含源线性电阻二端网络，在端口外加电流源存在唯一解的条件下，可以等效为一个电压源 u_{oc} 和电阻 R_0 串联的二端口网络。

例 2.20　电路如图 2.30 所示，已知 $U_{S1} = 40V$，$U_{S2} = 20V$，$R_1 = R_2 = 4\Omega$，$R_3 = 13\Omega$。试用戴维南定理求电流 I_3。

解：断开待求支路以后的有源二端网络如图 2.31 所示。则

$$I = \frac{U_{S1} - U_{S2}}{R_1 + R_2} = \frac{40-20}{4+4}A = 2.5A$$

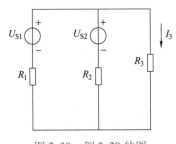

图 2.30　例 2.20 的图

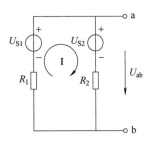

图 2.31　待求支路断开后的有源二端网络

有源二端网络的开路电压为

$$U_{ab} = U_{S2} + IR_2 = U_{S1} - IR_1 = 30V$$

将有源二端网络中的电压源 U_{S1} 和 U_{S2} 置零后的电路如图 2.32 所示。从 a、b 两端看进去，R_1 和 R_2 并联，所以

$$R_0 = \frac{R_1 \times R_2}{R_1 + R_2} = 2\Omega$$

有源二端网络的戴维南等效电路如图 2.33 虚线框内的部分，将断开支路接上得

$$I_3 = \frac{U_S}{R_0+R_3} = \frac{30}{2+13} \text{A} = 2\text{A}$$

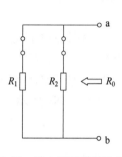

图 2.32 独立源置零后的电路

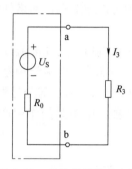

图 2.33 戴维南等效后电路

戴维南定理对任何线性二端（二端口）网络皆成立，自然也适用于含线性受控源的线性有源二端网络。事实上由前面证明此定理的过程可见，只要二端网络是线性的，叠加定理便能适用，所作的证明便有效。这里用一个例题来说明求含受控源的线性二端电阻网络的等效电路的具体方法。

例 2.21 求图 2.34 所示电路中电阻 R_3 中的电流。

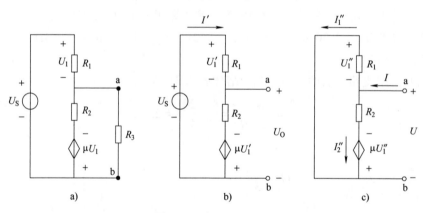

图 2.34 例 2.21 的图

解： 先求将此电路中的 R_3 移去后所得的二端网络的开路电压 U_0，如图 2.34b 所示。它的电路是一个单回路电路，设回路中的电流为 I'，写出此回路的 KVL 方程为

$$(R_1+R_2-\mu R_1)I' = U_S$$

所以

$$I' = \frac{U_S}{(1-\mu)R_1+R_2}$$

于是得此二端网络的开路电压

$$U_0 = U_{ab} = R_2 I' - \mu R_1 I' = (R_2 - \mu R_1)I'$$

$$= \frac{R_2-\mu R_1}{(1-\mu)R_1+R_2}U_S$$

再求等效电阻 R_i，为此移去独立电压源，并将其两端短路，得到图 2.34c 所示的电路。在端

点 ab 间加一电压 U，求出流经 a 的电流 I，比值 U/I 即等于所求电阻。此电路中

$$U''_1 = -U \qquad I''_1 = \frac{U}{R_1} \qquad I''_2 = \frac{U+(-\mu U)}{R_2} = \frac{(1-\mu)U}{R_2}$$

$$I = I''_1 + I''_2 = \frac{U}{R_1} + \frac{(1-\mu)U}{R_2} = \frac{R_2 + (1-\mu)R_1}{R_1 R_2} U$$

于是得图 2.34c 中二端网络的等效内阻为

$$R_i = \frac{U}{I} = \frac{R_1 R_2 + (1-\mu)R_1}{(1-\mu)R_1 + R_2} U$$

当将 R_3 接至 ab 两端，其中的电流即为

$$I_3 = \frac{U_0}{R_i + R_3}$$

2.6.2 诺顿定理

对于线性有源端口网络，均可等效为一个电流源与电阻相并联的电路，如图 2.35a、b 所示，图 b 中的电流源并联电阻电路称为诺顿等效电路。等效电路中的电流源 i_{sc} 等于有源二端网络 N 的端口短路电流。并联电阻 R_0 等于 N 内部所有独立电源置零时网络两端子间的等效电阻，如图 2.35c、d 所示。

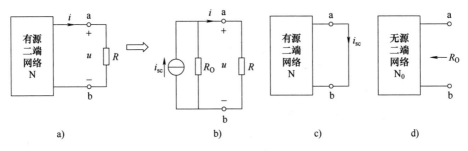

图 2.35 诺顿定理

对于给定的线性有源二端网络，其戴维南电路与诺顿电路是互为等效的。根据电源模型的等效互换条件，可知开路电压 U_{oc}、短路电流 i_{sc} 和等效电阻 R_0 之间满足如下关系：

$$U_{oc} = i_{sc} R_0 \tag{2-25}$$

例 2.22 求图 2.36a 二端网络的诺顿等效电路。

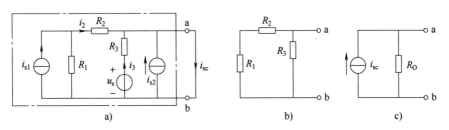

图 2.36 例 2.22 的图

解： 为求 i_{sc}，将二端网络从外部短路，并标明短路电流 i_{sc} 的参考方向，如图 2.36a 所

示。由 KCL 和电阻的伏安特性关系求得

$$i_{sc} = i_2 + i_3 + i_{s2} = \frac{R_1}{R_1 + R_2} i_{s1} + \frac{u_s}{R_3} + i_{s2}$$

为求 R_0，将二端内电压源用短路代替，电流源用开路代替，得到图 2.36b 电路，由此求得

$$R_0 = \frac{(R_1 + R_2)R_3}{R_1 + R_2 + R_3}$$

根据所设 i_{sc} 的参考方向，画出诺顿等效电路如图 2.36c 所示。

2.6.3 最大功率传输定理

线性有源二端网络用戴维南霍诺顿等效电路进行等效，并在端口处外接负载 R_L，如图 2.37 所示。当负载改变时，它所获得的功率也不同。负载为何值时，才能从网络中获得最大的功率。

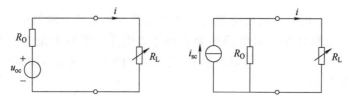

图 2.37 最大功率传输定理

$$P_L = i^2 R_L = \left(\frac{u_{oc}}{R_0 + R_L} \right)^2 R_L$$

上式对 R_L 求导令其为零。

$$\frac{\mathrm{d}P_L}{\mathrm{d}R_L} = \frac{(R_0 - R_L)}{(R_0 - R_L)^3} u_{oc}^2 = 0$$

由于

$$\frac{\mathrm{d}P_L^2}{\mathrm{d}R_L^2} \bigg|_{R_L = R_0} = -\frac{u_{oc}^2}{8R_0^3} < 0$$

所以当 $R_L = R_0$ 时，负载能从有源网络获得最大功率

$$P_{Lmax} = i^2 R_L = \frac{U_{oc}^2}{4R_0} \tag{2-26}$$

例 2.23 图 2.38a 所示电路，若负载 R_L 可以任意改变，问 R_L 为何值时其上获得最大功率？并求出该最大功率值。

解： 把负载支路在 ab 处断开，其余二端网络用戴维南等效电路代替，如图 2.38b 所示，图中等效电压源电压为

$$U_{oc} = \frac{R_2}{R_1 + R_2} U_S = \frac{12}{12 + 6} \times 12\text{V} = 8\text{V}$$

等效电阻 $\qquad R_0 = R_3 + (R_1 // R_2) = [4 + (6 // 12)]\Omega = 8\Omega$

根据最大功率传输条件，当 $R_L = R_0 = 8\Omega$ 时，负载 R_L 将获得最大功率，其值由式（2-25）确定，

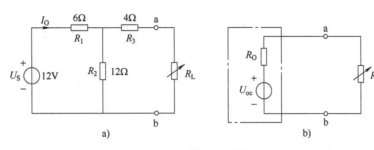

图 2.38 例 2.23 的图

即

$$P_{Lmax} = \frac{U_{oc}^2}{4R_0} = \frac{8^2}{4 \times 8} W = 2W$$

在图 2.38a 电路中，当 $R_L = 8\Omega$ 时，不难求得

$$I_0 = \frac{U_S}{R_1 + R_2 // (R_3 + R_L)} = \frac{12}{6 + 12 // 12} A = 1A$$

$$I_L = \frac{1}{2} I_0 = 0.5A$$

负载吸收功率为

$$P_{Lmax} = I_0^2 R_L = 0.5^2 \times 8W = 2W$$

$$P_S = U_S I_0 = 12 \times 1W = 12W$$

P_L 在 P_S 中占的百分比值称为电路的功率传输效率，即

$$\eta = \frac{P_L}{P_S} \times 100\% = \frac{2}{12} \times 100\% = 16.7\%$$

由此可见，电路满足最大功率传输条件，并不意味着能保证有高的功率传输效率，这是因为有源二端网络内部存在功率消耗。因此，对于电力系统而言，如何有效地传输和利用电能是非常重要的问题，应设法减少损耗提高效率。

2.7 特勒根定理

特勒根定理是对任何电路都普遍成立的一个定理，仅仅用基尔霍夫电流定律和电压定律就可以做出证明，所以它具有与基尔霍夫定律同等的普遍意义。

特勒根定理有两种形式，分别如下：

2.7.1 特勒根定理一

"对于一个具有 n 个结点和 b 条支路的电路，假设各支路电流和支路电压取关联参考方向，并令 $(i_1, i_2, \cdots, i_b)$、$(u_1, u_2, \cdots, u_b)$ 分别为 b 条支路的电流和电压，则对任何时间 t，有

$$\sum_{k=1}^{b} u_k i_k = 0 \tag{2-27}$$

此定理可通过图 2.39 所示电路的图证明如下：令 u_{n1}、u_{n2}、u_{n3} 分别表示结点①、②、③的结点电压，按 KVL 可得出各支路电压结点电压之间的关系为

$$\begin{cases} u_1 = u_{n1} \\ u_2 = u_{n1} - u_{n2} \\ u_3 = u_{n2} - u_{n3} \\ u_4 = -u_{n1} + u_{n3} \\ u_5 = u_{n2} \\ u_6 = u_{n3} \end{cases}$$

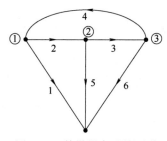

图 2.39 特勒根定理的证明

对结点①、②、③应用 KCL，得

$$\left.\begin{array}{r} i_1 + i_2 - i_4 = 0 \\ -i_2 + i_3 + i_5 = 0 \\ -i_3 + i_4 + i_6 = 0 \end{array}\right\} \qquad (2\text{-}28)$$

而

$$\sum_{k=1}^{6} u_k i_k = u_1 i_1 + u_2 i_2 + u_3 i_3 + u_4 i_4 + u_5 i_5 + u_6 i_6$$

把支路电压用结点电压表示后，代入此式并经整理，可得

$$\sum_{k=1}^{6} u_k i_k = u_{n1} i_1 + (u_{n1} - u_{n2}) i_2 + (u_{n2} - u_{n3}) i_3 + (-u_{n1} + u_{n3}) i_4 + u_{n2} i_5 + u_{n3} i_6$$

或

$$\sum_{k=1}^{6} u_k i_k = u_{n1}(i_1 + i_2 - i_4) + u_{n2}(-i_2 + i_3 + i_5) + u_{n3}(-i_3 + i_4 + i_6)$$

式中括号内的电流分别为结点①、②、③处电流的代数和，故引用式（2-27），即有

$$\sum_{k=1}^{b} u_k i_k = 0$$

注意：在证明过程中，只根据电路的拓扑性质应用了基尔霍夫定律，并不涉及支路的内容，因此特勒根定理对任何具有线性、非线性、时不变、时变元件的集总电路都适用。这个定理实质上是功率守恒的数学表达式，它表明任何一个电路的全部支路吸收的功率之和恒等于零。

2.7.2 特勒根定理二

"如果有两个具有 n 个结点和 b 条支路的电路，它们具有相同的图，但由内容不同的支路构成。假设各支路电流和电压都取关联参考方向，并分别用 $(i_1, i_2, \cdots, i_b)$、$(u_1, u_2, \cdots, u_b)$ 和 $(\hat{i}_1, \hat{i}_2, \cdots, \hat{i}_b)$、$(\hat{u}_1, \hat{u}_2, \cdots, \hat{u}_b)$ 表示两电路中 b 条支路的电流和电压，则在任何时间 t，有

$$\sum_{k=1}^{b} u_k \hat{i}_k = 0 \qquad (2\text{-}29)$$

$$\sum_{k=1}^{b} \hat{u}_k i_k = 0 \qquad (2\text{-}30)$$

证明如下：设两个电路如图 2.26 所示，对电路 1，用 KVL 可写出式（2-27）；对电路 2 应用 KCL，有

$$\left.\begin{array}{r} \hat{i}_1 + \hat{i}_2 - \hat{i}_4 = 0 \\ -\hat{i}_2 + \hat{i}_3 + \hat{i}_5 = 0 \\ -\hat{i}_3 + \hat{i}_4 + \hat{i}_6 = 0 \end{array}\right\} \qquad (2\text{-}31)$$

利用式（2-28）可得出

$$\sum_{k=1}^{6} u_k \hat{i}_k = u_{n1}(\hat{i}_1 + \hat{i}_2 - \hat{i}_4) + u_{n2}(-\hat{i}_2 + \hat{i}_3 + \hat{i}_5) + u_{n3}(-\hat{i}_3 + \hat{i}_4 + \hat{i}_6)$$

再引用式（2-30），即可得出

$$\sum_{k=1}^{6} u_k \hat{i}_k = 0$$

此证明可推广到任何具有 n 个结点和 b 条支路的电路，只要它们具有相同的图。定理的第二部分可用类似方法证明。

注意：定理二不能用功率守恒解释，它仅仅是对两个具有相同拓扑结构的电路中，一个电路的支路电压和另一个电路的支路电流，或者可以是同一电路在不同时刻的相应支路电压和支路电流必须遵循的数学关系。由于它仍具有功率之和的形式，所以有时又称为"拟功率定理"。应当指出，定理二同样对支路内容没有任何限制，这也是此定理普遍适用的特点。

例 2.24　已知图 2.40 中 N 和 $\hat{N}$ 为同一个线性电阻无源网络，由图 2.40a 中测得 $u_{s1} = 20V$，$i_1 = 10A$，$i_2 = 2A$。当图 2.40b 中，$i_1 = 4A$ 时，求 $u_{s2} = ?$

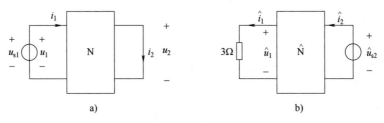

图 2.40　例 2.24 的图

解： 在图 2.40a 的 N 中：$u_1 = u_{s1} = 20V$，$i_1 = 10A$，$u_2 = 0$，$i_2 = 2A$

在图 2.24b 的 $\hat{N}$ 中：$\hat{i}_1 = 4A$，$\hat{u}_1 = 4A \times 3\Omega = 12V$

设 N 内部有 b 条支路，根据特勒根定理，可以得到

$$\begin{cases} u_1 \hat{i}_1 + u_2(-\hat{i}_2) + \sum_{k=1}^{b} u_k \hat{i}_k = 0 \\ \hat{u}_1(-i_1) + \hat{u}_2 i_2 + \sum_{k=1}^{b} \hat{u}_k i_k = 0 \end{cases}$$

其中无源电阻网络内部每条支路（$k = 1 \sim b$）的电压和电流根据欧姆定律可得，为

$$\begin{cases} u_k \hat{i}_k = R_k i_k \hat{i}_k \\ \hat{u}_k i_k = \hat{R}_k \hat{i}_k i_k \end{cases}$$

由于　　　　　　　　　　　　　　$$\hat{R}_k = R_k$$

所以

$$\sum_{k=1}^{b} u_k \hat{i}_k = \sum_{k=1}^{b} \hat{u}_k i_k$$

则

$$u_1 \hat{i}_1 + u_2(-\hat{i}_2) = \hat{u}_1(-i_1) + \hat{u}_2 i_2$$

即 $$20V×4A = 12V×(-10)A+2Au_{s2}$$
$$u_{s2} = 100V$$

由该例可见，若网络 N 为线性电阻无源网络时，仅需对其端口的两条外支路直接使用特勒根定理即可。在使用定理的过程中，一定要注意对应支路的电压、电流的参考方向要关联。

习　题

2-1　电路如图 2.41 所示。试求连接到独立电源两端电阻口单网络的等效电阻。

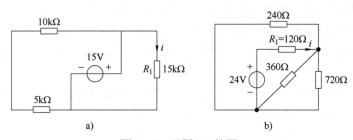

图 2.41　习题 2-1 的图

2-2　电路如图 2.42 所示，试求图示电路中电流源电流 i_s。

2-3　电路如图 2.43 所示，试求图示电路中的电流 i。

2-4　求图 2.44 所示电路中电阻 R、电流 I、电压 U。

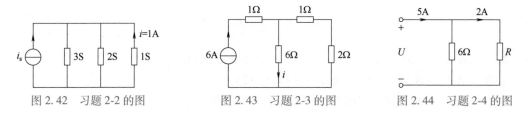

图 2.42　习题 2-2 的图　　　图 2.43　习题 2-3 的图　　　图 2.44　习题 2-4 的图

2-5　求图 2.45 所示电路的 i、u 及电流源发出的功率。

2-6　求图 2.46 所示电路的 i、u 及电压源发出的功率。

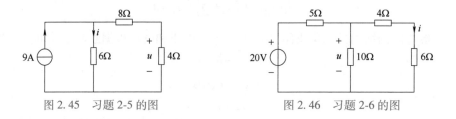

图 2.45　习题 2-5 的图　　　　　图 2.46　习题 2-6 的图

2-7　求图 2.47 所示各三角形联结网络的等效星形联结网络。

2-8　求图 2.48 所示各星形联结网络的等效三角形联结网络。

2-9　求图 2.49 所示各二端口网络的等效电阻。

2-10　用星形与三角形网络等效变换求图 2.50 电路中电流 i_2。

2-11　求图 2.51 所示电路的等效电路模型。

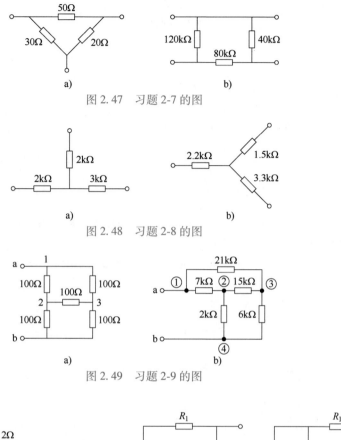

图 2.47　习题 2-7 的图

图 2.48　习题 2-8 的图

图 2.49　习题 2-9 的图

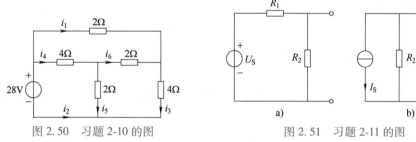

图 2.50　习题 2-10 的图　　　　　　　　　图 2.51　习题 2-11 的图

2-12　利用电源等效变换求图 2.52 所示电路中的电压 u_{ab} 和 i。

2-13　电路如图 2.53 所示。试用计算端口电压电流关系式的方法求出端钮①ad；②bd；③cd 间的等效电路。

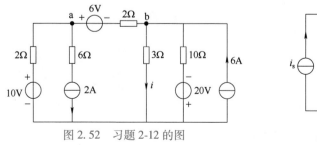

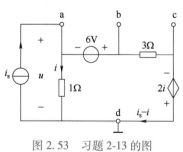

图 2.52　习题 2-12 的图　　　　　　　　　图 2.53　习题 2-13 的图

2-14 求图 2.54 所示电路二端口 ab 右侧电路的等效电阻。

2-15 列出图 2.55 所示电路的支路电流法方程组。

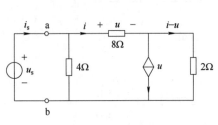

图 2.54 习题 2-14 的图

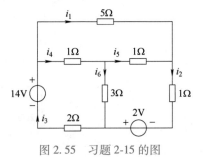

图 2.55 习题 2-15 的图

2-16 如图 2.56 所示电路已知 $R_1 = R_2 = 10\Omega$，$R_3 = 4\Omega$，$R_4 = R_5 = 8\Omega$，$R_6 = 2\Omega$，$i_{s1} = 1A$，$u_{s3} = 20V$，$u_{s6} = 40V$。求各支路电流。

2-17 如图 2.57 所示电路，已知 $R_1 = 10\Omega$，$R_2 = 15\Omega$，$R_3 = 20\Omega$，$R_4 = 4\Omega$，$R_5 = 6\Omega$，$R_6 = 8\Omega$，$u_{s2} = 10V$，$u_{s3} = 20V$。求各支路电流。

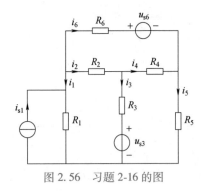

图 2.56 习题 2-16 的图

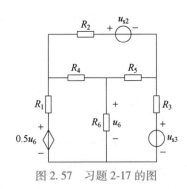

图 2.57 习题 2-17 的图

2-18 如图 2.58 所示电路，$i_{s1} = 1A$，$u_{s3} = 20V$，$u_{s6} = 40V$；$R_2 = 10\Omega$，$R_3 = 4\Omega$，$R_4 = R_5 = 8\Omega$，$R_6 = 2\Omega$。求各支路电流。

2-19 用网孔电流法求图 2.59 所示各支路电流。

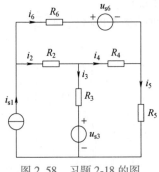

图 2.58 习题 2-18 的图

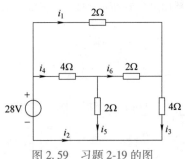

图 2.59 习题 2-19 的图

2-20 用网孔电流法求图 2.60 所示各支路电流。

2-21 用网孔电流法求图 2.61 所示电路中电压 u 和电流 i。

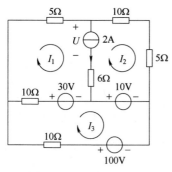

图 2.60 习题 2-20 的图

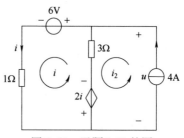

图 2.61 习题 2-21 的图

2-22 用网孔电流法求图 2.62 所示电路的网孔电流。

2-23 用结点电压法求图 2.63 所示电路的节点电压。

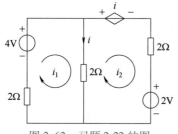

图 2.62 习题 2-22 的图

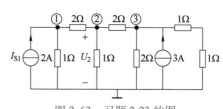

图 2.63 习题 2-23 的图

2-24 用结点电压法求图 2.64 所示电路的节点电压。

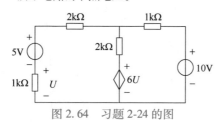

图 2.64 习题 2-24 的图

2-25 用叠加定理求图 2.65 所示电路中电流 i_x。

2-26 应用叠加定理求图 2.66 所示电路中电压 u。

2-27 试求图 2.67 所示电路在 $I=2A$ 时，20V 电压源发出的功率。

2-28 试求图 2.68 所示电路中的 I。

2-29 求图 2.69 所示各电路在 ab 端口的戴维南等效电路或诺顿等效电路。

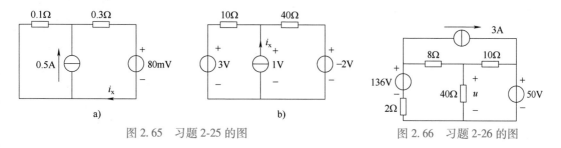

图 2.65 习题 2-25 的图   图 2.66 习题 2-26 的图

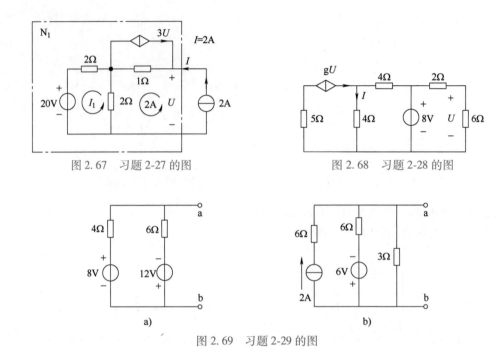

图 2.67 习题 2-27 的图   图 2.68 习题 2-28 的图

图 2.69 习题 2-29 的图

2-30 如图 2.70 所示电路，负载 R_L 为何值时能获得最大功率，最大功率是多少。

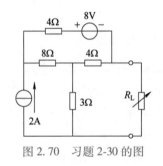

图 2.70 习题 2-30 的图

第3章 正弦交流电路及其稳态分析

在线测试
自测与练习3

正弦交流电路,是指电路中含有随时间按正弦函数规律变动的电源,而且电路各部分所产生的电压和电流均按正弦规律变化的电路。在正弦交流电源的激励下,电路各处电压和电流均为同频率正弦量。正弦交流电路有单相正弦交流电路和三相正弦交流电路之分,通常简称为单相及三相交流电路。

在工农业生产和居民生活中,广泛使用正弦交流电源,正弦交流电路在电路分析中也占有重要地位。主要有以下原因:

1)正弦交流电压容易产生和获得:交流发电机在结构和工艺上比直流电机简单,且易于以整流方式获得直流;交流电动机性能优于直流电机,因此工业用电中80%以上用交流发电机作为电源;交流电送时可应用变压器进行高压输送、低压供电,因此广泛采用交流电实现电能的传输和转换。

2)正弦交流信号容易传递和处理:从信号分析角度来看,正弦信号最基本、最简单;在理论和实践中往往通过线性电路对正弦激励的响应来分析它对其他任意信号的响应。

3)正弦函数在数学上容易处理和计算:由于对给定的正弦量进行相加、相乘及微分、积分等运算后其结果仍是正弦函数,同时能够以复数为工具来简化正弦交流电路的分析计算,即把解正弦电路的微分方程变换为解复数的代数方程,从而将电阻网络的分析方法和基本定律推广到正弦交流电路中去。

> **本章要点**
> 1)理解正弦量的三要素及其相量表示法。
> 2)掌握电路定律和电路元件伏安特性的相量表示。
> 3)掌握复阻抗和复导纳的定义及其串并联等效。
> 4)掌握 RLC 串、并联电路的分析和计算。
> 5)了解电路功率因数的提高和正弦稳态电路的串、并联谐振。

3.1 正弦量的三要素

3.1 正弦量的
三要素

随着时间按正弦规律变化的电流称为正弦电流,同样也有正弦电压、正弦电动势等,统称之为正弦量。本节以正弦电流为例,说明正弦量的各个要素和不同的表示方法。

正弦电流 i 波形如图 3.1 所示,是一个周期性按正弦规律变化的量。

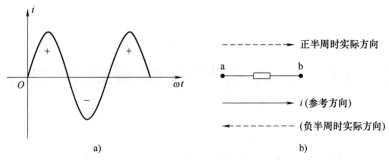

图 3.1　正弦电流的波形

如果规定元件上电流 i 参考方向为从 a 到 b，则正半周 $i>0$ 时，元件电流的实际方向与参考方向一致；负半周 $i<0$ 时，元件电流的实际方向与参考方向相反。图 3.1b 中虚线箭标代表电流实际方向。

正弦量在任一瞬时的值称为**瞬时值**，用小写字母表示，如 i、u 分别表示电流、电压的瞬时值。以正弦电流 i 为例，瞬时值的标准数学表达式为

$$i = I_m \sin(\omega t + \varphi_i) \tag{3-1}$$

频率（周期、角频率）、幅值（有效值）和初相位三个参数是确定一个正弦量的三要素。

3.1.1　频率（周期、角频率）

反映正弦量变化快慢的参数。变化一周所需时间称为**周期 T**，如图 3.2 所示，以秒（s）为单位；每秒变化的周期数称为**频率 f**，单位为赫兹（Hz）；每秒变化的角度称为**角频率 ω**，单位是弧度/秒（rad/s），他们之间的关系为

频率与周期互为倒数，即

$$f = \frac{1}{T} \tag{3-2}$$

$$\omega = \frac{2\pi}{T} = 2\pi f \tag{3-3}$$

我国电力系统所用的频率是 50Hz，称为工频，它的周期是 0.02s。欧美国家为 60Hz。实验室中的信号发生器可提供大约 20Hz～2MHz 左右的正弦电压。

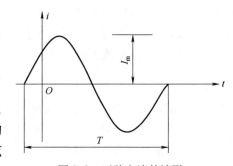

图 3.2　正弦电流的波形

3.1.2　幅值（有效值）

反映正弦量变化大小的参数。瞬时值的标准表达式为 $i = I_m \sin(\omega t + \varphi_i)$ 中，如图 3.2 所示，其中 I_m 是瞬时值中的最大值，称为**幅值或最大值**，用带下标 m 的大写字母表示，如 I_m、U_m 分别表示电流、电压的幅值。

在工程实际中，常采用一个称为**有效值**的量来衡量周期量作用电路时产生的平均效果。以电流为例，可以根据电流的热效应来规定它的有效值：如果一个周期电流和一个直流电流通过阻值相同的电阻，在相同的时间内所产生的热量相等，就把这个直流电流的数值规定为周期电流的有效值。由于周期电流的变化是一个周期重复一次，所以必须取一个周期 T 作为

计算电流产生热量的时间。综上所述，可得

$$\int_0^T i^2 R \mathrm{d}t = I^2 R T$$

则周期电流的有效值为

$$I = \sqrt{\frac{1}{T}\int_0^T i^2 \mathrm{d}t} \tag{3-4}$$

式（3-4）适合于任何周期量，但不能用于非周期量。

当周期电流为正弦量时，将 $i = I_\mathrm{m}\sin(\omega t + \varphi_i)$ 代入式（3-4），得

$$I = \sqrt{\frac{1}{T}\int_0^T I_\mathrm{m}^2 \sin^2(\omega t + \varphi_i)\mathrm{d}t} = \sqrt{\frac{1}{T} I_\mathrm{m}^2 \int_0^T \sin^2(\omega t + \varphi_i)\mathrm{d}t}$$

$$= \frac{I_\mathrm{m}}{\sqrt{2}} = 0.707 I_\mathrm{m} \tag{3-5}$$

同样可知正弦电压的有效值与最大值关系为

$$U = \frac{U_\mathrm{m}}{\sqrt{2}}, \quad E = \frac{E_\mathrm{m}}{\sqrt{2}}$$

按照规定，有效值用大写字母表示，和表示直流量的字母一样。

引入有效值概念后，正弦量的标准表达式也可以写成如下形式。如电流

$$i = \sqrt{2} I \sin(\omega t + \varphi_i) \tag{3-6}$$

在工程上一般所说的正弦电压、电流的大小都是指有效值，交流测量仪表上的示值通常也是有效值。但各种电器和元件的绝缘水平——耐压值，则按最大值考虑。

3.1.3 初相位

反映正弦量起始位置的参数。瞬时值的标准表达式中，（$\omega t + \varphi_i$）称为正弦量的相位角或相位，反映正弦量变动的进程。当 $t = 0$ 时，（$\omega t + \varphi_i$）$= \varphi_i$，式中的 φ_i 称为正弦量的**初相位角或初相位**。初相位不同，正弦波的起始点不同。初相位的单位可以用度或弧度表示。由于正弦量是周期性变化量，其值经 2π 后又重复，所以一般取主值，$|\varphi_i| \leq \pi$。在一个正弦电流电路的计算中，可以任意指定其中某一个正弦量的初相位为零，该正弦量称为参考正弦量，从而根据其他正弦量与参考正弦量之间的相互关系确定他们的初相角。

不同的初相位对应不同的波形起点，如图 3.3 所示。

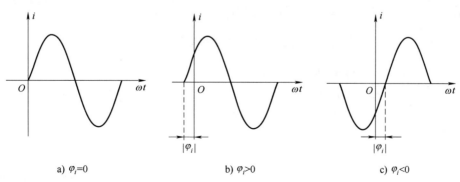

a) $\varphi_i = 0$ b) $\varphi_i > 0$ c) $\varphi_i < 0$

图 3.3 正弦波不同 φ_i 时对应的波形

在一个正弦交流电路中，电压 u 和电流 i 的频率是相同的，但初相位却可以不同。设
$$u = U_m \sin(\omega t + \varphi_u) , \quad i = I_m \sin(\omega t + \varphi_i)$$

两个同频率正弦量的相位角之差或初相角之差，称为**相位差**，用 φ 表示，即 u 和 i 相位差为 $\varphi = (\omega t + \varphi_u) - (\omega t + \varphi_i) = \varphi_u - \varphi_i$。可见两个同频率正弦量的相位差等于初相角之差，与时间 t 无关。

如图 3.4 所示，如果 $\varphi > 0$，称电压 u **超前**电流 i 一个 φ 角；反过来也可以说电流 i **滞后**于电压 u 一个 φ 角；如果 $\varphi = 0$，称两个正弦量**同相位或同相**，见图 3.5a；如果 $\varphi = 180°$，称两个正弦量**反相**，见图 3.5b。

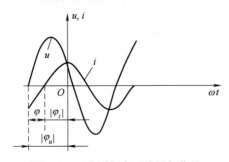

图 3.4　两个同频率正弦量相位差

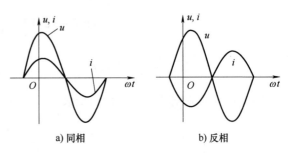

a) 同相　　　　　　b) 反相

图 3.5　正弦量的相位差

3.2 正弦量的
相量表示法

3.2　正弦量的相量表示

相量法是线性电路正弦稳态分析的一种基本方法。其核心思想是为了摆脱正弦函数运算的繁琐和微分方程求解的困难，以复数为工具用复平面上的相量表示时间域的正弦量，从而将求解电路的微分方程问题转化为求解相量的代数方程问题，简化了正弦交流电路的分析与运算。

3.2.1　复数及其基本运算法则

下面从数学角度探讨复数的几种表示形式，如图 3.6 所示。

以横轴为实轴，用 +1 为单位，纵轴为虚轴，用 +j 为单位，构成复平面。复数 A 实部为 a，虚部为 b，可写成

$$A = a + jb \quad （代数式） \tag{3-7}$$

由图 3.6 可见，$|A| = \sqrt{a^2 + b^2}$，称为复数的模；

$\theta = \arctan\left(\dfrac{b}{a}\right)$ （当 a、b 大于零时），称为复数的幅角。

因为　　　　　　$a = |A|\cos\theta$，$b = |A|\sin\theta$，

所以　　　　　　$A = a + jb = |A|\cos\theta + j|A|\sin\theta$

　　　　　　　　　$= |A|(\cos\theta + j\sin\theta)$ （三角函数式） (3-8)

根据欧拉公式有

$$e^{j\theta} = \cos\theta + j\sin\theta$$

式（3-8）也可表示为

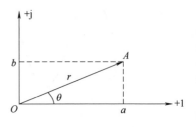

图 3.6　复数的几种表示形式

$$A = |A| \mathrm{e}^{\mathrm{j}\theta} \quad \text{（指数式）} \tag{3-9}$$

或简写为

$$A = |A| \angle \theta \quad \text{（极坐标式）} \tag{3-10}$$

因此复数有 4 种形式，都可以互相转换。

复数的基本运算法则如下：

1. 加减运算

复数的加减运算采用代数形式较为简便，实部和实部相加减，虚部和虚部相加减。或在复平面中使用平行四边形法则。

$$\text{设 } F_1 = a_1 + \mathrm{j}b_1, \quad F_2 = a_2 + \mathrm{j}b_2$$
$$F_1 \pm F_2 = (a_1 + \mathrm{j}b_1) \pm (a_2 + \mathrm{j}b_2) = (a_1 \pm a_2) + \mathrm{j}(b_1 \pm b_2) \tag{3-11}$$

2. 乘除运算

复数的乘除运算使用指数形式或极坐标形式较为简便。

（1）指数形式

$$F_1 F_2 = |F_1| \mathrm{e}^{\mathrm{j}\theta_1} |F_2| \mathrm{e}^{\mathrm{j}\theta_2} = |F_1||F_2| \mathrm{e}^{\mathrm{j}(\theta_1 + \theta_2)} \tag{3-12}$$

即复数乘积的模等于各复数模的积；辐角等于各复数辐角的和。

$$\frac{F_1}{F_2} = \frac{|F_1| \mathrm{e}^{\mathrm{j}\theta_1}}{|F_2| \mathrm{e}^{\mathrm{j}\theta_2}} = \frac{|F_1|}{|F_2|} \mathrm{e}^{\mathrm{j}(\theta_1 - \theta_2)} \tag{3-13}$$

即复数除的模等于各复数模的商；辐角等于各复数辐角的差。

（2）极坐标形式

$$F_1 F_2 = |F_1| \angle \theta_1 |F_2| \angle \theta_2 = |F_1||F_2| \angle (\theta_1 + \theta_2)$$
$$\frac{F_1}{F_2} = \frac{|F_1| \angle \theta_1}{|F_2| \angle \theta_2} = \frac{|F_1|}{|F_2|} \angle (\theta_1 - \theta_2) \tag{3-14}$$

3.2.2 用复数表示正弦量

前面已指出，一个正弦量是由有效值、角频率和初相位三要素来决定的。在线性电路中，若激励是正弦量，则电路中各部分响应均是与激励同一频率的正弦量，因此频率作为已知值。所以要确定响应的正弦电流和电压，只要确定它们的幅值（有效值）和初相就可以了。从上面的复数分析可知，一个复数由模和幅角二个特征来确定，因此，将二者进行对比可知，用复数可表示正弦量。**复数的模代表正弦量的幅值（有效值），幅角代表正弦量的初相位。** 为了与一般的复数加以区别，把表示正弦量的复数称为**相量**，并在相应的表示电路变量的大写字母上打"·"。

例如对正弦电流 $i = I_\mathrm{m} \sin(\omega t + \varphi) = \sqrt{2} I \sin(\omega t + \varphi)$，它的幅值和有效值相量表示形式分别为

$$\begin{cases} \dot{I}_\mathrm{m} = I_\mathrm{m}(\cos\varphi + \mathrm{j}\sin\varphi) = I_\mathrm{m}\mathrm{e}^{\mathrm{j}\varphi} = I_\mathrm{m} \angle \varphi \\ \dot{I} = I(\cos\varphi + \mathrm{j}\sin\varphi) = I\mathrm{e}^{\mathrm{j}\varphi} = I \angle \varphi \end{cases} \tag{3-15}$$

注意，相量只是表示正弦量的复数，而不是等于正弦量，因为正弦量是时间域中随时间变化的实数，而复数对应复平面的有向线段，两者存在一一对应关系。

例如正弦电压 $u = \sqrt{2} \times 220 \sin(\omega t + 30°)\,\mathrm{V}$，则可写出代表它的电压相量为 $\dot{U} = 220\mathrm{e}^{\mathrm{j}30°}\,\mathrm{V}$，

此时电压相量已经与频率和时间无关。反之，从电压相量 $\dot{U}$ 也可写出它所代表的正弦电压 u。从表达式也可以看到，电压 u 是时间函数，$\dot{U}$ 是复数，二者不可能等同。今后无特别指出，凡相量均指有效值相量。**有关研究表明，用相量表示正弦量后，电路中的基本定律如欧姆定律，基尔霍夫电压、电流定律等仍然成立。**

在电路分析计算中对给定的正弦量进行各种运算后得到的正弦量仍为同频率的正弦量，因此，在正弦电流电路分析计算中，将正弦量用复数表示后，就暂不考虑角频率 ωt 因素，在复数域中计算结束后，返回时间域后再将 ωt 写入正弦函数式。

3.2.3 正弦量的相量法计算

用在相量 $\dot{U}$ 中，有

$$
\begin{aligned}
\dot{U} &= U\mathrm{e}^{\mathrm{j}\varphi_u} = U(\cos\varphi_u + \mathrm{j}\sin\varphi_u) = (U\cos\varphi_u) + \mathrm{j}(U\sin\varphi_u) \\
&= U\angle\varphi_u
\end{aligned}
\tag{3-16}
$$

式（3-16）表示了电压相量 $\dot{U}$ 的几种表示形式之间的互换关系；如 $\dot{U} = 10\mathrm{e}^{\mathrm{j}30°}\,\mathrm{V}$ 指数式；要转换成直角坐标式可根据 $\dot{U} = a + \mathrm{j}b$，其中 $a = 10\cos30° = 8.66$，$b = 10\sin30° = 5$，得 $\dot{U}$ 的直角坐标式为 $\dot{U} = 8.66 + \mathrm{j}5\,\mathrm{V}$；$\dot{U}$ 的极坐标式为 $\dot{U} = 10\angle30°\,\mathrm{V}$。

例 3.1 图 3.7 所示电路中，设 $i_1 = 100\sin(\omega t + 45°)\,\mathrm{A}$，$i_2 = 60\sin(\omega t - 15°)\,\mathrm{A}$，用相量法求总电流 i。

解： 令

$$
\begin{cases}
i_1 = \sqrt{2}I_1\sin(\omega t + \varphi_1) \\
i_2 = \sqrt{2}I_2\sin(\omega t + \varphi_2)
\end{cases}
$$

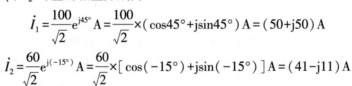

图 3.7 例 3.1 的图

将 $i = i_1 + i_2$ 化为相量形式的基尔霍夫电流定律，可得

$$
\dot{I} = \dot{I}_1 + \dot{I}_2
$$

根据题意，i_1、i_2 对应的相量分别为

$$
\dot{I}_1 = \frac{100}{\sqrt{2}}\mathrm{e}^{\mathrm{j}45°}\,\mathrm{A} = \frac{100}{\sqrt{2}}\times(\cos45° + \mathrm{j}\sin45°)\,\mathrm{A} = (50 + \mathrm{j}50)\,\mathrm{A}
$$

$$
\dot{I}_2 = \frac{60}{\sqrt{2}}\mathrm{e}^{\mathrm{j}(-15°)}\,\mathrm{A} = \frac{60}{\sqrt{2}}\times[\cos(-15°) + \mathrm{j}\sin(-15°)]\,\mathrm{A} = (41 - \mathrm{j}11)\,\mathrm{A}
$$

则 KCL 的相量形式为

$$
\dot{I} = \dot{I}_1 + \dot{I}_2 = [(50 + 41) + \mathrm{j}(50 - 11)]\,\mathrm{A} = (91 + \mathrm{j}39)\,\mathrm{A} = 99\mathrm{e}^{\mathrm{j}23.2°}\,\mathrm{A}
$$

对应的瞬时值 i 为

$$
i = 99\sqrt{2}\sin(\omega t + 23.2°)\,\mathrm{A} = 140\sin(\omega t + 23.2°)\,\mathrm{A}
$$

从例 3.1 可以得出两点结论：

1）将正弦量用相量表示后，正弦量的三角函数运算如加、减、乘、除等就转换为复数的代数运算，使繁琐的计算大为简化。

2）对相量的加减运算采用直角坐标式方便，对相量的乘除运算采用极坐标式或指数式方便。

3.2.4 相量图

相量还可以用相量图表示，相量图指按照各相量的大小和相位关系在复平面上画出的图。图 3.8 表示了相量 $\dot{I} = 10\angle 30°\,\text{A}$ 和 $\dot{U} = 5\angle 45°\,\text{V}$。我们注意到有向线段的长度及与实轴夹角分别代表正弦量的有效值和初相位。电压相量 $\dot{U}$ 比电流相量 $\dot{I}$ 超前 $45° - 30° = 15°$，也就是正弦电压 u 比正弦电流 i 超前 $15°$。根据相量的极坐标式能方便地做出相量图。

复数的加减也可以用相量图的平行四边形法则，如图 3.9 所示。

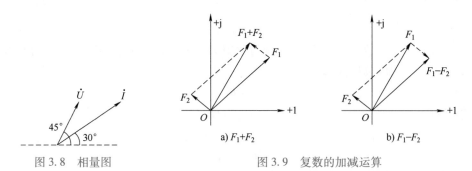

图 3.8　相量图

图 3.9　复数的加减运算

3.2.5　旋转因子

最后介绍旋转因子 "$e^{j\alpha}$"。

设图 3.10 中，$\dot{I}_1 = Ie^{j\varphi_1}$，$\dot{I}_2 = Ie^{j\varphi_2}$，$\varphi_1 - \varphi_2 = \alpha$。由图 3.10 可见 $\alpha > 0$，则 $\dot{I}_1$ 超前于 $\dot{I}_2$，有

$$\dot{I}_1 = Ie^{j(\varphi_2 + \alpha)} = Ie^{j\varphi_2} \cdot e^{j\alpha} = \dot{I}_2 e^{j\alpha}$$

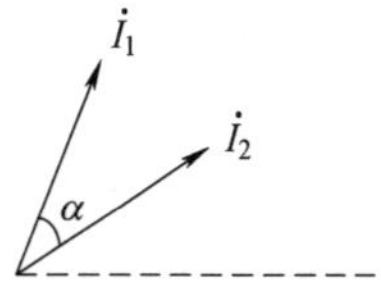

从相量图中可以看出，$\dot{I}_2$ 乘以 $e^{j\alpha}$ 后，相当于向前逆时针旋转一个 α 角，故称 $e^{j\alpha}$ 为旋转因子。当然，若 $\alpha < 0$ 时，则是顺时针旋转一个 $|\alpha|$ 角。

图 3.10　旋转因子

特别地，当 $\alpha = \pm 90°$ 时，$e^{\pm j90°} = \cos(\pm 90°) + j\sin(\pm 90°) = \pm j$，称为 $90°$ 旋转因子。

$$e^{\pm j\pi} = \cos(\pm\pi) + j\sin(\pm\pi) = -1 \tag{3-17}$$

$+j$，$-j$，-1 都可以看成旋转因子。例如，一个复数乘以 j，就等于把该复数在复平面上逆时针旋转 $\pi/2$。一个复数乘以 $-j$，等于把该复数顺时针转 $\pi/2$。一个复数乘以 -1，等于该复数大小不变，方向反向，如图 3.11 所示。

复数的乘法的图解如图 3.12 所示，可以看出：复数乘表示为模的放大，辐角表示为逆时针旋转。同理不难得出复数除表示为模的缩小，辐角表示为顺时针的旋转。

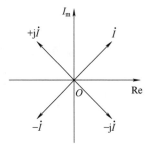

图 3.11　旋转因子

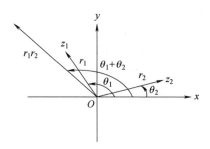

图 3.12　复数乘法图解

3.3 电路元件伏安
特性和电路定律的
相量表示

3.3　电路元件特性和电路定律的相量表示

在这一节中将要介绍电路元件伏安特性和电路定律的相量表示。

3.3.1　电阻元件

如果有正弦电流通过电阻 R，按图 3.13a 中电流、电压的参考方向，由欧姆定律知

$$u = Ri$$

若正弦电流为

$$i = I_m \sin(\omega t + \varphi_i)$$

则

$$u = Ri = RI_m \sin(\omega t + \varphi_i)$$

$$= U_m \sin(\omega t + \varphi_u) \tag{3-18}$$

比较式（3-18）的最后两式，它们应一致，即

$$\left. \begin{array}{c} U_m = RI_m \text{ 或 } U = RI \\ \varphi_u = \varphi_i \end{array} \right\} \tag{3-19}$$

这就是说，在电阻元件交流电路中，电压幅值或其有效值与电流幅值或其有效值之比值，就是电阻 R；电流和电压是同相的。波形如图 3.13b 所示。

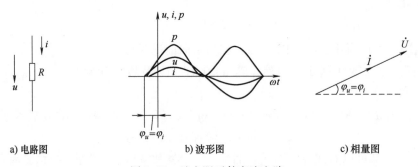

a) 电路图　　　　　　　b) 波形图　　　　　　　c) 相量图

图 3.13　纯电阻元件交流电路

知道了电压、电流的相互关系后，便可找出电路中的功率。瞬时功率是瞬时电压与瞬时电流的乘积，用小写字母 p 表示，单位为瓦（W）。

$$p = ui = \sqrt{2}U\sin(\omega t + \varphi_u) \times \sqrt{2}I\sin(\omega t + \varphi_i)$$

设 $\varphi_u = \varphi_i = \varphi$，则

$$p = ui = UI[1 - \cos 2(\omega t + \varphi)] \tag{3-20}$$

p 随时间变化的波形如图 3.13b 所示，由图可见 p 是非负实数，以 2ω 角频率按正弦规律变化，说明电阻元件总是吸收功率。

瞬时功率在一周期内的平均值，称为**平均功率**，用大写字母 P 表示，单位瓦（W）。

$$P = \frac{1}{T}\int_0^T p\,\mathrm{d}t = \frac{1}{T}\int_0^T UI[1 - \cos 2(\omega t + \varphi)]\,\mathrm{d}t = UI = RI^2 = \frac{U^2}{R} \tag{3-21}$$

将电压 u 和电流 i 以相量表示，则 $\dot{I} = I\angle\varphi_i$，$\dot{U} = U\angle\varphi_u = RI\angle\varphi_i = R\dot{I}$，即

$$\dot{U} = R\dot{I} \tag{3-22}$$

这就是电阻元件欧姆定律的相量形式，此关系可用图 3.13c 表示。

3.3.2 电感元件

假定有一个阻值很小的非铁心线圈（线性电感元件），忽略其电阻，认为仅由理想电感元件构成，电路如图 3.14a 所示。

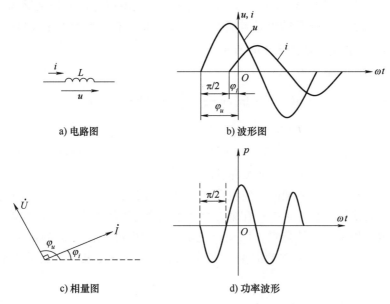

a) 电路图 b) 波形图

c) 相量图 d) 功率波形

图 3.14 电感元件交流电路

在如图 3.14 所示的电压 u 和电流 i 的正方向下，$u = L\mathrm{d}i/(\mathrm{d}t)$，设电感电流为 $i = I_m\sin(\omega t + \varphi_i)$，则电压 u 为

$$u = L\frac{\mathrm{d}[I_m\sin(\omega t+\varphi_i)]}{\mathrm{d}t} = I_m\omega L\cos(\omega t+\varphi_i)$$

$$= I_m\omega L\sin\left(\omega t+\varphi_i+\frac{\pi}{2}\right)$$

$$= U_m\sin(\omega t+\varphi_u) \tag{3-23}$$

比较式（3-23），得

$$\left.\begin{array}{c} U_m = \omega L I_m \text{ 或 } U = \omega L I \\[2mm] \varphi_u = \varphi_i + \dfrac{\pi}{2} \end{array}\right\} \tag{3-24}$$

因此，在电感元件交流电路中，电压的幅值或其有效值与电流的幅值或其有效值的比值为 ωL；电压比电流超前 $\pi/2$。波形如图 3.14b 所示。

把 ωL 称为**感抗**，用 X_L 表示，即令 $X_L = \omega L = 2\pi f L$，$X_L$ 单位为欧姆（Ω）。X_L 表明电感对交流电路的阻碍作用随 f 和 L 的改变而改变。直流电路中，因为 $f = 0\mathrm{Hz}$，所以 $X_L = 0\Omega$，即电感在直流电路中相当于短路。于是由式（3-24）中有

$$U_m = X_L I_m \qquad \text{或} \qquad U = X_L I \tag{3-25}$$

U_m 与 I_m，U 与 I 之间有类似于欧姆定律的关系。

设 $\qquad \dot{I} = I \angle \varphi_i$

则 $\qquad \dot{U} = U \angle \dfrac{\pi}{2} + \varphi_i = X_L I \angle \varphi_i \angle \dfrac{\pi}{2} = jX_L \dot{I}$

即 $\qquad \dot{U} = jX_L \dot{I}$ $\qquad\qquad$ (3-26)

式（3-26）所表达的电压、电流相量关系与式（3-22）欧姆定律所表达的电阻元件上的电压、电流相量关系在形式上是一致的。这就是电感元件上欧姆定律的相量形式。

式（3-26）表明，电压 $\dot{U}$ 的模是电流 $\dot{I}$ 的模的 X_L 倍，初相位比 $\dot{I}$ 超前90°，由 $\dot{I}$ 逆时针转90°得到电压 $\dot{U}$。相量图如图3.14c所示。

电感元件的瞬时功率 p 为

$$p = ui = \sqrt{2}\, U\sin\left(\omega t + \varphi_i + \dfrac{\pi}{2}\right) \times \sqrt{2}\, I\sin(\omega t + \varphi_i)$$

$$= UI\sin 2(\omega t + \varphi_i) \qquad\qquad (3\text{-}27)$$

p 随 t 的变化可正可负，其变化角频率是电压、电流的两倍，其波形见图3.14d。$p>0$ 时表明电感元件吸收能量；$p<0$ 时表明电感元件发出能量。

在第1个和第3个1/4周期内，电流值增大即磁场能量 $Li^2/2$ 在增大，电感从电源吸收电能，并转化为磁能储存在磁场中；在第二个和第四个1/4周期内，电流值减小，磁场能量在减小，电感放出原来储存的能量，归还给电源。理想电感元件（即内阻为零）从电源吸收的能量一定等于它归还给电源的能量，也就是说电感不消耗电能。也可从平均功率看出这点。

电感元件平均功率 P

$$P = \dfrac{1}{T}\int_0^T p\,\mathrm{d}t = \dfrac{1}{T}\int_0^T UI\sin 2(\omega t + \varphi_i)\,\mathrm{d}t = 0 \qquad\qquad (3\text{-}28)$$

电感的平均功率虽为零，但电感与电源有能量交换。为了表明电感元件与电源之间进行能量交换的大小，通常以电感元件瞬时功率的幅值来衡量，称为**无功功率**，用 Q 表示，根据式（3-27），电感元件的无功功率 Q 为

$$Q = UI = I^2 X_L = \dfrac{U^2}{X_L} \qquad\qquad (3\text{-}29)$$

无功功率的单位是乏（var）或千乏（kvar）。与无功功率相对比，前面提到的平均功率是反映元件消耗电能的速率，因而也称平均功率为有功功率。

3.3.3 电容元件

图3.15a中，当电容元件两端加上正弦交流电压 u，图中电压、电流参考方向一致，有

$$i = C\dfrac{\mathrm{d}u}{\mathrm{d}t} \quad \text{或} \quad u = u_0 + \dfrac{1}{C}\int_0^t i\,\mathrm{d}t$$

设 $\qquad u = U_m\sin(\omega t + \varphi_u)$

则 $\qquad i = C\dfrac{\mathrm{d}\left[\,U_m\sin(\omega t + \varphi_u)\,\right]}{\mathrm{d}t}$

$$= \omega C U_m\sin(\omega t + \varphi_u + 90°)$$

$$= I_m\sin(\omega t + \varphi_i) \qquad\qquad (3\text{-}30)$$

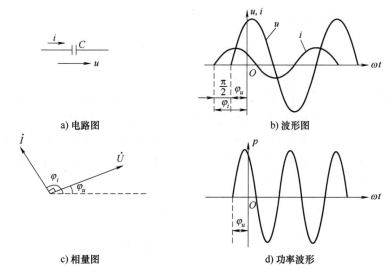

a) 电路图　　　　b) 波形图

c) 相量图　　　　d) 功率波形

图 3.15　电容元件交流电路

由式（3-30）得

$$
\left.
\begin{aligned}
U_\mathrm{m} &= \frac{1}{\omega C} I_\mathrm{m} \quad 或 \quad U = \frac{1}{\omega C} I \\
\varphi_i &= \varphi_u + 90°
\end{aligned}
\right\}
\tag{3-31}
$$

U_m 与 I_m，U 与 I 之间有类似于欧姆定律的关系。式（3-31）中，令 $X_C = \dfrac{1}{\omega C}$，则有

$$
\left.
\begin{aligned}
U_\mathrm{m} &= X_C I_\mathrm{m} \quad 或 \quad U = X_C I \\
\varphi_i &= \varphi_u + 90°
\end{aligned}
\right\}
\tag{3-32}
$$

称 X_C 为**容抗**，单位为欧姆（Ω），是 ω 和 C 的函数。X_C 表明电容对电流有阻碍作用。当 $f=$ 0Hz 时，$X_C \to \infty$，即电容元件在直流中相当于断路，因此称电容具有隔直作用。

于是，对于电容元件的交流电路，电压幅值或其有效值与电流幅值或其有效值之比为 X_C；且电流超前于电压 90°，波形如图 3.15b 所示。

用相量表示电压 $\dot{U}$ 和电流 $\dot{I}$，则

$$\dot{U} = U \angle \varphi_u$$

$$\dot{I} = I \angle \varphi_u + \frac{\pi}{2} = \frac{U}{X_C} \angle \varphi_u \angle \frac{\pi}{2} = \frac{U \angle \varphi_u}{X_C \angle -\dfrac{\pi}{2}}$$

$$= \frac{\dot{U}}{-\mathrm{j} X_C}$$

即

$$\dot{U} = -\mathrm{j} X_C \dot{I} \tag{3-33}$$

式（3-33）的电压、电流关系与式（3-22）所表达的电阻元件电压、电流关系在形式上是一致的。这是欧姆定律的相量形式在电容元件上的表达。式（3-33）表明相量 $\dot{I}$ 的模等于相量 $\dot{U}$ 的模除以容抗 X_C，且 $\dot{I}$ 的相位比 $\dot{U}$ 超前 90°，相量图如图 3.15c 所示。

电容和电感一样，都是储能元件，可推导出电容元件的功率关系式。瞬时功率为

$$p = ui = \sqrt{2}\,U\sin(\omega t + \varphi_u) \times \sqrt{2}\,I\sin\left(\omega t + \frac{\pi}{2} + \varphi_u\right)$$

$$= UI\sin 2(\omega t + \varphi_u) \tag{3-34}$$

p 是以 2ω 角频率变化的正弦量，随着 t 的变化可正可负。p 的波形见图 3.15d。

在第一个和第三个 1/4 周期内，电压绝对值减小，电容元件放电，这时电容发出功率，所以 $p<0\mathrm{W}$。在第二个和第四个 1/4 周期内，电压绝对值增大，电容元件充电，这时电容吸收功率，所以 $p>0\mathrm{W}$。但一个周期内瞬时功率的平均值为零，吸收功率等于发出功率。

电容元件平均功率为

$$P = \frac{1}{T}\int_0^T ui\,\mathrm{d}t = 0\mathrm{W} \tag{3-35}$$

为了同电感元件的无功功率比较，也设电流 $i = I_m\sin(\omega t + \varphi_i)$，则 $u = U_m\sin(\omega t + \varphi_i - 90°)$，得瞬时功率为

$$p = -UI\sin 2(\omega t + \varphi_i) \tag{3-36}$$

由此可见电容元件的无功功率为

$$Q = -UI = -I^2 X_C = -\frac{U^2}{X_C} \tag{3-37}$$

对于电感元件和电容元件，必须注意感抗和容抗随电源频率改变，这是与电阻元件阻值恒定的不同之处。

3.4 RLC 串联
交流电路

3.4 复阻抗和复导纳

在分析交流电路的过程中，常应用"相量"这一工具。在 3.3 节中，给出了 KCL、KVL 的相量形式和单一参数元件欧姆定律的相量形式，接下来就要提出在任何无源二端网络中的复阻抗的概念以及欧姆定律的相量形式。在以后的正弦交流电路分析中将直接使用欧姆定律和基尔霍夫定律的相量形式。

复阻抗的概念具有代表性。在交流电路中，阻抗联系着电压与电流。在交流电路中任何线性无源的二端网络，对外电路而言，都可以用一复阻抗等效来代替。

在正弦电流电路中，各支路的电流和电压都是同频率的正弦量，因此根据 KCL 和 KVL 有

$$\sum i = 0 \qquad\qquad \sum u = 0$$

用相量来表示有

$$\sum \dot{I} = 0 \qquad\qquad \sum \dot{U} = 0 \tag{3-38}$$

同样，在线性直流电阻电路的各种电路定理和各种解电路的方法都可以用相量表示，从而应用在正弦交流电路中。

简单交流电路是指单回路交流电路，或者虽有多个回路，但能够用串并联的方法化简为单回路的交流电路。RLC 串、并联交流电路是典型的简单交流电路，以它为例介绍复阻抗和导纳的概念。

3.4.1 复阻抗

图3-16a所示的 RLC 串联电路，根据KVL有

$$u=u_R+u_L+u_C \tag{3-39}$$

用相量计算，与之相应的电路见图3-16b，有

$$\dot{U}=\dot{U}_R+\dot{U}_L+\dot{U}_C \tag{3-40}$$

这是相量形式的KVL在 RLC 串联电路的应用。

将 $\dot{U}_R=R\dot{I}$，$\dot{U}_L=\mathrm{j}X_L\dot{I}$，$\dot{U}_C=-\mathrm{j}X_C\dot{I}$，代入（3-40）式有

$$\begin{aligned}\dot{U}&=R\dot{I}+\mathrm{j}X_L\dot{I}+(-\mathrm{j}X_C)\dot{I}\\&=\dot{I}[R+\mathrm{j}(X_L-X_C)]\end{aligned} \tag{3-41}$$

图3.16 RLC 串联电路

令 $Z=R+\mathrm{j}(X_L-X_C)$，Z 称为 RLC 串联电路的等效**复阻抗**，简称**阻抗**。则

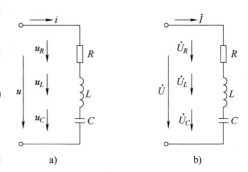

$$\dot{U}=Z\dot{I} \tag{3-42}$$

阻抗 Z 除有直角坐标式外，还有指数式及极坐标式。即

$$Z=|Z|\mathrm{e}^{\mathrm{j}\varphi}=|Z|\angle\varphi \tag{3-43}$$

式中

$$|Z|=\sqrt{R^2+(X_L-X_C)^2} \qquad \varphi=\mathrm{arctg}\frac{X_L-X_C}{R} \tag{3-44}$$

图3.17 阻抗三角形

式中，$|Z|$ 称为**阻抗模**，单位Ω；φ 为复阻抗的**阻抗角**。

可见 R、X_L-X_C、$|Z|$ 三者之间的关系可用一个直角三角形——阻抗三角形表示，如图3-17所示。注意，它不是相量三角形。

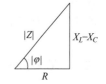

3.4.2 复导纳

如图3.18所示应用 RLC 并联电路，可以写出电路的KCL相量形式为

$$\dot{I}=\dot{I}_R+\dot{I}_L+\dot{I}_C \tag{3-45}$$

电阻、电感和电容中的电流分别为

$$\dot{I}_R=\frac{\dot{U}}{R}=G\dot{U} \tag{3-46}$$

$$\dot{I}_L=\frac{\dot{U}}{\mathrm{j}\omega L}=-\mathrm{j}B_L\dot{U} \tag{3-47}$$

$$\dot{I}_C=\mathrm{j}\omega C\dot{U}=\mathrm{j}B_C\dot{U} \tag{3-48}$$

图3.18 RLC 并联电路

以上三个公式中出现了电阻 R、感抗 X_L 和容抗 X_C 的倒数。电阻 R 的倒数是电导 G，感抗 X_L 的倒数称为电感的电纳，简称**感纳**，记为 B_L；容抗 X_C 的倒数称为电容的电纳，简称**容纳**，记为 B_C。电导、感纳和容纳的单位都是西门子（S）。

把 $\dot{I}_R$、$\dot{I}_L$ 和 $\dot{I}_C$ 代入式（3-45）得

$$\dot{I}=[G-\mathrm{j}(B_L-B_C)]\dot{U}=(G-\mathrm{j}B)\dot{U} \tag{3-49}$$

式中

$$Y=G-\mathrm{j}(B_L-B_C)=G-\mathrm{j}B=|Y|\angle-\varphi \tag{3-50}$$

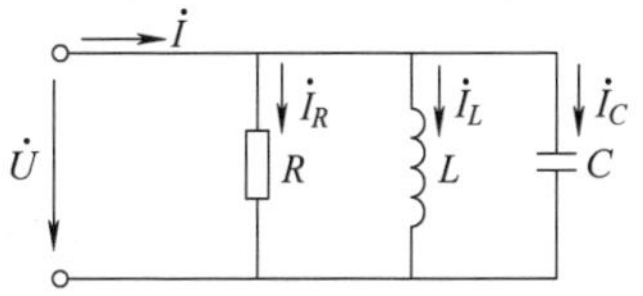

Y 称为电路的**复导纳**。由式（3-49）可知，复导纳等于电流相量与电压相量的比值。RLC 并联电路的复导纳的实部是电导 G；虚部是感纳与容纳之差，即 $B_L - B_C$，称为**电纳**。复导纳的模与幅角分别为

$$|Y| = \sqrt{G^2 + B^2} = \sqrt{G^2 + (B_L - B_C)^2} \tag{3-51}$$

$$\varphi = \text{arctg}\frac{B}{G} = \text{arctg}\frac{B_L - B_C}{G} \tag{3-52}$$

由式（3-49）可得

$$Y = \frac{\dot{I}}{\dot{U}} = \frac{I\angle\varphi_i}{U\angle\varphi_u} = \frac{I}{U}\angle\varphi_i - \varphi_u = |Y|\angle-\varphi \tag{3-53}$$

由此得

$$|Y| = \frac{I}{U} \qquad \varphi = \varphi_u - \varphi_i$$

式中，$|Y|$ 称为**导纳模**，单位 Ω；φ 为复导纳的**辐角**。

3.5 复阻抗的串、并联

在交流电路中，复阻抗的连接形式是多种多样的，其中最基本的是串联和并联。

图 3.19a 为两个复阻抗串联的电路。根据基尔霍夫电压定律可写出它的相量表示式

$$\dot{U} = \dot{U}_1 + \dot{U}_2 = \dot{I}Z_1 + \dot{I}Z_2 = \dot{I}(Z_1 + Z_2)$$

两个串联复阻抗可用一个等效复阻抗 Z 表示，根据定义，有（见图 3.19b）

$$\dot{U} = \dot{I}Z$$

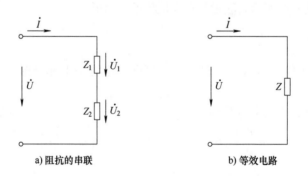

a) 阻抗的串联   b) 等效电路

图 3.19 两个阻抗的串联

对比两式，有

$$Z = Z_1 + Z_2 \tag{3-54}$$

需要注意的是：上式是复阻抗的求和，而不光是阻抗模的求和。

一般情况下，若有 n 个阻抗串联，等效复阻抗可写为

$$Z = \sum_{k=1}^{n} Z_k = \sum_{k=1}^{n} R_k + j\sum_{k=1}^{n} X_k = |Z|e^{j\varphi} \tag{3-55}$$

式中

$$|Z| = \sqrt{(\sum R_k)^2 + (\sum X_k)^2} \qquad\qquad \varphi = \arctan\frac{\sum X_k}{\sum R_k} \qquad (3\text{-}56)$$

即串联等效复阻抗等于对各复阻抗求和，即实部电阻和虚部电抗均应分别求和。R_k 恒为正，X_k 可正可负，感抗 X_L 前取 "+"，容抗 X_C 前取 "–"。

对图 3.19a，有

$$\dot{U}_1 = \frac{Z_1}{Z}\dot{U} \qquad\qquad \dot{U}_2 = \frac{Z_2}{Z}\dot{U}$$

以上两式就是两个串联阻抗的分压公式。推广到一般情况有

$$\dot{U}_k = \frac{Z_k}{Z}\dot{U} = \frac{Z_k}{\sum Z_k}\dot{U} \qquad (3\text{-}57)$$

图 3.20a 为两个复阻抗并联的电路。根据基尔霍夫电流定律可写出它的相量表示式为

$$\dot{I} = \dot{I}_1 + \dot{I}_2 = \frac{\dot{U}}{Z_1} + \frac{\dot{U}}{Z_2} = \dot{U}\left(\frac{1}{Z_1} + \frac{1}{Z_2}\right) = \frac{\dot{U}}{Z}$$

两个并联复阻抗也可用一个等效复阻抗 Z 表示为

$$\frac{1}{Z} = \frac{1}{Z_1} + \frac{1}{Z_2} \qquad 或 \qquad Z = \frac{Z_1 Z_2}{Z_1 + Z_2} \qquad (3\text{-}58)$$

一般情况下，若有 n 个阻抗并联，等效复阻抗可写为

$$\frac{1}{Z} = \sum_{k=1}^{n} \frac{1}{Z_k} \qquad (3\text{-}59)$$

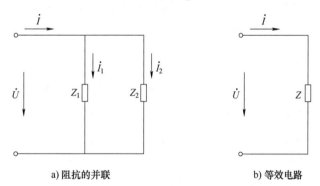

a) 阻抗的并联   b) 等效电路

图 3.20　两个阻抗的并联

即等效复阻抗的倒数等于各个并联复阻抗的倒数的和。对每个 $Z_k = R_k + jX_k$ 中的 X_k 同样可正可负，感抗 X_L 前取正号，容抗 X_C 前取负号。

对图 3.20a，Z_1、Z_2 中的电流为

$$\dot{I}_1 = \frac{\dot{U}}{Z_1} = \frac{\dot{I}Z}{Z_1} = \frac{Z_2}{Z_1 + Z_2}\dot{I} \qquad\qquad \dot{I}_2 = \frac{\dot{U}}{Z_2} = \frac{\dot{I}Z}{Z_2} = \frac{Z_1}{Z_1 + Z_2}\dot{I}$$

以上两式就是两个并联阻抗分流公式。推广到一般情况有

$$\dot{I}_k = \frac{\dfrac{1}{Z_k}}{\displaystyle\sum_{k=1}^{n}\dfrac{1}{Z_k}}\dot{I} \qquad (3\text{-}60)$$

例 3.2 已知图 3.21 所示电路中，$\omega = 10\text{rad/s}$。试求电路的输入阻抗 Z。

解： 由串并联关系可得输入阻抗 $X_C = 0.1\Omega$

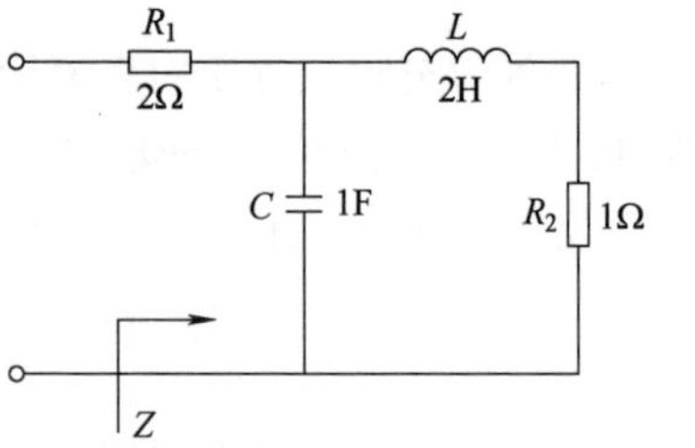

$$Z = \frac{(1+j2\omega)\dfrac{1}{j\omega}}{1+j2\omega+\dfrac{1}{j\omega}}\Omega+2\Omega = \frac{(1+j20)\dfrac{1}{j10}}{1+j20+\dfrac{1}{j10}}\Omega+2\Omega$$

$$= \frac{j40-397}{j10-199}\Omega = \frac{399\angle-5.8°}{199\angle-2.9°}\Omega$$

$$= 2\angle-2.9°\Omega$$

$$= (2-j0.1)\Omega$$

图 3.21　例 3.2 的图

对于端口来说，此网络相当于一只 2Ω 的电阻与一只容抗（相当于 $C=1\text{F}$）的电容相串联的电路。改变 ω、R_1、R_2、L 及 C 都可以改变网络的等效参数。

任何复杂的无源二端网络，对端口而言，可以等效为复阻抗 Z，$Z=R+jX$，其中 R 称为等效电阻，X 称为等效电抗。当 $X>0$ 时，等效电路呈感性，相当于一只电阻 R 与一个感抗为 X 的电感串联；当 $X<0$ 时，等效电路呈容性，相当于一只电阻 R 与一个容抗为 $|X|$ 的电容串联；当 $X=0$ 时，等效为一只电阻 R。

3.6　*RLC* 串、并联电路

RLC 串联交流电路和并联电路是两个典型的简单交流电路。本处讨论 *RLC* 串联电路和并联电路中的电压、电流和功率关系。

3.6.1　*RLC* 串联电路

图 3.22a 所示为 *RLC* 串联电路，图 3.22b 所示是其对应的相量电路图。根据阻抗的定义及欧姆定理的相量式，可得

$$\dot{U}=Z\dot{I} \Rightarrow Z=\frac{\dot{U}}{\dot{I}}=\frac{U\angle\varphi_u}{I\angle\varphi_i}=\frac{U}{I}\angle\varphi_u-\varphi_i \qquad (3\text{-}61)$$

$$|Z|=\frac{U}{I} \qquad \varphi=\varphi_u-\varphi_i \qquad (3\text{-}62)$$

以上两式说明，电源频率 f 一定时，电路参数决定了电压 U 和电流 I 的比值，以及电压 u 与电流 i 之间的相位差角。

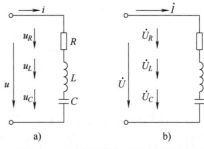

图 3.22　*RLC* 串联电路及其相量电路

下面分 $\varphi>0$、$\varphi=0$、$\varphi<0$ 三种情况讨论，电路的相量图及电路性质。

当 $X_L>X_C$ 时，$\varphi>0$，$\varphi_u>\varphi_i$，即电压 u 超前电流 i 一个 φ 角。以 $\dot{I}$ 为参考相量，做相量图如图 3.23a 所示，此时电路是感性的。

当 $X_L=X_C$ 时，$\varphi=0$，$\varphi_u=\varphi_i$，即电压 u 与电流 i 同相，相量图如 3.23b 所示。此时电路是电阻性的。

当 $X_L<X_C$ 时，$\varphi_u<\varphi_i$，即电压 u 比电流 i 滞后 φ 角。相量图如图 3.23c 所示，此时电路是电容性的。

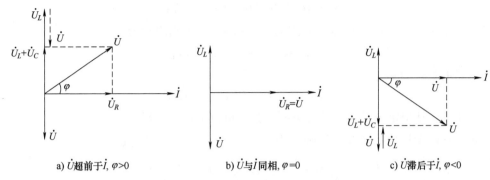

a) $\dot{U}$超前于$\dot{I}$, $\varphi>0$　　　　b) $\dot{U}$与$\dot{I}$同相, $\varphi=0$　　　　c) $\dot{U}$滞后于$\dot{I}$, $\varphi<0$

图 3.23　RLC 串联电路的相量图

图 3.24 中，由 $\dot{U}$、$\dot{U}_R$ 及 $\dot{U}_L+\dot{U}_C$ 构成的三角形叫电压三角形，它是相量三角形，与阻抗三角形图相似。由于一般情况下，$\dot{U}$、$\dot{U}_R$、$\dot{U}_L+\dot{U}_C$ 不在同一个方向，因此对于有效值来讲，$U \neq U_R+U_L+U_C$，而应该是从电压三角形得出

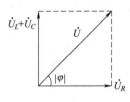

$$U=\sqrt{U_R^2+(U_L-U_C)^2} \tag{3-63}$$

图 3.24　电压三角形

例 3.3　已知一 RLC 串联电路，端电压 $u=10\sqrt{2}\times\sin 5000t\,\mathrm{V}$，$R=15\Omega$，$L=12\mathrm{mH}$，$C=5\mu\mathrm{F}$。试用相量法求电路中的电流 i 和各元件上的电压瞬时表达式。

解：先求电路复阻抗，$Z=R+\mathrm{j}\omega L-\mathrm{j}\dfrac{1}{\omega C}$

式中

$$\mathrm{j}\omega L=\mathrm{j}5000\times12\times10^{-3}\,\Omega=\mathrm{j}60\,\Omega$$

$$-\mathrm{j}\frac{1}{\omega C}=-\mathrm{j}\frac{1}{5000\times5\times10^{-6}}\Omega=-\mathrm{j}40\,\Omega$$

所以

$$Z=(15+\mathrm{j}60-\mathrm{j}40)\,\Omega=(15+\mathrm{j}20)\,\Omega=25\angle53.1°\,\Omega$$

电流相量

$$\dot{I}=\frac{\dot{U}}{Z}=\frac{10\angle0°}{25\angle53.1°}\mathrm{A}=0.4\angle-53.1°\,\mathrm{A}$$

各元件上的电压相量分别为

$$\dot{U}_R=R\dot{I}=15\times0.4\angle-53.1°\,\mathrm{V}=6\angle-53.1°\,\mathrm{V}$$

$$\dot{U}_L=\mathrm{j}\omega L\dot{I}=\mathrm{j}60\times0.4\angle-53.1°\,\mathrm{V}=24\angle36.9°\,\mathrm{V}$$

$$\dot{U}_C=-\mathrm{j}\frac{1}{\omega C}\dot{I}=-\mathrm{j}40\times0.4\angle-53.1°\,\mathrm{V}=16\angle-143.1°\,\mathrm{V}$$

它们的瞬时值表达式分别为

$$i=0.4\sqrt{2}\sin(5000t-53.1°)\,\mathrm{A}$$

$$u_R=6\sqrt{2}\sin(5000t-53.1°)\,\mathrm{V}$$

$$u_L=24\sqrt{2}\sin(5000t+36.9°)\,\mathrm{V}$$

$$u_C = 16\sqrt{2}\sin(5000t - 143.1°)\text{V}$$

下面讨论功率，设 *RLC* 串联交流电路的电压 *u* 和电流 *i* 分别表示为

$$i = \sqrt{2}I\sin\omega t, \quad u = \sqrt{2}U\sin(\omega t + \varphi)$$

则电路的瞬时功率为

$$p = ui = UI\cos\varphi - UI\cos(2\omega t + \varphi) \tag{3-64}$$

瞬时功率包括恒定分量和正弦分量两部分，单位为瓦（W）。

电路消耗的平均功率（有功功率）为

$$P = \frac{1}{T}\int_0^T p\,\mathrm{d}t = \frac{1}{T}\int_0^T \left[UI\cos\varphi - UI\cos(2\omega t + \varphi)\right]\mathrm{d}t$$

$$= UI\cos\varphi \tag{3-65}$$

可见交流电路的有功功率等于端电压有效值 *U* 和电流有效值 *I* 及系数 $\cos\varphi$ 的乘积，*P* 的单位为瓦（W），$\cos\varphi$ 称为电路的**功率因数**。

式（3-65）是计算交流电路有功功率的一般关系式，具有普通意义。*RLC* 串联交流电路中的有功功率关系式可由此进一步写为

$$P = UI\cos\varphi = (U\cos\varphi)I = U_R I = I^2 R \tag{3-66}$$

即计算平均功率只要计算电阻 *R* 上消耗的功率，式（3-59）也可以推广到任意连接的交流电路。

在交流电路中，电压有效值 *U* 和电流有效值 *I* 的乘积定义为**视在功率**，用字母 *S* 表示为

$$S = UI \tag{3-67}$$

S 的单位为伏安（V·A）或千伏安（KV·A）。实际用电设备的容量是由它们的额定电压和额定电流决定的，而且各种交流电器设备都必须在规定的额定电压和额定电流之下才能正常工作。因此各种电力设备往往用视在功率来表示。

交流电路的有功功率、无功功率和视在功率之间存在着一定的关系，即

$$P = UI\cos\varphi; \quad Q = UI\sin\varphi; \quad S = UI$$

故

$$P^2 + Q^2 = (UI)^2(\cos^2\varphi + \sin^2\varphi) = (UI)^2 = S^2 \tag{3-68}$$

式（3-68）也可以看作一个直角三角形——功率三角形，与阻抗三角形相似，但它也不是相量三角形（见图 3.25）。

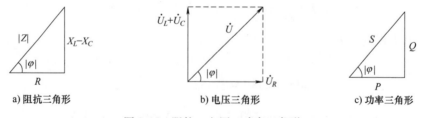

a) 阻抗三角形　　　　b) 电压三角形　　　　c) 功率三角形

图 3.25　阻抗、电压、功率三角形

对同一电路而言，阻抗、电压、功率三角形是相似三角形，三者密切相关又有不同：

将电压三角形的有效值同除 *I* 得到阻抗三角形；将电压三角形的有效值同乘 *I* 得到功率三角形。

阻抗三角形不是相量图，它的各条边仅仅反映了各个复阻抗之间的数量关系。电压三角

形是相量图，它不仅定性反映各电压间的数量关系，还可反映各电压间的相位关系。功率三角形也不是相量图，其各边也是仅仅表明了各种功率之间的数量关系。

例3.4 有一 RLC 串联电路，已知 $u=220\sqrt{2}\sin(\omega t+10°)$ V，$R=3\Omega$，$X_L=4\Omega$，$X_C=8\Omega$，计算电路电流 i，有功功率 P、无功功率 Q 和视在功率 S。

解： 电路阻抗为

$$|Z|=|R+j(X_L-X_C)|=|3+j(4-8)|\Omega=5\Omega$$

于是可算出电流有效值为

$$I=\frac{U}{|Z|}=\frac{220}{5}A=44A$$

电路阻抗角为

$$\varphi=\operatorname{arctg}\frac{X_L-X_C}{R}=\operatorname{arctg}\frac{-4}{3}=-53°$$

负号说明电路为容性，故可写出电流的瞬时值为

$$i=44\sqrt{2}\sin(\omega t+53°+10°)\,A=44\sqrt{2}\sin(\omega t+63°)\,A$$

有功功率 $P=UI\cos\varphi=220\times44\times\cos(-53°)\,W=5.83kW$

无功功率 $Q=UI\sin\varphi=220\times44\times\sin(-53°)\,var=-7.73kvar<0$

视在功率 $S=UI=220\times44\,V\cdot A=9680V\cdot A$

3.6.2 *RLC* 并联电路

对于图3.26应用 RLC 的相量形式可写出

$$Y=\frac{\dot{I}}{\dot{U}}=\frac{I\angle\varphi_i}{U\angle\varphi_u}=\frac{I}{U}\angle\varphi_i-\varphi_u=|Y|\angle-\varphi$$

由此得

$$|Y|=\frac{I}{U}\qquad\qquad \varphi=\varphi_u-\varphi_i$$

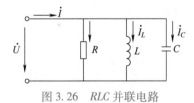

图 3.26 *RLC* 并联电路

可见，复导纳的模等于电流与电压有效值（或幅值）的比值，而幅角 φ 等于电压超前于电流的相位差。若是感纳大于容纳，$\varphi>0$，则电压超前于电流，电路呈现感性；若是感纳小于容纳，$\varphi<0$，则电压滞后于电流，电路呈现容性。

例3.5 图3.27所示电路中，已知 $i_s=141\sin(1000t+30°)$ mA，$R=500\Omega$，$C=2\mu F$。试求电流源的端电压 u 及电阻和电容中的电流 i_R 与 i_C，有功功率 P、无功功率 Q 和视在功率 S。

解： 对应 i_s 的相量为 $\dot{I}_S=100\angle30°$ mA

图3.27所示为 RC 并联电路，其复导纳为

$$Y=G-j(-B_C)=\left(\frac{1}{500}+j1000\times2\times10^{-6}\right)S$$

$$=2\times10^{-3}(1+j)S=2.83\times10^{-3}\angle45°S$$

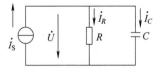

图 3.27 *RC* 并联电路

计算电流源的端电压为

$$\dot{U}=\frac{\dot{I}_S}{Y}=\frac{0.1\angle30°}{2.83\times10^{-3}\angle45°}V=25\sqrt{2}\angle-15°V$$

$$u = 50\sin(1000t - 15°) \text{ V}$$

电阻中的电流为

$$\dot{I}_R = \frac{\dot{U}}{R} = \frac{25\sqrt{2} \angle -15°}{500} \text{A} = 0.05\sqrt{2} \angle -15° \text{A}$$

$$i_R = 0.1\sin(1000t - 15°) \text{ A}$$

电容中的电流为

$$\dot{I}_C = \frac{\dot{U}}{-jX_C} = j\omega C \dot{U} = j1000 \times 2 \times 10^{-6} \times 25\sqrt{2} \angle -15° \text{A}$$

$$= 0.05\sqrt{2} \angle 75° \text{A}$$

$$i_C = 0.1\sin(1000t + 75°) \text{ A}$$

有功功率为

$$P = UI\cos\varphi = 100 \times 25\sqrt{2} \times \cos(-45°) \text{ W} = 2.5 \text{kW}$$

无功功率为

$$Q = UI\sin\varphi = 100 \times 25\sqrt{2} \times \sin(-45°) \text{ var} = -2.5\text{kvar} < 0$$

视在功率为

$$S = UI = 100 \times 25\sqrt{2} \text{ V} = 3.535\text{kV} \cdot \text{A}$$

在简单交流电路中,以欧姆定律、基尔霍夫电流定律及基尔霍夫电压定律的相量形式为基础所得到的基本公式,如阻抗串并联、分压、分流公式等,它们在形式上与电阻网络相应的公式很类似。因此可以推论,支路电流法、结点电压法、叠加定理、戴维南定理、电源等效变换法等一系列电路分析方法在正弦稳态电路中皆可适用,只不过要将电压和电流以相量表示,电阻、电感和电容及其组成的电路以复数阻抗来表示。

3.7　电路功率因数的提高

前面在分析正弦交流电路的平均功率时有

$$P = UI\cos\varphi$$

可见,正弦交流电路消耗的平均功率除了与电路电压和电流的有效值有关外,还与电路电压和电流之间的相位差 φ 有关,$\cos\varphi$ 定义为功率因数,它的大小取决于电路参数,除了纯电阻负载（如白炽灯）,$\cos\varphi = 1$,对其他负载,功率因数介于 $0 \sim 1$ 之间。电源在额定容量 S_N 下向负载输送多少有功功率,与负载的功率因数有关,即

$$P = S_N\cos\varphi$$

例如,容量为 $10^3\text{kV} \cdot \text{A}$ 的发电机,当负载的 $\cos\varphi = 0.6$ 时,它对外可提供的有功功率 $P = 600\text{kW}$；若负载的 $\cos\varphi$ 提高到 0.9,则它对外提供的有功功率 $P = 900\text{kW}$。因此为了充分提高电气设备的利用率,应设法提高其负载的功率因数。

另外,由于输电线的电流 $I = P/(U\cos\varphi)$,在有功功率 P 和电压 U 一定时,$\cos\varphi$ 越小,线路电流越大,线路上的功率损耗越大。这样既不利于电能的节约,又影响供电质量,因此提高功率因数有很大经济意义。

在工农业和日常生活大量使用的各种电器都是感性的,因此功率因数不会太高。提高这

类电路功率因数的常用方法目前有两种：①并联电容法；②在电路中运行同步电机的方法。这里主要介绍第一种方法：就是在感性负载两端并联电容器，减小阻抗角 φ，增大 $\cos\varphi$，其电路图和相量图如图 3.28 所示。

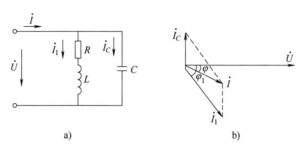

图 3.28　电容器与感性负载并联以提高功率因数

并联电容器以前，感性负载功率因数 $\cos\varphi_1 = \dfrac{R}{\sqrt{R^2+X_L^2}}$。并联以后，由于电容电流 $\dot{I}_C$ 比电压 $\dot{U}$ 超前 90°，$\dot{I}_1+\dot{I}_C$ 的结果使总电流 $\dot{I}$ 减小，如图 3.28b 所示，此时电压 $\dot{U}$ 和电流 $\dot{I}$ 间的相位差变成 φ，比 φ_1 小，因此 $\cos\varphi$ 变大了。

但对感性负载来说，并联前后其电流 I_1 不变，仍为 $I_1 = \dfrac{U}{\sqrt{R^2+X_L^2}}$，功率因数不变，仍为 $\cos\varphi$。由于电容 C 不消耗有功功率，因此电路的有功功率不变，为

$$P = UI_1\cos\varphi_1 = UI\cos\varphi$$

但无功功率 Q 却从 $UI_1\sin\varphi_1$ 减小至 $UI\sin\varphi$，即减少了电源与负载之间的能量交换。此时负载所需的无功功率大部分或分部由电容供给，使发电机容量得到充分利用。

那么功率因数 $\cos\varphi_1$ 提高到 $\cos\varphi$ 所需并联电容器的电容值应该为多少呢？由图 3.28b 可得

$$I_C = I_1\sin\varphi_1 - I\sin\varphi = \left(\dfrac{P}{U\cos\varphi_1}\right)\sin\varphi_1 - \left(\dfrac{P}{U\cos\varphi}\right)\sin\varphi$$
$$= \dfrac{P}{U}(\mathrm{tg}\varphi_1 - \mathrm{tg}\varphi)$$

式中，P 为电路的有功功率。

又因

$$I_C = \dfrac{U}{X_C} = U\omega C$$

$$U\omega C = \dfrac{P}{U}(\mathrm{tg}\varphi_1 - \mathrm{tg}\varphi)$$

由此得
$$C = \dfrac{P}{\omega U^2}(\mathrm{tg}\varphi_1 - \mathrm{tg}\varphi) \tag{3-69}$$

并联电容的电容量应选择适当：如果 C 过大，增加了投资，增加成本，且 $\cos\varphi>0.9$ 以后，再增加 C 值对减小线路电流的作用也无明显效果。因此一般企业供用电规则是：高压供电的企业平均功率因数不低于 0.95，其他单位不低于 0.9 即可。

例 3.6 现有 40W 日光灯一个，使用时灯管与镇流器串联连接在电压为 220V、频率为 50Hz 的交流电源上，灯管视为电阻 R，镇流器视为电感 L，灯管二端电压为 110V。试求：

1）镇流器的电感为多大？

2）此时电路的功率因数是多少？

3）若将功率因数提高到 0.9，则应并联多大的电容？

解： 电路中电流的有效值为

$$I = \frac{P}{U_R} = \frac{40}{110}\text{A} = 0.36\text{A}$$

电感二端电压的有效值为

$$U_L = \sqrt{U^2 - U_R^2} = \sqrt{220^2 - 110^2}\,\text{V} = 190.5\text{V}$$

根据感抗与电感电压和电流有效值之间的关系有

$$L = \frac{U_L}{\omega I} = \frac{190.5}{2\pi \times 50 \times 0.36}\text{H} = 1.68\text{H}$$

2）根据有功功率公式得

$$\cos\varphi_1 = \frac{P}{UI} = \frac{40}{220 \times 0.36} = 0.5 \quad \therefore \varphi_1 = 60°$$

3）　　　　　　　　$\because \cos\varphi = 0.9 \quad \therefore \varphi = 25.8°$，则电容为

$$C = \frac{P}{\omega U^2}(\text{tg}\varphi_1 - \text{tg}\varphi) = \frac{40}{2\pi \times 50 \times 220^2}(\text{tg}60° - \text{tg}25.8°)\,\mu\text{F} = 3.68\mu\text{F}$$

例 3.7 如图 3.29 所示电路中，已知 $U = 220\text{V}$，$f = 50\text{Hz}$，$R_1 = 10\Omega$。$X_1 = 10\Omega$，$R_2 = 5\Omega$，$X_2 = 5\Omega$。求：

1）电流表的读数和电路的功率因数。

2）欲使电路的功率因数提高到 0.866，则需并联多大的电容？

3）并联电容后，电流表读数为多少？

解： 1）电路等效复阻抗为

$$Z_L = (R_1 + jX_1) /\!/ (R_2 + jX_2) = \frac{(10 + j10)(5 + j5)}{10 + j10 + 5 + j5}\Omega$$

$$= \frac{10}{3}\sqrt{2} \angle 45°\Omega$$

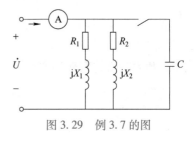

图 3.29　例 3.7 的图

设 $\dot{U} = 220 \angle 0°\text{V}$，则

$$\dot{I} = \frac{\dot{U}}{Z_L} = \frac{220 \angle 0°}{\frac{10}{3}\sqrt{2} \angle 45°} = 33\sqrt{2} \angle -45°\text{A}$$

故电流表读数为 $33\sqrt{2}\,\text{A} = 46.66\text{A}$。

攻率因数为

$$\cos\varphi_L = \cos 45° = \frac{\sqrt{2}}{2}$$

2）要使功率因数提高到 0.866，则需并联电容为

$$C = \frac{P}{\omega U^2}(\text{tg}\varphi_L - \text{tg}\varphi) = \frac{UI\cos\varphi_L}{\omega U^2}(\text{tg}\varphi_L - \text{tg}\varphi)$$

$$= \frac{220 \times 33\sqrt{2}\cos 45°}{314 \times 220^2}[\text{tg}45° - \text{tg}(\arccos 0.866)]\text{F} = 201.87\mu\text{F}$$

3）并联电容后，电路吸收的有功功率不变，即

$$UI'\cos\varphi = UI_L\cos\varphi_L$$

$$\therefore \qquad I' = \frac{\cos\varphi_L}{\cos\varphi}I_L = \frac{0.707}{0.866} \times 33\sqrt{2}\text{A} = 38.11\text{A}，故此时电流表读数为 38.11A。$$

3.8 正弦稳态电路的串、并联谐振

具有电感和电容元件的电路中，在给定电路结
构的情况下，电路的复阻抗 Z 是频率的函数。当输
入信号的频率不同时，电路响应不仅幅值或有效值
不同，而且相位也会发生变化。在本节中，主要研
究在输入信号的频率发生改变时，电路的串联谐振和并联谐振现象。

3.8 交流电路的
频率特性

3.8 串联谐振
电路（实验）

3.8.1 串联谐振

对于任何含有电感和电容的电路，在一定频率下可以呈现电阻性，即整个电路的总电压
与电流同相位，这种现象称为正弦电路的谐振。在 RLC 串联电路中发生的谐振称为串联谐
振，我们将讨论串联谐振发生的条件及特征，以及谐振电路的频率特性。

RLC 串联电路如图 3.30 所示，输入阻抗为 $Z = R + jX = R + j(X_L - X_C)$

当 $\qquad\qquad X_L = X_C$

或 $\qquad\qquad 2\pi fL = \dfrac{1}{2\pi fC}$ $\qquad\qquad$ （3-70）

时，则 $\qquad\qquad \varphi = \arctg\dfrac{X_L - X_C}{R} = 0$

即电源电压 u 与电路电流 i 同相。这时电路发生谐振现象。

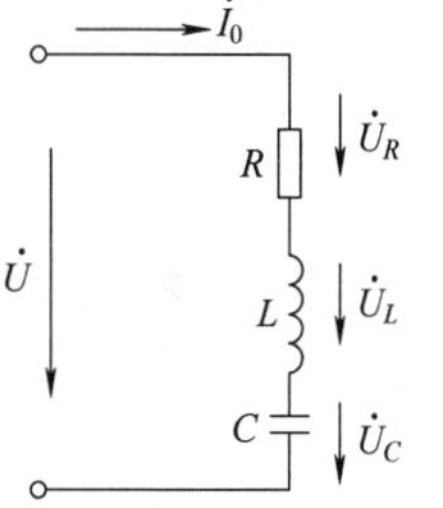

图 3.30 RLC 串联电路

式（3-70）是发生串联谐振的条件。调节 L、C 或电源频率 f 能使电路发生谐振。在 L、
C 一定的条件下，调电源频率 f 满足

$$f = f_0 = \frac{1}{2\pi\sqrt{LC}}$$

时就能实现谐振，f_0 称为谐振频率。

串联谐振具有下列特征：

1. 串联谐振时外加电压与电路电流同相（$\varphi = 0$），电路呈电阻性

电源供给电路的能量全部消耗在电阻上。能量互换只发生在电感和电容之间，而不再与
电源交换能量，此时 $i_L = i_C$，p_L 与 p_C 的幅值大小一样，当 p_L 为负时 p_C 为正，即 L 发出的能
量 C 吸收，C 发出的能量 L 吸收。

串联谐振时谐振角频率 $\omega_0 = 2\pi f_0 = \dfrac{1}{\sqrt{LC}}$，则感抗、容抗分别为

$$X_L=\omega_0L=\sqrt{\frac{L}{C}}, \quad X_C=\frac{1}{\omega_0C}=\sqrt{\frac{L}{C}}$$

电感电压、电容电压以及总电压分别为

$$\dot{U}_L=\mathrm{j}\dot{I}X_L=\mathrm{j}\dot{I}X_C=-\dot{U}_C, \quad \dot{U}=\dot{U}_R+\dot{U}_L+\dot{U}_C=\dot{U}_R$$

即 $\dot{U}_L$ 与 $\dot{U}_C$ 在相位上相反，相量模相等，互相抵消，外加电

压 $\dot{U}$ 等于电阻电压 $\dot{U}_R$，如图 3.31 所示。

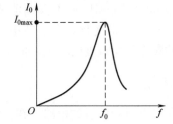

图 3.31 串联谐振时的相量图

2. 电路阻抗 $|Z|$ 达最小值，电路电流 I_0 达到最大值

即 $|Z|=|Z|_{\min}=R$（因为 $X_L=X_C$）。在电源电压 U 不变情况下 $I_0=I_{0\max}=U/R$。

图 3.32 分别画出了阻抗和电流随频率变化的曲线，由图知，当 $f>f_0$ 时，由于 $X_L>X_C$，电路呈感性；当 $f<f_0$ 时，由于 $X_L<X_C$，电路呈容性。

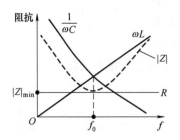

图 3.32 阻抗与电流随频率变化的曲线

3. 串联谐振时，U_L、U_C 可能大于电源电压 U

因为

$$U_L=U_C=\omega_0LI_{0\max}=\omega_0L\cdot\frac{U}{R}=\frac{\omega_0L}{R}U$$

当 $X_L=X_C>R$ 时，U_L 和 U_C 都高于电源电压 U，所以串联谐振也称电压谐振。

U_L 或 U_C 与电源电压之比值，通常用 Q 表示，即

$$Q=\frac{U_L}{U}=\frac{U_C}{U}=\frac{\omega_0L}{R}=\frac{1}{\omega_0CR}=\frac{\sqrt{\frac{L}{C}}}{R} \tag{3-71}$$

则

$$U_L=U_C=QU$$

称 Q 为谐振电路的品质因数，它是由串联电路的 R、L、C 参数值决定的无量纲的量，表示谐振时电容或电感电压是电源电压的 Q 倍。

在电力工程中一般应避免发生电压谐振，因为谐振时在电容上和电感上可能出现比电源电压大得多的过电压，会击穿电容器和电感线圈的绝缘。在通信工程中则相反，常利用串联谐振来获得较高电压。例如收音机中就可利用串联谐振电路（又称调谐电路），来选择所要收听的某个电台的广播。

RLC 串联电路中，电流及各电压随频率变动，在图 3.33 中画出了电流随频率变动的曲线，叫作电流的谐振曲线。谐振曲线的尖锐或平坦同 Q 值有关，Q 值越大，在 f_0 附近曲线越尖锐。

当谐振曲线比较尖锐时，稍有偏离谐振频率 f_0 的信号，电路响应 I 将显著减弱。就是说

谐振曲线越尖锐，选择性就越强。

此外还通常引用通频带的概念。在图 3.34 中，电流 I_0 值在等于最大值 I_{0max} 的 70.7%（即 $1/\sqrt{2}$）处，频率上下限之间的宽度称为通频带，即 $\Delta f = f_2 - f_1$，式中 f_2 是上限频率，f_1 是下限频率。

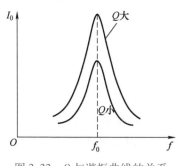

图 3.33　Q 与谐振曲线的关系

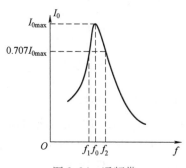

图 3.34　通频带

可以证明，通频带与品质因数成反比。Q 值越大，谐振曲线愈尖锐，选择性越好，但通频带越窄。

例 3.8　将一线圈（$R = 1\Omega$，$L = 2\text{mH}$）与电容器串联，连接在 $U = 10\text{V}$，$\omega = 2500\text{rad/s}$ 的电源上，问 C 为何值时电路发生谐振？并求谐振电流 I_{0max}、电容端电压 U_C、线圈端电压 U_{RL} 及品质因数 Q。

解： 因为 $\omega L = \dfrac{1}{\omega C}$ 时发生串联谐振，故所需电容值为

$$C = \frac{1}{\omega^2 L} = \frac{1}{2500^2 \times 2 \times 10^{-3}}\text{F} = 80\mu\text{F}$$

电路品质因数为

$$Q = \frac{\omega_0 L}{R} = \frac{\sqrt{\dfrac{L}{C}}}{R} = \frac{\sqrt{\dfrac{2 \times 10^{-3}}{80 \times 10^{-6}}}}{1} = 5$$

谐振时电流为

$$I_{0max} = \frac{U}{R} = \frac{10}{1}\text{A} = 10\text{A}$$

电容端电压为

$$U_C = QU = 5 \times 10\text{V} = 50\text{V}$$

线圈两端电压为

$$U_{RL} = \sqrt{U_R^2 + U_L^2} = \sqrt{U^2 + U_C^2} = \sqrt{10^2 + 50^2}\,\text{V} = 51\text{V}$$

谐振时电路的相量图如图 3.35 所示。

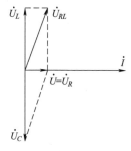

图 3.35　例 3.8 相量图

3.8.2　并联谐振

图 3.36 表示一个由正弦电压源激励的电阻、电感与电容相并联的电路。并联电路的复导纳为

$$Y = \frac{1}{R} + j\left(\omega C - \frac{1}{\omega L}\right) \qquad (3\text{-}72)$$

如果 ω、L_e 和 C 满足一定的条件，使 Y 的虚部为零，电流与电压就将同相，电路就发生并联谐振。发生谐振的条件为复导纳中的虚部为零，即

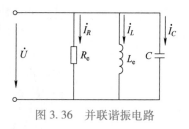

$$\omega_0 C - \frac{1}{\omega_0 L} = 0$$

$$\omega_0 = \frac{1}{\sqrt{LC}} \qquad (3\text{-}73)$$

图 3.36　并联谐振电路

并联谐振具有以下特征：

1）谐振时电源电压与电路电流同相（$\varphi = 0$），因此电路呈电阻性。

2）谐振时电路的复导纳最小，因而复阻抗的模 $|Z|$ 最大，电路中电流 I_0 最小，阻抗与电流的谐振曲线见图 3.37 所示。

3）并联谐振电路的品质因数

品质因数 Q 定义为 I_C 或 I_1 与总电流 I_0 之比值，即

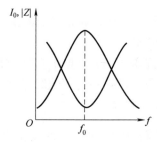

$$Q = \frac{I_L(\omega_0)}{I} = \frac{I_C(\omega_0)}{I} = \frac{\dfrac{1}{\omega_0 L}U}{GU} = \frac{R}{\omega_0 L}$$

$$= \frac{\omega_0 C U}{GU} = \omega_0 RC \qquad (3\text{-}74)$$

即有

图 3.37　$|Z|$ 和 I_0 的谐振曲线

$$I_L = I_C = QI$$

并联支路电流大小相等，且比总电流大许多倍。因此并联谐振也叫电流谐振。

并联谐振在工业技术和通信工程中具有广泛应用。如在高频信号的接收、滤波中的应用等。

例 3.9　一个电感为 0.25mH、电阻为 25Ω 的线圈与 85pF 的电容器相并联，求该并联电路的谐振频率、谐振时的阻抗及电路的品质因数。

解：根据式（3-73），谐振角频率为

$$\omega_0 = \frac{1}{\sqrt{LC}} = \frac{1}{\sqrt{0.25 \times 10^{-3} \times 85 \times 10^{-12}}} \text{rad/s}$$

$$= \sqrt{4.7 \times 10^{13}} \text{rad/s} = 6.83 \times 10^6 \text{rad/s}$$

$$f_0 = \frac{\omega_0}{2\pi} = \frac{6.83 \times 10^6}{2\pi} \text{Hz} = 1100 \text{kHz}$$

电路的品质因数为

$$Q = \frac{\omega_0 L}{R} = \frac{6.83 \times 10^6 \times 0.25 \times 10^{-3}}{25} = 68.3$$

可见谐振时支路电流是总电流的 68.3 倍。

而对于不是上述两种情况的其他电路，应首先写出电路的复阻抗或复导纳的表达式，然

后令其虚部等于零，即可求得该电路的谐振频率。

习　题

3-1　求下列各正弦量的周期、频率和初相角。

（1）$3\cos314t$　　　　（2）$8\sin(5t+20°)$　　　　（3）$4\sin2\pi t$　　　　（4）$6\sin(10\pi t-45°)$

3-2　计算下列各正弦量的相位差。

（1）$u_1=4\sin(60t+10°)$ V 和 $u_2=8\sin(60t+100°)$ V

（2）$i_1=15\sin(20t+45°)$ A 和 $i_2=10\sin(20t-30°)$ A

（3）$u_1=-3\sin(2\pi t+45°)$ V 和 $i_1=4\sin(2\pi t+270°)$ A

3-3　某正弦电流的有效值为 1A，频率为 50Hz，初相为 30°。试写出该电流的瞬时值表达式。

3-4　用相量的极坐标式表示下列正弦量：

（1）$u=5\sqrt{2}\sin\omega t$ V　　　　　　　　（2）$u=5\sqrt{2}\sin(\omega t+60°)$ V

（3）$u=5\sqrt{2}\sin(\omega t-210°)$ V　　　　　（4）$u=5\sqrt{2}\sin(\omega t+120°)$ V

3-5　指出下列各式的错误：

（1）$i=5\sin(\omega t-10°)=5\mathrm{e}^{-\mathrm{j}10°}$ A　　（2）$\dot{U}=10\mathrm{e}^{30°}$ V

（3）$i=10\sin\omega t$　　　　　　　　　　（4）$\dot{I}=10\angle30°$ A

3-6　试写出下列各相量所对应的正弦量，已知 $f=50$Hz。

$$\frac{10}{\sqrt{2}}\angle30°\text{V}, \quad 110\angle45°\text{V}, \quad -0.12\angle-60°\text{V}, \quad 0.7\angle-120°\text{A}$$

3-7　已知 $i_1(t)=10\sin(314t-45°)$ A，$i_2(t)=5\sin(314t+90°)$ A，求 $i_1(t)+i_2(t)$。

3-8　电路如图 3.38 所示，已知 $\dot{U}_2=10\angle0°$ V，$\dot{U}_3=5\angle30°$ V，$\dot{I}_1=3\angle0°$ A，$\dot{I}_3=1\angle45°$ A。求 $\dot{U}_1$、$\dot{U}_4$ 及 $\dot{I}_4$。

3-9　电流相量 $(30-\mathrm{j}10)$mA 流过 40Ω 电阻，求电阻两端的电压相量，并求在 $t=1$ms 时电阻两端的电压是多少？已知 $\omega=1000$rad/s，并设电压、电流为关联参考方向。

3-10　在单一电容元件的正弦电路中，$C=4\mu$F，$f=50$Hz。

（1）已知 $u=220\sqrt{2}\sin\omega t$ V，求电流 i。

（2）已知 $\dot{I}=1\angle60°$ A，求 $\dot{U}$，并画出相量图。

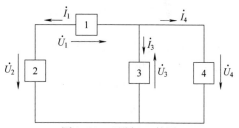

图 3.38　习题 3-8 的图

3-11　指出下列各式哪些是正确的，哪些是错误的。

$$u=\omega Li, \quad u=Li, \quad u=\mathrm{j}\omega Li, \quad \dot{U}=\mathrm{j}\omega L\dot{I}$$

$$u=L\frac{\mathrm{d}i}{\mathrm{d}t}, \quad \dot{U}_\mathrm{m}=\omega L\dot{I}_\mathrm{m}, \quad U=\omega LI$$

3-12　在单一电感元件的正弦交流电路中，$L=10$mH，$f=50$Hz。

（1）已知 $i=7\sqrt{2}\sin\omega t$ A，求电压 u。

（2）已知 $\dot{U}=127\angle60°$ V，求 $\dot{I}$，并画出相量图。

3-13　如图 3.39 所示的电压和电流的有效值相量图，已知 $U_1=110$V，$U_2=220$V，$I=10$A，$f=50$Hz。试分别用瞬时值表达式及相量的各种形式表示各正弦量。

3-14　已知电流相量 $\dot{I}_1=(6+\mathrm{j}8)$A，$\dot{I}_2=(-6+\mathrm{j}8)$A，$\dot{I}_3=(-6-\mathrm{j}8)$A，$\dot{I}_4=(6-\mathrm{j}8)$A。试分别用瞬时值表达

式及相量图表示它们。

3-15 在图 3.40 中，$i_1 = 10\sin(\omega t + 36.9°)\,\mathrm{A}$，$i_2 = 6\sin(\omega t + 120°)\,\mathrm{A}$，求 i 并绘相量图。

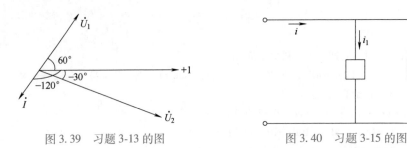

图 3.39　习题 3-13 的图　　　　　图 3.40　习题 3-15 的图

3-16 在图 3.41 中，$u_1 = 80\sin(\omega t + 120°)\,\mathrm{V}$，$u_2 = 60\sin(\omega t + 60°)\,\mathrm{V}$，$u_3 = 100\sin(\omega t - 30°)\,\mathrm{V}$，求 u，并绘相量图。

3-17 已知电路有 4 个结点 1、2、3、4，且 $\dot{U}_{12} = (20 + \mathrm{j}50)\,\mathrm{V}$，$\dot{U}_{32} = (-40 + \mathrm{j}30)\,\mathrm{V}$，$\dot{U}_{34} = 30\angle 45°\,\mathrm{V}$。求在 $\omega t = 30°$ 时，u_{14} 为多少？有效值 U_{14} 为多少？

3-18 图 3.42 表示某正弦交流电路中的一个结点，已知 $\dot{I}_1 = (2 + \mathrm{j}1)\,\mathrm{A}$，$\dot{I}_2 = (4 + \mathrm{j})\,\mathrm{A}$，$\dot{I}_3 = (-3 - \mathrm{j}3)\,\mathrm{A}$，求 $\dot{I}$。

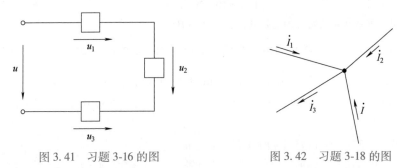

图 3.41　习题 3-16 的图　　　　　图 3.42　习题 3-18 的图

3-19 在同一坐标平面上分别绘出下列各组正弦量的波形图，并指出哪个超前，哪个滞后。

（1）$i_1 = 5\sin(100\pi t + 30°)\,\mathrm{A}$

　　　$i_2 = 3\sin(100\pi t + 45°)\,\mathrm{A}$

（2）$u_1 = 10\sin\left(100\pi t - \dfrac{\pi}{4}\right)\,\mathrm{V}$

　　　$u_2 = 20\sin\left(100\pi t - \dfrac{\pi}{3}\right)\,\mathrm{V}$

（3）$u_1 = 300\sin(314 t - 60°)\,\mathrm{V}$

　　　$u_2 = 200\sin(314 t + 30°)\,\mathrm{V}$

3-20 将下列各正弦量表示成有效值相量，并绘出相量图。

（1）$i_1 = 2\sin(\omega t - 27°)\,\mathrm{A}$，$i_2 = 3\sin\left(\omega t + \dfrac{\pi}{4}\right)\,\mathrm{A}$

（2）$u_1 = 100\sin\left(314 t + \dfrac{3\pi}{4}\right)\,\mathrm{V}$，$u_2 = 250\sin 314 t\,\mathrm{V}$

第 4 章 耦合电感电路

随着社会经济的发展，现代化和信息化不断推进。电能成为了工农业生产及人们日常工作生活最重要的能源之一。耦合电感在电能的传输和转换中有着广泛的应用，变压器即是一种利用耦合电感将一定电压的交流电转换为频率相同的另一电压交流电的静止电气设备，在电力系统、电信通信系统和电子线路中起着重要的作用。

在线测试
自测与练习4

本章要点

1）理解磁耦合与互感的概念。
2）掌握含有互感线圈的电路分析。
3）了解理想变压器和空心变压器的工作原理。

4.1 磁耦合与互感

4.1 磁耦合与互感

载流线圈之间通过彼此的磁场相互联系的物理现象称为磁耦合。根据法拉第电磁感应定理可知，当电流 i 通过一线圈时，就在它周围产生磁场。如果有两个通电线圈相互靠近，那么其中一个线圈中的电流所产生的磁通有一部分穿过另一个线圈，在两个线圈间形成了磁的耦合，这两个线圈称为一对耦合线圈，工程上称这对耦合线圈为耦合电感（元件）。

图 4.1 给出两个有磁耦合的线圈，线圈 1 中有电流 i_1。由电流 i_1 所产生的磁通 Φ_1 不仅与本线圈交链产生自感磁链 $\Psi_{11} = N_1\Phi_{11}$（N_1 为线圈匝数），而且有一部分或者全部与线圈 2 交链形成互感磁链，称之为线圈 1 对线圈 2 的互感磁链，用 Ψ_{21} 表示，称为互感磁链，它等于 Φ_{21} 与 N_2 的乘积，即

$$\Psi_{21} = N_2\Phi_{21} \tag{4-1}$$

线圈 1 中的互感磁链 Ψ_{21} 与产生此磁链的电流 i_1 之比定义为两线圈间的互感，即

$$M_{21} = \left|\frac{\Psi_{21}}{i_1}\right| \tag{4-2}$$

同样，如线圈 2 中有电流 i_2，它与线圈 1 相交链而形成的磁链为 $\Psi_{12} = N_1\Phi_{12}$，线圈 2 对线圈 1 的互感为

$$M_{12} = \left|\frac{\Psi_{12}}{i_2}\right| \tag{4-3}$$

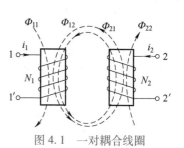

图 4.1 一对耦合线圈

对线性电感线圈来说，$M_{12}=M_{21}=M$，且 M 值与电流无关。互感的单位与自感的单位相同，也是亨（H）。

为表示两个线圈磁耦合紧密的程度，引入一个系数 k，称为耦合系数，它是这样定义的：设两个线圈的自感分别为 L_1、L_2，两个线圈间的互感为 M，则耦合系数为

$$k=\frac{M}{\sqrt{L_1L_2}} \tag{4-4}$$

耦合系数越大，两个线圈的磁耦合愈紧密，而且有 $0\leqslant k\leqslant 1$。

根据电磁感应定律，按右螺旋定则取互感电压和互感耦合磁通的参考方向，互感电压为

$$u_{21}=\frac{\mathrm{d}\varPsi_{21}}{\mathrm{d}t}=M\frac{\mathrm{d}i_1}{\mathrm{d}t} \tag{4-5}$$

$$u_{12}=\frac{\mathrm{d}\varPsi_{12}}{\mathrm{d}t}=M\frac{\mathrm{d}i_2}{\mathrm{d}t} \tag{4-6}$$

下面考虑图 4.2a 和 4.2b 两组耦合线圈，它们之间的区别在于第二个线圈的绕向不同。根据右螺旋定则，图 4.2a 和 4.2b 中由电流 i_1 所产生的互感耦合磁通方向如图中箭头所示，即向上。但由于第二个线圈的绕向不同，所以图 4.2a 中互感电压为 $u_{\mathrm{ab}}=M\dfrac{\mathrm{d}i_1}{\mathrm{d}t}$，图 4.2b 中互感电压为 $u_{\mathrm{ab}}=-M\dfrac{\mathrm{d}i_1}{\mathrm{d}t}$。由此可见，互感电压的方向不仅和耦合磁通的方向有关，而且还和线圈的绕向有关。

为了确定互感电压的方向，就需要在电路图中画出互感线圈的绕向，这样做很不方便。实际中，在电路图中为了做图简便起见，常常不画出线圈的绕向，而用一种符号，例如用小圆点"·"或星号"＊"来标记出它们的电流与绕向之间的关系。这一方法称为**同名端方法**。同名端标记的原则是：当两个线圈的电流同时由同名端流进（或流出）线圈时，两个电流所产生的磁通相互增强。标记

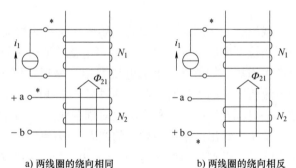

a) 两线圈的绕向相同　　　　b) 两线圈的绕向相反

图 4.2　互感线圈

的方法是：先对其中一个线圈的任一端钮用一符号标记，如用小圆点"·"，并假想有电流 i_1 自该端子流进线圈；然后再用小圆点标记第二个线圈的一个端子，如电流 i_2 自该端钮流进线圈时，两个电流 i_1、i_2 所产生的磁通相互增强（可根据两个线圈的绕向和电流的方向，按右螺旋关系来判断），则根据标记同名端的原则，这两个带圆点的端子称为同名端，而不带圆点的两个端子也互为同名端。

判断互感线圈的同名端不仅在理论分析中很有必要，在实际问题中也是很有必要的，如果搞错了同名端，将可能达不到预期的目的，甚至会造成不良的后果。

当两个线圈的同名端确定以后，就可以用图 4.3 所示的图形符号来表示它们，并且可以根据同名端以及指定的电流和电压的参考方向直接写出互感电压的表达式。其规则为：当互感电压正极性所在的端子与产生该电压的电流（原因）流进另一线圈所在的端子互为同名

端时，则互感电压与产生它的互感磁链两者的参考方向将成右螺旋关系，于是互感电压表达式的右端带正号；否则，就带负号。

现在就图 4.3 所示的两个互感线圈的电路写出其电压与电流的方程。此电路中线圈 1 的端电压包括自感电压和互感电压，因为电流 i_1 和电压 u_1 参考方向一致，所以自感电压是 $L_1 \dfrac{\mathrm{d}i_1}{\mathrm{d}t}$，电流 i_2 和电压 u_1 的参考方向相对于同名端一致，所以互感电压为 $M \dfrac{\mathrm{d}i_2}{\mathrm{d}t}$，于是有

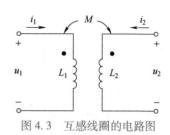

图 4.3　互感线圈的电路图

$$u_1 = L_1 \frac{\mathrm{d}i_1}{\mathrm{d}t} + M \frac{\mathrm{d}i_2}{\mathrm{d}t} \tag{4-7}$$

同理可得

$$u_2 = L_2 \frac{\mathrm{d}i_2}{\mathrm{d}t} + M \frac{\mathrm{d}i_1}{\mathrm{d}t} \tag{4-8}$$

若互感线圈的同名端和电压、电流参考方向如图 4.4a 所示，线圈的电压、电流关系如下：

$$u_1 = L_1 \frac{\mathrm{d}i_1}{\mathrm{d}t} - M \frac{\mathrm{d}i_2}{\mathrm{d}t} \tag{4-9}$$

$$u_2 = M \frac{\mathrm{d}i_1}{\mathrm{d}t} - L_2 \frac{\mathrm{d}i_2}{\mathrm{d}t} \tag{4-10}$$

图 4.4b 是图 4.4a 电路的相量模型，其中的电压、电流的相量关系如下：

$$\dot{U}_1 = \mathrm{j}\omega L_1 \dot{I}_1 - \mathrm{j}\omega M \dot{I}_2 \tag{4-11}$$

$$\dot{U}_2 = \mathrm{j}\omega M \dot{I}_1 - \mathrm{j}\omega L_2 \dot{I}_2 \tag{4-12}$$

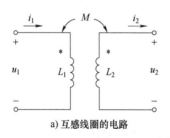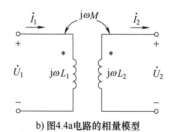

a) 互感线圈的电路　　　　　　　　b) 图4.4a电路的相量模型

图 4.4　互感线圈的电路及其相量模型

例 4.1　如图 4.3 所示的耦合线圈中，$M = 0.0125\mathrm{H}$，$i_2 = 10\sin 800t\,\mathrm{A}$（自同名端流进），试求互感电压 u_{12}。

解：令 u_{12} 的参考方向以同名端为正极性，因此

$$u_{12} = M \frac{\mathrm{d}i_2}{\mathrm{d}t}$$

$$= 0.0125 \times 800 \times 10\cos 800t\,\mathrm{V}$$

$$= 100\sin\left(800t + \frac{\pi}{2}\right)\,\mathrm{V}$$

用相量表示时，有

$$\dot{U}_{12}=j\omega M\dot{I}_2=\frac{100}{\sqrt{2}}\angle\frac{\pi}{2}$$

4.2 含有互感电路的分析计算

在计算具有互感的正弦电流电路时，仍可采用相量法，KCL 的形式仍然不变，但在 KVL 的表达式中，应计入由于互感的作用而引起的互感电压。当某些支路具有互感时，这些支路的电压将不仅与本支路电流有关，同时还将与那些与之有互感关系的支路电流有关，这种情况类似于含有电流控制电压源（CCVS）的电路。在进行具体的分析计算时，应当充分注意因互感的作用而出现的一些特殊问题。

4.2.1 互感线圈串联

先分析具有互感的两线圈的串联电路，线圈 1 的自感为 L_1，电阻为 R_1；线圈 2 的自感为 L_2，电阻为 R_2；两线圈的互感为 M。图 4.5a 的接法称为顺接，电流是从两线圈的同名端流进（或流出），加上正弦电压 u，其相量表示为 $\dot{U}$，则线圈 1 的电压为

$$\dot{U}_1=R_1\dot{I}+j\omega L_1\dot{I}+j\omega M\dot{I} \tag{4-13}$$

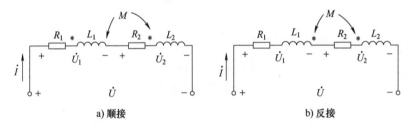

a) 顺接 b) 反接

图 4.5 互感线圈的串联

线圈 2 的电压为

$$\dot{U}_2=R_2\dot{I}+j\omega L_2\dot{I}+j\omega M\dot{I} \tag{4-14}$$

总电压为

$$\dot{U}=\dot{U}_1+\dot{U}_2=[(R_1+R_2)+j\omega(L_1+L_2+2M)]\dot{I} \tag{4-15}$$

它的等效阻抗为

$$Z=(R_1+R_2)+j\omega(L_1+L_2+2M) \tag{4-16}$$

相当于一个电阻为 $R=R_1+R_2$、电感为 $L=L_1+L_2+2M$ 的电感线圈。它的等效电感 $L>L_1+L_2$，这是由于两个线圈产生的磁通互相加强所致。

图 4.5b 的接法称为反接，电流对一个线圈是从同名端流进（流出），而对另一线圈是从异名端流进（流出），则

$$\dot{U}_1=R_1\dot{I}+j\omega L_1\dot{I}-j\omega M\dot{I} \tag{4-17}$$

$$\dot{U}_2=R_2\dot{I}+j\omega L_2\dot{I}-j\omega M\dot{I} \tag{4-18}$$

$$\dot{U}=\dot{U}_1+\dot{U}_2=[(R_1+R_2)+j\omega(L_1+L_2-2M)]\dot{I} \tag{4-19}$$

等效阻抗为

$$Z = (R_1 + R_2) + j\omega(L_1 + L_2 - 2M) \tag{4-20}$$

等效电感 $L = L_1 + L_2 - 2M < L_1 + L_2$，这是由于两个线圈产生的磁通互相削弱所致。

4.2.2 互感线圈并联

现在来研究两个具有互感的线圈的并联情况。如图 4.6a 所示，同名端在同一侧称为同侧并联，在正弦电流情况下有

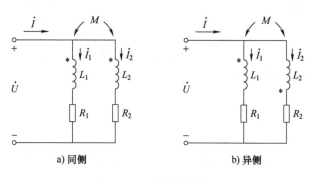

图 4.6 互感线圈的并联

$$\dot{U} = (R_1 + j\omega L_1)\dot{I}_1 + j\omega M\dot{I}_2 = Z_1\dot{I}_1 + Z_M\dot{I}_2 \tag{4-21}$$

$$\dot{U} = (R_2 + j\omega L_2)\dot{I}_2 + j\omega M\dot{I}_1 = Z_2\dot{I}_2 + Z_M\dot{I}_1 \tag{4-22}$$

因为 $\dot{I} = \dot{I}_1 + \dot{I}_2$，用 $\dot{I}_2 = \dot{I} - \dot{I}_1$ 代入式（4-21），用 $\dot{I}_1 = \dot{I} - \dot{I}_2$ 代入式（4-22），得

$$\dot{U} = Z_M\dot{I} + (Z_1 - Z_M)\dot{I}_1, \quad \dot{U} = Z_M\dot{I} + (Z_2 - Z_M)\dot{I}_2 \tag{4-23}$$

根据式（4-23）可画出图 4.6 的等效电路如图 4.7a 所示，显然，有互感耦合的图 4.6a 电路，可以用无互感耦合的等效电路图 4.7a 来代替，这种处理方法称为互感消去法或去耦法。

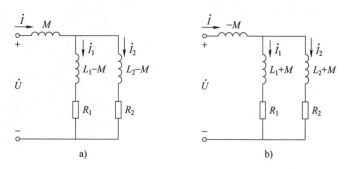

图 4.7 图 4.6 的去耦等效电路

根据图 4.7a，直接利用复阻抗串并联的计算法，可得等效复阻抗为

$$Z_{eq} = \frac{\dot{U}}{\dot{I}} = Z_M + \frac{(Z_1 - Z_M)(Z_2 - Z_M)}{Z_1 + Z_2 - 2Z_M} = \frac{Z_1 Z_2 - Z_M^2}{Z_1 + Z_2 - 2Z_M} \tag{4-24}$$

在 $R_1 = R_2 = 0$ 的情况下，上式变为

$$L_{eq} = \frac{L_1 L_2 - Z_M^2}{L_1 + L_2 - 2Z_M} \tag{4-25}$$

其中 L_{eq} 表示具有互感 M 的电感 L_1 与 L_2 并联后的等效电感。

如果线圈的异名端连在同一侧，如图 4.6b 所示，称为异侧并联，它的等效电路如图 4.7b 所示，等效阻抗为

$$Z_{eq} = \frac{Z_1 Z_2 - Z_M^2}{Z_1 + Z_2 + 2Z_M} \tag{4-26}$$

在 $R_1 = R_2 = 0$ 的情况下，上式成为

$$L_{eq} = \frac{L_1 L_2 - Z_M^2}{L_1 + L_2 + 2Z_M} \tag{4-27}$$

对具有互感耦合的电路，将互感电压的作用看作是电流控制的电压源，就可以用含有受控源的电路模型来等效。图 4.6a 所示并联电路的受控源电路模型如图 4.8 所示。

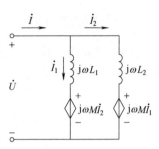

图 4.8 用受控源构成的
图 4.6a 电路的等效模型

4.3 变压器及其
工作原理

4.3 变压器的结构和工作原理

变压器是一种最常见的电气设备，在电力系统和电子线路中起着重要的作用。它的主要功能是利用电磁感应原理，将一定数值的交流电压转换为同频率的另一数值交流电压，起到能量传递的作用。随着社会现代化的发展，电能的利用率不断地提高。在电力系统中，在输电方面当输送的电功率及负载的功率因数一定时，根据 $P = UI\cos\varphi$，提高电压值，就可以减小电流值。这不仅可以减少线路自身的功率损耗，还可以减小输电线的截面积，节省材料。我国普遍采用 220kV、500kV 等高压进行电能的长距离传输，而由发电站（厂）发出的交流电，由于受绝缘材料和制造工艺的限制，发电机的输出电压不可能太高，一般最高不超过 18kV，必须用升压变压器将电压升高。而在用电方面，电能传送到用电区域后为了配合用电设备的需要及保证用电的安全，必须采用低压配电的方式，要利用降压变压器将电压降低。在电力系统中能够实现高低压变换的变压器称作电力变压器，电力变压器是实际使用中应用最为广泛的一种变压器。图 4.9 所示的油浸式变压器是电力变压器中最常见的一种。

图 4.9 油浸式变压器

在电子线路中，变压器还有耦合电路、传递信号、实现阻抗匹配的功能。变压器的种类很多，但其构造及工作原理基本上是相同的。

4.3.1 变压器的结构

变压器是含有两个或多个磁耦合线圈的实际装置，它利用互感来实现从一个电路向另一个电路传输能量或信号，一般变压器的线圈都绕在一个具有高磁导率的磁心上。例如，电力变压器的磁心是由硅钢片叠成，理想变压器是在一定的近似条件下得出的铁心变压器的近似模型。如图 4.10 所示，变压器主要由铁心和绕组两部分组成。

铁心主要起到固定变压器绕组和其他组成部分的骨架作用，是变压器主磁通经过的路径。为减少铁心损耗和提高磁路导磁性，铁心一般由薄硅钢片叠成，片间彼此绝缘。绕组是变压器的电路组成部分；有铜线和铝线两种，导线外面均包有绝缘材质。和电源相连的称为一次绕组，和与负载相连的称为二次绕组，按照一、二次绕组的排列方式又分为同心式和交叠式两种。与电源相连的线圈叫作一次线圈，与负载相连的线圈叫作二次线圈。

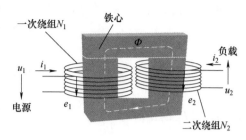

图 4.10　单相变压器结构示意图

4.3.2　变压器的工作原理

如图 4.10 所示，单相变压器由闭合铁心和一、二次绕组构成，两个绕组实际上是套在同一个铁心柱上的，为分析方便，将两个绕组分别画在铁心的两侧。一次绕组匝数为 N_1，二次绕组匝数为 N_2。通常变压器一次侧的相关参数下脚标加注"1"，二次侧的相关参数下脚标加注"2"。

当一次绕组两端施加电源电压 u_1 时，一次绕组中便有交流电流 i_1 流过，i_1 在变压器铁心中产生了交变磁通 Φ（仅在铁心中流通，称为主磁通）和漏磁通 $\Phi_{1\sigma}$，交变磁通的频率与外加电源电压频率相同。该交变磁通同时穿过一次绕组和二次绕组，并且在一次绕组中产生感应电势 e_1，在二次绕组中产生感应电势 e_2，当变压器二次侧外接负载时，e_2 就会在二次绕组中产生电流 i_2，并在负载两侧得到输出电压 u_2。

总之，变压器的工作原理实质就是：利用电磁感应原理，将一次绕组从电源吸收的电能量转变为磁场能量，然后再经磁场将磁能转变为二次绕组中的电能，传递给所连接的负载，从而实现能量的传递。

在分析变压器的工作原理之前，为便于进行分析计算，首先做下列假设：

1）一次绕组和二次绕组的电阻均为零，磁心在反复磁化过程中也没有功率损耗，因而变压器本身没有能量损耗。

2）一、二次绕组间的耦合系数 $k=1$。

3）磁心的磁导率 $\mu \to \infty$，所以一、二次绕组的自感 L_1 和 L_2 及它们间的互感 M 均趋向无穷大。

符合上列条件的变压器为理想变压器，图 4.11a 是理想变压器的示意图，电路图形符号如图 4.11b 所示。

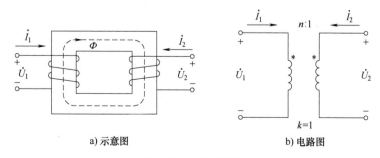

a) 示意图　　　　　　　　　b) 电路图

图 4.11　理想变压器

根据假设 2），即两个线圈间全耦合的情形：$\Phi_{11}=\Phi_{21}$，$\Phi_{22}=\Phi_{12}$，所以

$$L_1=\frac{N_1\Phi_{11}}{i_1}=\frac{N_1}{N_2}\frac{N_2\Phi_{21}}{i_1}=\frac{N_1}{N_2}M \tag{4-28}$$

$$L_2=\frac{N_2\Phi_{22}}{i_2}=\frac{N_2}{N_1}\frac{N_1\Phi_{12}}{i_2}=\frac{N_2}{N_1}M \tag{4-29}$$

因此 L_1 与 L_2 的比值为

$$\frac{L_1}{L_2}=\left(\frac{N_1}{N_2}\right)^2=n^2 \quad \text{或} \quad \sqrt{\frac{L_1}{L_2}}=\frac{N_1}{N_2}=n \tag{4-30}$$

匝数比 n 称为理想变压器的变比。

接下来以单相变压器为例讨论论理想变压器一、二次绕组的电压、电流和阻抗的关系。

1. 电压变换作用

按图 4.11b 中各电压、电流的参考方向及同名端，两个回路方程为

$$\dot{U}_1=\mathrm{j}\omega L_1\dot{I}_1+\mathrm{j}\omega M\dot{I}_2$$

$$\dot{U}_2=\mathrm{j}\omega M\dot{I}_1+\mathrm{j}\omega L_2\dot{I}_2$$

因为 $k=1$，即 $M=\sqrt{L_1L_2}$，代入回路方程，可得

$$\dot{U}_1=\mathrm{j}\omega(L_1\dot{I}_1+\sqrt{L_1L_2}\dot{I}_2)=\mathrm{j}\omega\sqrt{L_1}(\sqrt{L_1}\dot{I}_1+\sqrt{L_2}\dot{I}_2)$$

$$\dot{U}_2=\mathrm{j}\omega(\sqrt{L_1L_2}\dot{I}_1+L_2\dot{I}_2)=\mathrm{j}\omega\sqrt{L_2}(\sqrt{L_1}\dot{I}_1+\sqrt{L_2}\dot{I}_2)$$

所以，两线圈电压的比值为

$$\frac{\dot{U}_1}{\dot{U}_2}=\frac{\sqrt{L_1}}{\sqrt{L_2}}=\frac{N_1}{N_2}=n \tag{4-31}$$

即两线圈电压之比等于线圈的匝数比，或电压与匝数成正比。如果 $\dot{U}_1$（或 $\dot{U}_2$）的参考方向与图 4.11b 相反，或任一同名端的位置发生改变，那么式（4-31）的比值将为负值。

2. 电流变换作用

从电路图 4.11 有

$$\dot{U}_1=\mathrm{j}\omega L_1\dot{I}_1+\mathrm{j}\omega M\dot{I}_2$$

所以

$$\dot{I}_1=\frac{\dot{U}_1}{\mathrm{j}\omega L_1}-\frac{M}{L_1}\dot{I}_2=\frac{\dot{U}_1}{\mathrm{j}\omega L_1}-\sqrt{\frac{L_2}{L_1}}\dot{I}_2$$

根据假设 3），$L_1\rightarrow\infty$ 以及 $\sqrt{\dfrac{L_1}{L_2}}=n$，有

$$\dot{I}_1=-\sqrt{\frac{L_2}{L_1}}\dot{I}_2 \tag{4-32}$$

即

$$\frac{\dot{I}_1}{\dot{I}_2}=-\frac{1}{n} \tag{4-33}$$

上式表明变压器一、二次绕组的电流之比近似等于它们的匝数比的倒数。如果 $\dot{I}_1$（或 $\dot{I}_2$）的参考方向与图 4.11b 相反，或任一同名端的位置发生改变，那么式（4-33）的比值将为正值。

3. 阻抗变换作用

理想变压器除了变换电压和电流外，还可以用来变换阻抗。如果在二次侧接上复阻抗 Z，则从一次侧看进去的入端阻抗将是（见图 4.12）

$$Z' = \frac{\dot{U}_1}{\dot{I}_1} = \frac{n\dot{U}_2}{\frac{1}{n}\dot{I}_2} = n^2\left(\frac{\dot{U}_2}{\dot{I}_2}\right) = n^2 Z \tag{4-34}$$

由上式可知变压器一次侧的等效阻抗，为二次侧所带负载的阻抗模的 n^2 倍。利用变压器采用不同的匝数比，可把负载阻抗变换为所需要的合适的数值，这就是阻抗匹配。在电子线路中，常利用变压器阻抗匹配实现最大输出功率，称之为阻抗变换器或输出变压器。

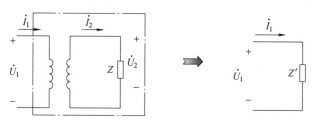

图 4.12　负载阻抗的等效变换

例 4.2　设音频放大器的内阻抗 $Z_i = 4000\Omega$，扬声器的阻抗 $Z = 8\Omega$。将音频功率放大器的输出接到扬声器上，为了达到阻抗匹配实现最大功率输出，需要接入变压器。试求该变压器的匝数比 n。

解：根据阻抗匹配要求 $Z' = n^2 Z = 4000\Omega$ 时，达到最大输出功率，则变压器的匝数比为

$$n = \sqrt{\frac{Z_i}{Z}} = \sqrt{\frac{4000}{8}} = 22.36$$

在工程上为了使实际变压器的性能接近理想变压器，常采用两方面的措施：①尽量采用具有高磁导率的铁磁材料做芯子；②尽量使每个线圈紧密耦合，使耦合系数 k 接近 1，并在保持变比不变的前提下，尽量增加一、二次侧的匝数。

4.4　其他变压器

本节介绍几种特殊用用途的变压器：空心变压器、自耦变压器、电压互感器、电流互感器。

4.4.1　空心变压器

空心变压器的两个线圈绕在非铁磁材料制成的芯子上，它在高频电路和测量仪器中获得广泛的应用。

图 4.13 是空心变压器的电路模型，一次侧有电阻 R_1 和电感 L_1，二次侧有电阻 R_2 和电感 L_2，两线圈的互感 M。负载的电阻和电抗为 R_L、X_L。

现讨论空心变压器一、二次绕组的等效电路，按图 4.13 中各电压、电流的参考方向及同名端，两个回路方程为

$$\dot{U}_1 = (R_1 + j\omega L_1)\dot{I}_1 - j\omega M\dot{I}_2$$

$$0 = -j\omega M\dot{I}_1 + (R_2 + j\omega L_2 + R_L + jX_L)\dot{I}_2$$

令一次回路的复阻抗 $Z_{11} = R_1 + j\omega L_1$；二次回路的复阻抗 $Z_{22} = R_2 + R_L + j\omega L_2 + jX_L$；互感阻抗 $Z_M = j\omega M = jX_M$。将它们代入回路方程，得

$$\dot{U}_1 = Z_{11}\dot{I}_1 - Z_M\dot{I}_2$$

$$0 = -Z_M\dot{I}_1 + Z_{22}\dot{I}_2$$

解得

$$\dot{I}_1 = \frac{Z_{22}\dot{U}_1}{Z_{11}Z_{22} - Z_M^2} = \frac{\dot{U}_1}{Z_{11} + \dfrac{\omega^2 M^2}{Z_{22}}}$$

从一次侧看进去的输入阻抗为

$$Z_{\mathrm{in}} = \frac{\dot{U}_1}{\dot{I}_1} = Z_{11} + \frac{\omega^2 M^2}{Z_{22}} \tag{4-35}$$

空心变压器一次侧的等效电路如图 4.14 所示。该电路中除了一次回路阻抗外，还有阻抗 $\omega^2 M^2 / Z_{22}$，称为引入阻抗。它表现了二次侧对一次侧的影响。

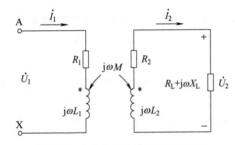

图 4.13　空心变压器的电路模型

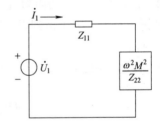

图 4.14　空心变压器一次侧的等效电路

当二次绕组开路时，$Z_{22} \to \infty$，$\dot{I}_2 = 0$，一次绕组中没有互感电压，即二次绕组对一次绕组不产生任何影响，这时 $Z_{\mathrm{in}} = Z_{11}$；当二次绕组接通负载时，二次的作用是在一次侧增加了一个引入阻抗（$\omega^2 M^2 / Z_{22}$），用 Z_l 表示。

$$
\begin{aligned}
Z_l &= \frac{\omega^2 M^2}{Z_{22}} = \frac{\omega^2 M^2}{R_{22} + jX_{22}} \\
&= \frac{\omega^2 M^2 R_{22}}{R_{22}^2 + X_{22}^2} - \frac{j\omega^2 M^2 X_{22}}{R_{22}^2 + X_{22}^2} \\
&= R_l + jX_l
\end{aligned}
\tag{4-36}
$$

式中，R_l 和 X_l 分别称为引入电阻和引入电抗，且

$$R_l = \frac{\omega^2 M^2 R_{22}}{R_{22}^2 + X_{22}^2}, X_l = \frac{j\omega^2 M^2 X_{22}}{R_{22}^2 + X_{22}^2} \tag{4-37}$$

例 4.3　在图 4.15a 所示的电路中，已知 $U_1 = 10\mathrm{V}$，$\omega = 10^6 \mathrm{rad/s}$，$L_1 = L_2 = 0.1\mathrm{mH}$，$M = 0.02\mathrm{mH}$，$C_1 = C_2 = 0.01\mu\mathrm{F}$，$R_1 = 10\Omega$，要使负载 R_2 的功率最大，问 R_2 应为何值；并求此时最大功率。

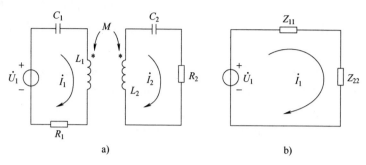

图 4.15 例 4.3 的图

解： 本题因 $\omega L_1 = \omega L_2 = \dfrac{1}{\omega C_1} = \dfrac{1}{\omega C_2}$，一次和二次电抗都等于零，$Z_{11} = R_1 = 10\Omega$，$Z_{22} = R_2$，所以引入电抗等于零。将图 4.12a 转换成一次侧等效电路 4.15b，则

$$Z_l = \frac{\omega^2 M^2}{Z_{22}} = \frac{\omega^2 M^2}{R_2} = \frac{400\Omega^2}{R_2} = R_l$$

从电源获得最大功率的条件是 $R_1 = R_l$，即

$$10\Omega = \frac{400\Omega^2}{R_2}, \quad R_2 = 40\Omega$$

所以一次电流为

$$\dot{I}_1 = \frac{10\angle 0°}{10+10}\text{A} = 0.5\angle 0°\text{A}$$

故电阻 R_2 吸收的最大功率为

$$P_{\text{max}} = I_1^2 R_l = 0.5^2 \times 10\text{W} = 2.5\text{W}$$

4.4.2　自耦变压器

普通变压器是一次绕组和二次绕组绕制在铁心柱上，彼此绝缘，互相之间没有直接电信号联系，只有磁的关系，通过电磁感应原理工作。而自耦变压器（降压）不同，它只有一个绕组，二次绕组是一次绕组的一部分，如图 4.16 所示。由图 4.17 可见，自耦变压器同普通变压器不一样，它的一次绕组和二次绕组之间既有磁路联系，又有直接电信号的联系。

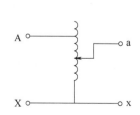

图 4.16　自耦变压器原理图

图 4.17　实验室中单相和三相调压器的实物图

和额定容量相同的普通变压器相比，自耦变压器体积小，节省了原材料和投资费用，损耗小、效率高，主要用于联系不同电压等级的电力系统。在专业实验室中常见的是可调式自耦变压器。

值得指出的是，当自耦变压器工作时，必须安装保护装置，避免高压侧发生故障的时候直接影响到低压侧。三相自耦变压器中，中性点必须可靠接地。

同普通变压器一样，当自耦变压器一次绕组外接工频正弦电压时，会在铁心中产生交变磁通 ϕ，该磁通在一次绕组和二次绕组中分别产生了感应电动势 e_1 和 e_2，自耦变压器的电压比可以表示为

$$n = \frac{e_1}{e_2} = \frac{U_1}{U_2} = \frac{N_1}{N_2}$$

在分析自耦变压器时，特别要注意的是虽然自耦变压器结构和普通变压器不同，但是磁动势的关系却没有改变。自耦变压器具有以下优缺点：

优点：额定容量相同时，自耦变压器与双绕组变压器相比，其单位容量所消耗的材料少，变压器的体种小、造价低，而且铜耗和铁耗都小，因而效率较高。

缺点：由于一、二次共用一个绕组，因此当高压侧遭受过电压时，会波及低压侧。

还要强调的是自耦调压器不能当作安全变压器来使用。

4.4.3　电压互感器

普通仪器在测量高电压、大电流信号时往往容易发生损坏，同时可能危害到测量人员的人身安全，所以这两种情况下，均需要对被测量的电压或电流信号先进行变换，于是应运而生出了能够实现电压和电流信号变换的装置——电压互感器和电流互感器，统称为**仪用互感器**。

电压互感器实际上就是一台降压变压器，所以其结构和单相变压器一样，其接线图如图 4.18 所示。由图 4.18 中可以看出，电压互感器的一次绕组接在被测量的高电压上，二次绕组则通过具有很大内阻的电压表形成回路，由于电压表的内阻非常大，所以实际上此时的互感器相当于工作在开路状态，也就是空载运行状态。

和前面分析的普通变压器空载运行情况一样，电压互感器的电压比为

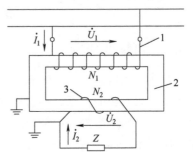

图 4.18　电压互感器的接线图

1——次绕组　2—铁心　3—二次绕组

$$n = \frac{e_1}{e_2} = \frac{U_1}{U_2} = \frac{N_1}{N_2}$$

由于 $N_1 \gg N_2$，所以 n 总是大于 1 的。要想知道被测量的高电压数值，只要读出二次绕组所并联的电压表读数，再乘上电压比 n 就可以了。

电压互感器在使用时应该注意以下问题：

1）电压互感器的二次绕组不允许短路，否则会产生很大的短路电流，损坏互感器的绕组。

2）电压互感器的二次绕组和铁心必须可靠接地，以保证安全。

3）当所测量的电压值一定时，二次负载的阻抗值不能太小，否则负载上所流经的电流过大，影响互感器的测量精度。

4.4.4　电流互感器

电流互感器实际上就是一台升压变压器，其结构和单相变压器一样，如图 4.19 所示。由图 4.19 中可以看出，电流互感器的一次绕组接在被测量的高电流回路中，二次绕组则串接电流表形成回路，但是由于电流表的内阻非常小，所以实际上此时的互感器相当于工作在短路状态，也就是一台工作在短路状态的升压变压器。

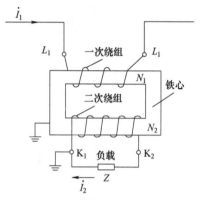

和前面分析的普通变压器空载运行情况一样，电流互感器的变比为

$$n = \frac{e_1}{e_2} = \frac{U_1}{U_2} = \frac{N_1}{N_2} = \frac{I_2}{I_1}$$

由于 $N_1 \ll N_2$，所以 n 总是小于 1 的。要想知道被测量的电流数值，只要读出二次绕组所串联的电流表读数，再除以变比 n 就可以了。

图 4.19　电流互感器的接线图

早期的显示仪表大部分是指针式的电流电压表，所以电流互感器的二次电流大多数是安培级的（如 5A 等）。而现在的电量测量大多采用数字仪表，而计算机的采样信号一般为毫安级（0~5V、4~20mA 等），所以微型电流互感器二次电流一般为毫安级。

电流互感器在使用时应该注意以下问题：

1）二次绕组侧不允许开路。当二次绕组侧开路时，电流互感器就等同于变压器空载运行状况，一次绕组流经的电流就全部成为励磁电流，使铁心中的磁通迅速增加。不但会使铁心过热损坏，同时会在二次绕组侧产生很高的电动势，击穿绝缘设备，危及操作人员的生命安全，所以在使用或者更换电流表时，二次绕组必须先短路。

2）电流互感器的二次绕组和铁心必须可靠接地，以保证安全。

3）二次绕组侧所接仪表阻抗必须很小，否则会产生较大的阻抗压降，影响测量精度。

习　　题

4-1　列出图 4.20 所示电路 u_1 和 u_2 的表达式。

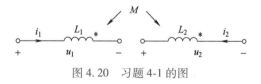

图 4.20　习题 4-1 的图

4-2　图 4.21a 电路中，已知 $i_1(t)$ 和 $i_2(t)$ 波形如图 4.21b 、4.21c 所示，试画出 $u_1(t)$ 和 $u_2(t)$ 的波形。

4-3　试标出图 4.22 所示各对线圈的同名端。

4-4　将两个线圈串联起来接到 50Hz、220V 的正弦电源上。顺接时得电流 $I = 2.7A$，吸收的功率为 218.7W；反接时电流为 7A。求互感 M。

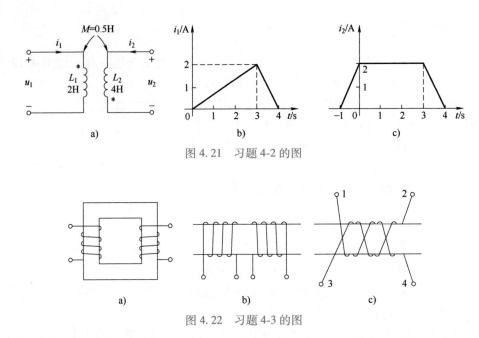

图 4.21　习题 4-2 的图

图 4.22　习题 4-3 的图

4-5　已知电源的角频率 $\omega = 100\,\text{rad/s}$，求图 4.23 中电流 $\dot{I}_1$ 和 $\dot{I}_2$。

4-6　求图 4.24 中负载电阻 10Ω 两端电压 $\dot{U}$。若将电流源改为 $\dot{U}_{\text{s}} = 2\angle 0°\text{V}$ 的电压源，负载电阻两端的电压为多少？

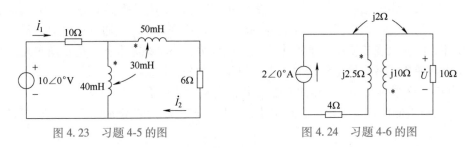

图 4.23　习题 4-5 的图　　　　　　图 4.24　习题 4-6 的图

4-7　求图 4.25 所示电路中 5Ω 电阻上的电压 $\dot{U}$。

4-8　已知图 4.26 中电源电压 $\dot{U} = 12\sin(3t - 60°)\text{V}$。求变压器电路的输出电压 $\dot{U}_0$ 和输入电压 $\dot{U}$ 的幅值比和相位差。

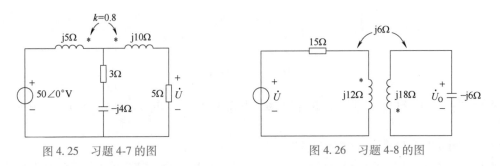

图 4.25　习题 4-7 的图　　　　　　图 4.26　习题 4-8 的图

4-9　图 4.27 所示为一变压器电路。已知 $\omega L_1 = 1000\Omega$，$\omega L_2 = 4000\Omega$，$\omega M = 1200\Omega$，$R_1 = 200\Omega$，$R_2 =$

800Ω，$R=1000\Omega$。求变压器二次至一次的引入阻抗以及变压器的输入阻抗。

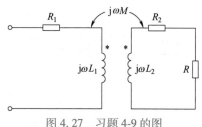

图 4.27　习题 4-9 的图

4-10　有一台单相变压器，额定容量 $S_N = 500\text{kV} \cdot \text{A}$，额定电压 $U_{1N}/U_{2N} = 10\text{kV}/0.4\text{kV}$，求一次侧和二次侧的额定电流。

4-11　有一台降压变压器，一次电压为 380V，二次电压为 36V，如果接入一个 36V、60W 的灯泡，求：

（1）一、二次绕组电流各是多少？

（2）一次侧的等效电阻是多少？（灯炮看成纯电阻）

4-12　一单相变压器，一次绕组匝数 $N_1 = 867$，电阻 $R_1 = 2.45\Omega$，漏电抗 $X_1 = 3.80\Omega$；二次绕组匝数 $N_2 = 20$，电阻 $R_2 = 0.0062\Omega$，漏电抗 $X_2 = 0.0095\Omega$。设空载和负载时 Φ_m 不变，且 $\Phi_m = 0.0518\text{Wb}$，$U_1 = 10000\text{V}$，$f = 50\text{Hz}$。空载时，$\dot{U}_1$ 超前于 $\dot{E}_1$ 180.2°，负载阻抗 $Z_L = (0.0038 - \text{j}0.0015)\Omega$。求：

（1）电动势 E_1 和 E_2。

（2）空载电流 I_0。

（3）负载电流 I_2 和 I_1。

第5章　三相交流电路

在线测试
自测与练习5

由于三相交流电路有着许多技术和经济上的优点，它的应用十分广泛。大部分生活用电和工业用电都采用交流电；绝大多数电力系统采用三相交流电路来产生和传输电能。这表现在几乎所有的发电厂都用三相交流发电机，绝大多数的输电线都是三相输电线，而且电气设备中三相交流电动机占大部分。

本章要点

1）理解三相交流电路的基本概念和主要参数的定义。
2）掌握负载星形联结和三角形联结的参数计算。
3）掌握三相交流电路功率的计算和测量。

5.1 三相交流电路
的基本概念

5.1　三相交流电路的基本概念

三相电路是电路分析法在工程方面的一个重要的应用实例，它实质上是复杂交流电路的一种特殊类型。

三相交流发电机结构如图5.1a所示，三相定子绕组空间120°对称分布，带有励磁线圈的转子在外力的作用下旋转，三相定子绕组切割转子产生的磁力线，产生感应电动势，形成三相电源。三相电源是具有3个频率相同、幅值相等，初相位依次相差120°的正弦电压源组成，如图5.1b所示，按一定方式连接而成，这组电压源称为对称三相电源。用三相电源供电的电路就称为三相交流电路。工程上把三相电源的参考正极分别标计为A、B、C，负极分别标记为X、Y、Z。

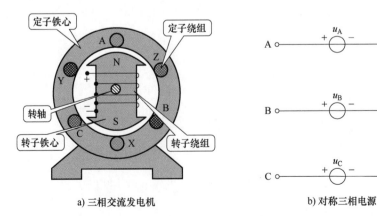

a) 三相交流发电机　　　　　　　　　　b) 对称三相电源

图5.1　三相电压的产生

若取 A 相为参考正弦量，则瞬时表达式为

$$\begin{cases} u_A = U_m \sin\omega t \\ u_B = U_m \sin(\omega t - 120°) \\ u_C = U_m \sin(\omega t - 240°) \end{cases} \tag{5-1}$$

它们的相量表达式为

$$\begin{cases} \dot{U}_A = U \angle 0° \\ \dot{U}_B = U \angle -120° = \alpha^2 \dot{U}_A \\ \dot{U}_C = U \angle -240° = U \angle 120° = \alpha \dot{U}_A \end{cases} \tag{5-2}$$

式中，α 是工程上为了方便而引入的单位相量算子，且

$$\begin{cases} \alpha = 1 \angle 120° = -\dfrac{1}{2} + j\dfrac{\sqrt{3}}{2} \\ \alpha^2 = 1 \angle 240° = 1 \angle -120° = -\dfrac{1}{2} - j\dfrac{\sqrt{3}}{2} \end{cases} \tag{5-3}$$

图 5.2a 和 5.2b 分别为对称三相电源的电压波形和相量图。

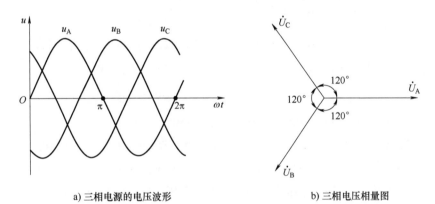

a) 三相电源的电压波形　　　　　　　　b) 三相电压相量图

图 5.2　对称三相电源的电压波形和相量图

对称三相电源的电压瞬时值之和为零，即

$$u_A + u_B + u_C = 0 \tag{5-4}$$

或

$$\dot{U}_A + \dot{U}_B + \dot{U}_C = 0 \tag{5-5}$$

三相电源中，各相电压经过同一值（例如最大值）的先后次序称为三相电源的**相序**。在图 5.2b 中，假设把 A 相作为第一相、B 相作为第二相、C 相作为第三相，如果 A 相比 B 相领先 120°、B 相又比 C 相领先 120°，那么通常称这种 A-B-C 相序为**正序或顺序**。相反，如果第一相滞后于第二相、第二相滞后于第三相，那么称这种相序为**负序或逆序**。通常如无特别说明，三相电源都认为是正序。在实际工作中，人们可以改变三相电源的相序来改变三相交流电动机的旋转方向。

对称三相电源以一定方式连接起来就形成三相电路的电源。通常的联结方式是**星形联结**（也称Y联结）和**三角形联结**（也称△联结）。

把对称三相电源的负极 X，Y，Z 连在一起，如图 5.3 所示，就形成了对称三相电源的

星形联结。X，Y，Z 连在一起形成的节点称为对称三相电源的**中性点**，用 N 表示。从中点 N 引出的导线称为**中性线（俗称零线）**。从三个电源的正极 A，B，C 引出的三条输电线称为**相线（俗称火线）**。

线电流：流过相线的电流，用 i_A，i_B，i_C 表示。如果三相电流对称，用 i_1 表示。

线电压：两条相线之间的电压，用 u_{AB}，u_{BC}，u_{CA} 表示。如果是对称三相电源，可用 u_1 表示。

相电流：流过电源每相绕组的电流，用 i_{NA}，i_{NB}，i_{NC} 表示。如果三相电流对称，可用 i_p 表示。

相电压：三相电源每一相绕组两端之间的电压，用 u_A，u_B，u_C 表示。如果是对称三相电源，可用 u_p 表示。

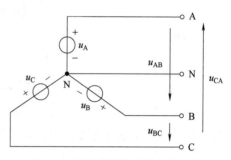

图 5.3 星形联结的对称三相电源

下面讨论星形联结的对称三相电源的线电压与相电压的关系。由图 5.4 得

$$
\begin{cases} u_{AB}=u_A-u_B \\ u_{BC}=u_B-u_C \\ u_{CA}=u_C-u_A \end{cases} \quad 或 \quad \begin{cases} \dot{U}_{AB}=\dot{U}_A-\dot{U}_B \\ \dot{U}_{BC}=\dot{U}_B-\dot{U}_C \\ \dot{U}_{CA}=\dot{U}_C-\dot{U}_A \end{cases} \tag{5-6}
$$

如设 $\dot{U}_A=U\angle 0°$，$\dot{U}_B=U\angle -120°$，$\dot{U}_C=U\angle 120°$，即 A-B-C 相序是正序，则有

$$
\begin{cases} \dot{U}_{AB}=U\angle 0°-U\angle -120°=\sqrt{3}\,U\angle 30°=\sqrt{3}\,\dot{U}_A\angle 30° \\ \dot{U}_{BC}=U\angle -120°-U\angle 120°=\sqrt{3}\,U\angle -90°=\sqrt{3}\,\dot{U}_B\angle 30° \\ \dot{U}_{CA}=U\angle 120°-U\angle 0°=\sqrt{3}\,U\angle 150°=\sqrt{3}\,\dot{U}_C\angle 30° \end{cases} \tag{5-7}
$$

从式（5-7）结果可以看出，对称星形联结的三相电源的线电压也是对称的。线电压的有效值（用 U_1 表示）是相电压有效值（用 U_p 表示）的 $\sqrt{3}$ 倍，即 $U_1=\sqrt{3}\,U_p$，它们的相位分别超前各自对应的相电压 30°，各线电压之间的相位差为 120°。它们的相量关系如图 5.4 所示。

显然，根据 KCL，对星形联结的三相电源来说，线电流等于相电流，即 $I_1=I_p$。

图 5.3 所示的供电方式称为**三相四线制**（3 条相线和 1 条中性线），如果没有中性线，就称为**三相三线制**。

将对称三相电源中的 3 个单相电源首尾相接，即 X 与 B、Y 与 C、Z 与 A 相接形成一个回路，如图 5.5 所示。由 3 个连接点引出 3 条相线就形成三角形联结的对称三相电源。必须注意，在上述正确联结的情况下，因为 $\dot{U}_A+\dot{U}_B+\dot{U}_C=0$，所以回路中不会有电流。但若有一相电源极性接反，那么三相电源电压之和不为零，回路中将会有很大的环形电流，将造成严重后果。

三角形联结的对称三相电源，只有 3 条相线，没有中性线，它是三相三线制。显然，三角形联结的对称三相电源，线电压等于相电压，即 $U_1=U_p$，但线电流不等于相电流。

$$
\begin{cases} u_{AB}=u_A \\ u_{BC}=u_B \\ u_{CA}=u_C \end{cases} \quad 或 \quad \begin{cases} \dot{U}_{AB}=\dot{U}_A \\ \dot{U}_{BC}=\dot{U}_B \\ \dot{U}_{CA}=\dot{U}_C \end{cases} \tag{5-8}
$$

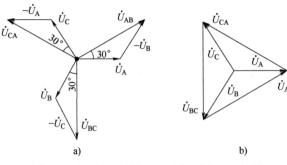

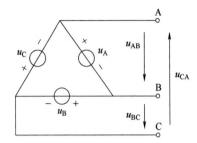

图 5.4　星形联结对称三相电源的电压相量图　　图 5.5　三角形联结的对称三相电源

例 5.1　一个三相电源，它的 A 相电压为 $\dot{U}_A = (10\sqrt{3} + j10)\,\text{V}$；B 相电压为 $\dot{U}_B = -j20\text{V}$；C 相电压 $\dot{U}_C = (-10\sqrt{3} + j10)\,\text{V}$。问该电源是否为三相对称电源。

解：将各相电压改写成极坐标形式为

$$\begin{cases} \dot{U}_A = (10\sqrt{3} + j10)\,\text{V} = 20\angle 30°\text{V} \\ \dot{U}_B = -j20\text{V} = 20\angle -90°\text{V} \\ \dot{U}_C = (-10\sqrt{3} + j10)\,\text{V} = 20\angle -210°\text{V} \end{cases}$$

可见，各相电压的幅值相等，它们的相位差为 120°，所以该电源为三相对称电源。

5.2　负载的星形联结和三角形联结

5.2 三相交流电路
负载星形和
三角形联结

由三相电源供电的负载称为三相负载。通常可将三相负载划分为两类：一类是如电灯、电烙铁等由 3 个各自独立的单相负载所组成；另一类是如三相电动机等的三相负载。

三相制中的三相负载是由 3 个负载联结成星形或三角形所组成，分别称为**负载的星形联结**和**负载的三角形联结**，如图 5.6 所示。从 A′、B′、C′向外引出三相负载的相线。每一个负载称为一相，若星形负载分别称为 A 相、B 相和 C 相负载，计为 Z_A、Z_B 和 Z_C；若三角形负载分别称为 AB 相、BC 相和 CA 相负载，计为 Z_{AB}、Z_{BC} 和 Z_{CA}。如果 3 个负载完全相同，有 $Z_A = Z_B = Z_C$ 或 $Z_{AB} = Z_{BC} = Z_{CA}$，则称为**对称三相负载**；否则，就称为**不对称三相负载**。

三相电路就是由对称三相电源和三相负载用输电线（相线）A-A′、B-B′、C-C′连接起来所组成的系统。工程上可以根据实际需要组成多种类型，如星形-星形系统（简称丫-丫联结的三相制），星形-三角形系统（简称丫-△联结的三相制），三角形-星形系统（简称△-丫联结的三相制），三角形-三角形系统（简称△-△联结的三相制）。

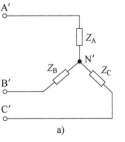

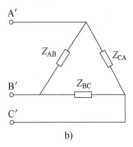

图 5.6　对称三相负载的联结

5.2.1 对称三相交流电路

对称三相电路指的是由对称三相电源和对称三相负载所组成的三相电路。三相电路实质上是复杂交流电路的一种特例，所以前面讨论的正弦电流电路的分析方法对三相电路完全适用。而且对称三相电路有一些特殊规律性，了解并利用这些规律性可以使三相电路的分析计算大为简化。

首先讨论对称的三相四线制的Ｙ-Ｙ系统，如图 5.7 所示，图中 Z_l 为传输线的复阻抗，Z_N 为中性线复阻抗。

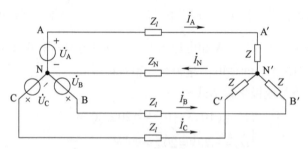

图 5.7　对称三相四线制的Ｙ-Ｙ系统

这是典型的两结点、4 条支路的结构，可以直接用节点电压法求出中性点 N′ 与 N 之间的电压。以 N 为参考节点，得

$$\dot{U}_{N'N}=\frac{\dfrac{(\dot{U}_A+\dot{U}_B+\dot{U}_C)}{Z+Z_l}}{\left(\dfrac{3}{Z+Z_l}+\dfrac{1}{Z_N}\right)} \tag{5-9}$$

因为 $\dot{U}_A+\dot{U}_B+\dot{U}_C=0$，所以 $\dot{U}_{N'N}=0$，也就是 N′ 点与 N 点同电位，因此各线电流为

$$\begin{cases} \dot{I}_A=\dfrac{\dot{U}_A-\dot{U}_{N'N}}{Z+Z_l}=\dfrac{\dot{U}_A}{Z+Z_l} \\[3mm] \dot{I}_B=\dfrac{\dot{U}_B}{Z+Z_l}=\dot{I}_A\angle-120° \\[3mm] \dot{I}_C=\dfrac{\dot{U}_C}{Z+Z_l}=\dot{I}_A\angle120° \end{cases} \tag{5-10}$$

可见，线电流（即相电流）是对称的。因此中性线电流 $\dot{I}_N=0$，即

$$\dot{I}_N=\dot{I}_A+\dot{I}_B+\dot{I}_C=0 \tag{5-11}$$

负载端的相电压分别为

$$\begin{cases} \dot{U}_{A'}=\dot{I}_A Z \\[2mm] \dot{U}_{B'}=\dot{I}_B Z=\dot{U}_{A'}\angle-120° \\[2mm] \dot{U}_{C'}=\dot{I}_C Z=\dot{U}_{A'}\angle120° \end{cases} \tag{5-12}$$

也是对称的。

由以上分析可见，对称三相Y-Y电路的一些特殊规律性：

1）由于 $\dot U_{\mathrm{N'N}}=0$，即星形的中性线点 N′点与 N 点同电位，中性线的阻抗对电路的电压、电流没有影响。在计算时为了方便，中性点 N′ 与 N 之间可以直接短接起来，每相的电流、电压仅由该相的电源和阻抗决定，形成了各相的独立性。

2）电路中任一三相电压和电流都是对称的，所以只要分析计算一相的电压和电流，其他两相的相量表达式可根据对称性质直接写出。这就是对称三相电路归结为一相计算的方法。在分析计算时，常常单独画出等效的一相电路，再用短接线把中性点 N′ 与 N 连接起来，如图 5.8 所示。注意：因为 $\dot U_{\mathrm{N'N}}=0$，所以一相电路中不包括中性线阻抗 Z_{N}。实施上，在进行对称的Y-Y三相电路计算时，不管有无中性线，所得结果是一样的。

Y-Y系统归结为一相的计算方法，原则上可以推广到其他形式的对称系统中应用。因为根据星形-三角形的等效互换，其他形式的对称系统可以变换成Y-Y三相电路来计算分析。

3）在Y-Y接法中，相电流等于线电流，负载端的线电压是相电压的 $\sqrt 3$ 倍，且超前于所对应的相电压30°。

例 5.2 图 5.9 所示的一对称三相电路，对称三相电源的相电压为 220V，对称三相负载阻抗 $Z=100\angle 30°\Omega$，输电线阻抗 $Z_l=(1+\mathrm{j}2)\,\Omega$，求三相负载的电压和电流。

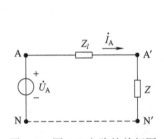

图 5.8 图 5.7 电路的单相图

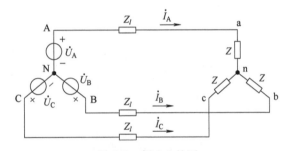

图 5.9 例 5.2 的图

解： 设 $\dot U_{\mathrm{A}}=220\angle 0°\mathrm{V}$。则 A 相的单相等效电路如图 5.10 所示。

则 A 相线电流为

$$\dot I_{\mathrm{A}}=\frac{\dot U_{\mathrm{A}}}{Z+Z_l}=\frac{220\angle 0°\mathrm{V}}{[\,100\angle 30°+(1+\mathrm{j}2)\,]\,\Omega}=\frac{220\angle 0°\mathrm{V}}{101.9\angle 30.7°\Omega}=2.159\angle -30.7°\mathrm{A}$$

根据对称性（即相位前移或后移120°）可以写出

$$\dot I_{\mathrm{B}}=2.159\angle -150.7°\mathrm{A}$$

$$\dot I_{\mathrm{C}}=2.159\angle -89.3°\mathrm{A}$$

A 相负载相电压为

$$\dot U_{\mathrm{A'N'}}=Z\dot I_{\mathrm{A}}=100\angle 30°\times 2.159\angle -30.7°\mathrm{V}=215.9\angle -0.7°\mathrm{V}$$

同样由对称性写出

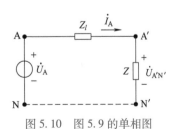

图 5.10 图 5.9 的单相图

$$\begin{cases}\dot U_{\mathrm{B'N'}}=215.9\angle -120.7°\mathrm{V}\\[2pt]\dot U_{\mathrm{C'N'}}=215.9\angle -119.3°\mathrm{V}\end{cases}$$

A、B 两相负载间的线电压为

$$\dot{U}_{A'B'} = \sqrt{3}\,\dot{U}_{A'N'} \angle 30° V = 373.9 \angle 29.3° V$$

同样由对称性写出

$$\begin{cases} \dot{U}_{B'C'} = 373.9 \angle -90.7° V \\ \dot{U}_{C'A'} = 373.9 \angle 149.3° V \end{cases}$$

此例仍为Y联结三相电路，只不过每相阻抗由 Z_l 与 Z 串联组成。计算时仍可用一相等效电路进行计算。但应注意，此电路里负载的相电压、线电压与电源的相电压、线电压是不相等的，原因是输电线上有压降。

Y-△电路的负载端如图5.11所示（电源端省略），对称三相负载以三角形方式联结时，由于各相负载都接在电源的线电压之间，所以负载的相电压与线电压相等，但相电流和线电流是不相等的。负载的相电流分别为

$$\dot{I}_{AB} = \frac{\dot{U}_{AB}}{Z} \qquad \dot{I}_{BC} = \frac{\dot{U}_{BC}}{Z} \qquad \dot{I}_{CA} = \frac{\dot{U}_{CA}}{Z} \qquad (5\text{-}13)$$

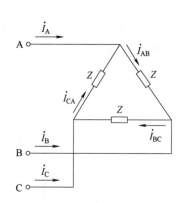

图 5.11　负载为三角形联结的电路

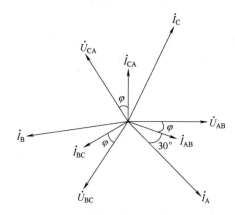

图 5.12　三角形负载的电压和电流相量图

设负载 Z 为感性负载，辐角为 φ，由于三相负载对称，设 $\dot{U}_{AB}$ 的初相为 $0°$，故有

$$\dot{I}_{AB} = I \angle -\varphi \qquad \dot{I}_{BC} = I \angle (-120° - \varphi) \qquad \dot{I}_{CA} = I \angle (120° - \varphi)$$

负载的线电流根据基尔霍夫电流定律分别有

$$\begin{cases} \dot{I}_A = \dot{I}_{AB} - \dot{I}_{CA} = \sqrt{3}\,I \angle (-\varphi - 30°) = \sqrt{3}\,\dot{I}_{AB} \angle -30° \\ \dot{I}_B = \dot{I}_{BC} - \dot{I}_{AB} = \sqrt{3}\,I \angle (-120° - \varphi - 30°) = \sqrt{3}\,\dot{I}_{BC} \angle -30° \\ \dot{I}_C = \dot{I}_{CA} - \dot{I}_{BC} = \sqrt{3}\,I \angle (120° - \varphi - 30°) = \sqrt{3}\,\dot{I}_{CA} \angle -30° \end{cases} \qquad (5\text{-}14)$$

同样，在负载为对称三角形联结时有

$$\begin{cases} U_l = U_p \\ I_l = I_p \quad \dot{I}_l \text{ 相位滞后 } \dot{I}_p 30° \end{cases} \qquad (5\text{-}15)$$

从计算结果看到：当相电流对称时，线电流也对称，并且在有效值上线电流是相电流的 $\sqrt{3}$ 倍，且滞后于所对应的相电流 $30°$，这一点从相量图上也可以得到。

一般在计算负载是三角形联结时，可利用Y-△等效变换的方法，先将三角形负载变换成星形负载，再利用计算星形负载的方法进行计算，最后计算出三角形负载的相关参数。

例 5.3 已知：$Z_l = (3+j3)\,\Omega$，$Z = (45+j45)\,\Omega$，对称线电压 $U_l = 380V$。对称三相电路如图 5.13a 所示。求负载端的线电流、线电压和相电流。

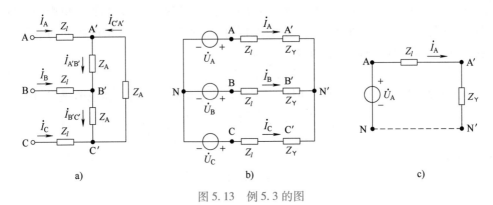

图 5.13 例 5.3 的图

解：将原电路化为对称的 Y-Y 系统，如图 5.13b 所示。其中

$$Z_Y = \frac{1}{3}Z_\triangle = \frac{45+j45}{3}\,\Omega = (15+j15)\,\Omega$$

设 $\dot{U}_A = 220\angle 0°\,V$，于是做单相图如图 5.13c 所示。

$$\begin{cases} \dot{I}_A = \dfrac{\dot{U}_A}{Z_l+Z_Y} = \dfrac{220\angle 0°}{(3+j3)+(15+j15)}\,A = 8.64\angle -45°\,A \\[2mm] \dot{I}_B = 8.64\angle -165°\,A \\[2mm] \dot{I}_C = 8.64\angle 75°\,A \end{cases}$$

以上电流即为负载端的线电流，负载 Z_Y 的相电压 $\dot{U}_{A'N'}$ 为

$$\dot{U}_{A'N'} = \dot{I}_A Z_Y = 8.64\angle -45°(15+j15)\,V = 183.25\angle 0°\,V$$

负载端的线电压为

$$\begin{cases} \dot{U}_{A'B'} = \sqrt{3}\,\dot{U}_{A'N'}\angle 30°\,V = 317.4\angle 30°\,V \\[2mm] \dot{U}_{B'C'} = 317.4\angle -90°\,V \\[2mm] \dot{U}_{C'A'} = 317.4\angle 150°\,V \end{cases}$$

三角形联结负载中的相电流为

$$\begin{cases} \dot{I}_{A'B'} = \dfrac{\dot{U}_{A'B'}}{Z_\triangle} = \dfrac{317.4\angle 30°}{45+j45}\,A = 4.99\angle -15°\,A \\[2mm] \dot{I}_{B'C'} = 4.99\angle -135°\,A \\[2mm] \dot{I}_{C'A'} = 4.99\angle 105°\,A \end{cases}$$

5.2.2 不对称三相交流电路

在三相电路中，无论是电源还是负载，只要有一部分不对称就称为不对称三相电路。在实际生活中，有很多单相负载如照明负载。如果这些单相负载接入到电源上，就可能是三个相的负载阻抗不相同，形成不对称三相负载。这一节所讨论的由对称三相电源和不对称三相

负载组成的不对称三相电路。

图 5.14 所示电路是一个电源和负载都是星形联结的不对称三相电路，其中 Z_A，Z_B，Z_C 是不对称三相负载。对称三相电源的中点 N 与负载中点 N′之间有中性线（即三相四线制接法）。

假设忽略传输线阻抗，即 $Z_l=0$。因为中性线阻抗为零，所以每相负载上的电压一定等于该相电源的电压，与每相负载阻抗无关，即

$$\dot{U}_{A'N'}=\dot{U}_A,\dot{U}_{B'N'}=\dot{U}_B,\dot{U}_{C'N'}=\dot{U}_C \tag{5-16}$$

可见，三相负载上的电压是对称的。但由于三相负载不相同，使得三相电流是不对称的，即

$$\dot{I}_A=\frac{\dot{U}_{A'N'}}{Z_A},\ \dot{I}_B=\frac{\dot{U}_{B'N'}}{Z_B},\ \dot{I}_C=\frac{\dot{U}_{C'N'}}{Z_C} \tag{5-17}$$

中性线电流为

$$\dot{I}_N=\dot{I}_A+\dot{I}_B+\dot{I}_C \tag{5-18}$$

显然，一般不等于零。

若图 5.14 中没有中性线，如图 5.15 所示（即三相三线制接法）。同样，忽略传输线阻抗，即 $Z_l=0$。采用节点法来分析此电路。

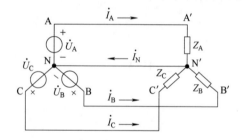
图 5.14　有中性线的不对称三相电路

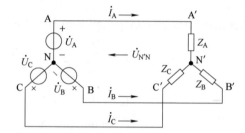
图 5.15　没有中性线的不对称三相电路

此电路节点电压方程是

$$\dot{U}_{N'N}=\frac{\dfrac{\dot{U}_A}{Z_A}+\dfrac{\dot{U}_B}{Z_B}+\dfrac{\dot{U}_C}{Z_C}}{\left(\dfrac{1}{Z_A}+\dfrac{1}{Z_B}+\dfrac{1}{Z_C}\right)} \tag{5-19}$$

即使电源相电压是对称的，此电路的两中性点之间的电压 $\dot{U}_{N'N}$ 一般也不等于零，即负载中性点 N′与电源中性点 N 的电位不相等，这种现象称为**中性点位移**。

三相负载上的相电压分别为

$$\begin{cases}\dot{U}_{A'N'}=\dot{U}_A-\dot{U}_{N'N}\\ \dot{U}_{B'N'}=\dot{U}_B-\dot{U}_{N'N}\\ \dot{U}_{C'N'}=\dot{U}_C-\dot{U}_{N'N}\end{cases} \tag{5-20}$$

图 5.15 为无中性线的定性相量图，图中电源相电压 $\dot{U}_A$、$\dot{U}_B$、$\dot{U}_C$ 是对称的，$\dot{U}_{N'N}$ 表明了负载中性点位移的大小和相位。显然，当 $\dot{U}_{N'N}$ 过大时，可能负载某一相的电压太低，导致电气设备不能正常工作（见图 5.16 中的 A 相），而另两相的电压又过高，可能超过电气设备的允许电压，以致烧毁设备。

低压配电电路一般采用三相四线制。中性线的存在保证了每相负载上的电压等于电源的相电压而与负载的大小无关。

例 5.4 图 5.17 所示电路为一不对称三相电路。电源是对称的，$R = 1/(\omega C)$，其中 R 是白炽灯电阻。求中性点位移电压和各个电阻上的电压。

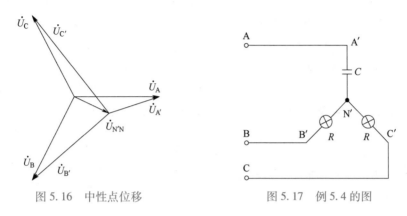

图 5.16　中性点位移　　　　　　图 5.17　例 5.4 的图

解：设 $\dot{U}_{AN} = U \angle 0°$，中点位移电压（电源中点与负载中点之间的电压）为

$$\dot{U}_{N'N} = \frac{j\omega C \dot{U}_A + \frac{1}{R}\dot{U}_B + \frac{1}{R}\dot{U}_C}{j\omega C + \frac{1}{R} + \frac{1}{R}}$$

$$= \frac{j\dot{U}_A + \dot{U}_B + \dot{U}_C}{j+2}$$

$$= \frac{(j-1)\dot{U}_A}{j+2}$$

$$= 0.632\dot{U}_A \angle 108.4°$$

B 相白炽灯上的电压为

$$\dot{U}_{B'N'} = \dot{U}_B - \dot{U}_{N'N} = \dot{U}_A \angle -120° - 0.632\dot{U}_A \angle 108.4° \approx 1.5\dot{U}_A \angle -101.6°$$

C 相白炽灯上的电压为

$$\dot{U}_{C'N'} = \dot{U}_C - \dot{U}_{N'N} = \dot{U}_A \angle 120° - 0.632\dot{U}_A \angle 108.4° \approx 0.4\dot{U}_A \angle 138.4°$$

可以看出：三相电源 A 相接电容时，B 相灯上的电压比 C 相灯上的电压高，因此 B 相灯比 C 相灯要亮。利用这一电路就可以确定三相电源的相序。事实上，这是一个相序指示器的电路。

5.3　三相交流电路的功率

5.3.1　三相电路功率

在三相电路中，三相负载吸收的有功功率 P 和无功功率 Q 分别等于各相负载所吸收的有功功率和无功功率的和。即

5.3 三相交流
电路（实验）

$$\begin{cases} P = P_A + P_B + P_C \\ Q = Q_A + Q_B + Q_C \end{cases} \tag{5-21}$$

在三相对称负载的情况下，有功功率 P 和无功功率 Q 分别等于各相负载所吸收的有功功率和无功功率的 3 倍。即

$$\begin{cases} P = 3P_A = 3U_A I_A \cos\varphi_A = 3U_p I_p \cos\varphi = \sqrt{3}\, U_l I_l \cos\varphi \\ Q = 3Q_A = 3U_A I_A \sin\varphi_A = 3U_p I_p \sin\varphi = \sqrt{3}\, U_l I_l \sin\varphi \end{cases} \tag{5-22}$$

有功功率、无功功率和视在功率的关系与单相电路的相同。

例 5.5 图 5.18 所示对称三相电源的线电压是 380V、负载 $Z_1 = (3+j4)\,\Omega$、$Z_2 = -j12\,\Omega$。求电流表 A_1 和 A_2 的读数及三相负载所吸收的总有功功率、总无功功率、总视在功率和功率因数。

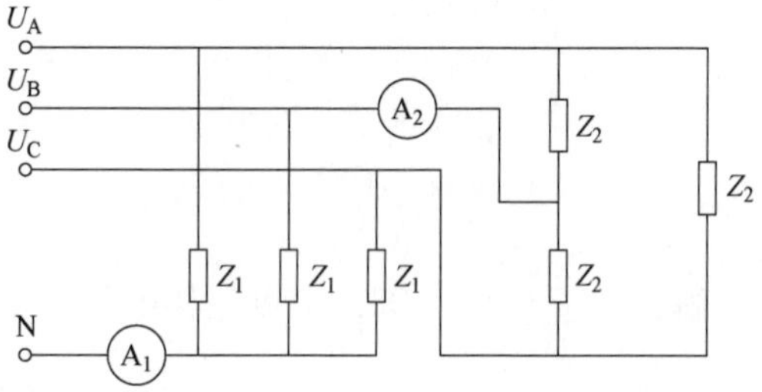

解：因为 Z_1 与三相电路是星形联结，Z_2 与三相电路是三角形联结，根据星形联结和三角形连接线电流和相电流的关系可得

$$\begin{cases} \dot{I}_1 = \dot{I}_{A'} + I_{B'} + \dot{I}_{C'} = 0 \\ I_2 = \sqrt{3}\, I_{A'} = \dfrac{380}{12} \times \sqrt{3}\, \text{A} = 55\text{A} \end{cases}$$

图 5.18 例 5.5 的图

因电路中既有感性负载，又有容性负载，所以计算功率的方法必须利用 Y-△ 变换的方法将 △ 联结的 Z_2 负载变换成 Y 联结，根据 Y-△ 变换的法则可得

$$Z_2' = \frac{1}{3} Z_2 = -j4\,\Omega$$

因各相电路的总阻抗 Z 为

$$Z = Z_1 // Z_2' = \frac{(3+j4)(-j4)}{3}\,\Omega = \frac{16-j12}{3}\,\Omega$$

$$|Z| = \sqrt{\frac{256+144}{9}}\,\Omega = \frac{20}{3}\,\Omega$$

所以

$$P = 3P_{A'} = 3\left(\frac{U_{A'}}{|Z|}\right)^2 R = 3 \times \left(\frac{3 \times 220}{20}\right)^2 \times \frac{16}{3}\,\text{W} = 17.424\text{kW}$$

$$Q = 3Q_{A'} = 3\left(\frac{U_{A'}}{|Z|}\right)^2 X = 3 \times \left(\frac{3 \times 220}{20}\right)^2 \times 4\,\text{var} = 13.068\text{kvar}$$

$$S = \sqrt{P^2 + Q^2} = 21.718\text{kV·A}$$

$$\cos\varphi = \frac{P}{S} \approx 0.8$$

5.3.2 功率的测量

功率测量方法通常有直接和间接法两种：直接法指直接用电动系功率表、数字功率表，测量三相功率可以直接用三相功率表还可以用单相功率表接成两表法或三表法，虽然有求和过程，但一般仍将它归为直接法。间接法则指对于直流可通过测量电压、电流间接求得功

率，对于交流则需要通过电压、电流和功率因数求得功率。

5.3.2.1 电动系功率表测量单相功率

测量功率时，电动系仪表（见图 5.19）的固定线圈与负载串联，反映负载电流 I；仪表的可动线圈与负载并联，反映负载电压 U，按电动系仪表工作原理，可推出可动线圈的偏转角正比于负载功率 P。

如果 U 和 I 为交流，同样可推出可动线圈的偏转角正比于负载有功功率 P。

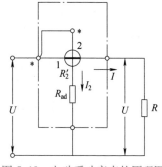

$$\alpha = K_P P \tag{5-23}$$

式中，K_P 称为功率表常数，由功率表的电压量程、电流量程和刻度盘的总刻度决定，单位为 W/格。

功率表正确接线应遵守"电源端"（用符号 $*$ 或者 $\pm$ 表示）守则，即接线时应将"电源端"接在电源的同一极性上。如图 5.20a 适合用于负载电阻 R 相对比较大的

图 5.19　电动系功率表的原理图

情况，类似于间接测量法（见图 5.21a）；图 5.20b 适合用于负载电阻 R 相对较小的情况，类似于间接测量法（见图 5.21b）。

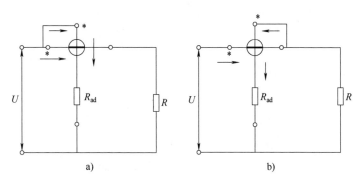

图 5.20　功率的正确接法

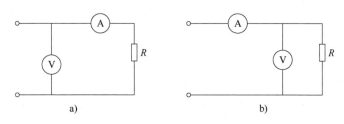

图 5.21　功率的间接测量法

5.3.2.2 单相功率表测三相功率

通常用单相功率表测三相功率有一表法、二表法和三表法 3 种。

1. 一表法

一表法适用于电压、负载对称的系统。三相负载的总功率等于功率表读数的 3 倍。接线方式如图 5.22 所示。

$$P_\Sigma = 3P \tag{5-24}$$

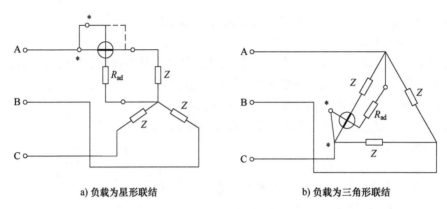

a) 负载为星形联结　　　　　　　　　b) 负载为三角形联结

图 5.22　一表法测三相功率

2. 二表法

二表法适用于三相三线制电路，通过电流线圈的电流为线电流，加在电压线圈上的电压为线电压，三相总功率等于两表读数之和。接线如图 5.23 所示。

$$P_\Sigma = U_{AC}I_A\cos\theta_1 + U_{BC}I_B\cos\theta_2 = P_1 + P_2 \tag{5-25}$$

式中，θ_1 为 $\dot{U}_{AC}$ 和 $\dot{I}_A$ 之间的夹角；θ_2 为 $\dot{U}_{BC}$ 和 $\dot{I}_B$ 之间的夹角。

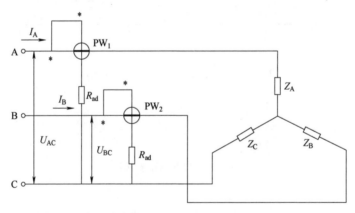

图 5.23　二表法测三相功率

二表法具有以下读数特点：

1）负载对称并为阻性，即功率因数为 1 时，两表读数相等。

2）负载对称且功率因数为 0.5 时，有一只功率表读数为 0。

3）负载对称且功率因数小于 0.5 时，一只功率表读数为负值。

若负载功率因数小于 0.5，为了获得读数为负值的 P 读数，应该用一个极性转换开关将该表电压线圈或者电流线圈的电流改变方向，使其正向偏转，但计算总功率时，这个表读出的值应该加上负号，即

$$P_\Sigma = P_1 + (-P_2) = P_1 - P_2 \tag{5-26}$$

3. 三表法

三相四线制负载一般是不对称的，三相电压也可能有差异，此时需要用 3 只功率表分别测出各相功率，被测三相总功率为 3 只表读数之和，接线如图 5.24 所示。

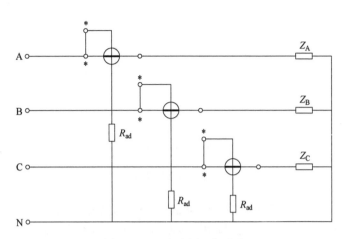

图 5.24　三表法测三相功率

$$P_{\Sigma}=P_1+P_2+P_3 \tag{5-27}$$

　　测量三相功率还可以用三相功率表。三相功率表的结构有二元件和三元件之分。二元件三相功率表实质上相当于两只单相功率表，但是将两只表的可动部分装在一个公共转轴上，只有一个指针，因此转轴上的力矩等于两个可动部分力矩的代数和。二元件只适用于三相三线制，只能按照二表法进行解析，从指针位置可以直接读出三相总功率。同理，三元件功率表相当于 3 个共轴的单相功率表，按照三表法接线，适用于三相四线制。

习　　题

　　5-1　三相电源线电压为 380V，负载为星形联结，每相阻抗 Z 均为 $45\angle25°\,\Omega$。求各相的电流，并画出相量图。

　　5-2　某工厂有 3 个工作车间，每一个工作间的照明分别由三相电源的一相供电，三相电源的线电压为 380V，供电方式为三相四线制。每个工作间装有 220V、100W 的白炽灯 10 盏。试求：

　　（1）绘出电灯接入三相电源的线路图。

　　（2）在全部满载时中性线电流和线电流的有效值各为多少？

　　（3）若第一个工作间白炽灯全部关闭，第二个工作间白炽灯全部开亮，第三个工作间开了一盏白炽灯，而电源中性线因故断掉。这时第二、第三工作间的白炽灯两端电压的有效值各为多少？白炽灯工作情况如何？

　　5-3　三相四线制 380V 电源供电给三层大楼，每一层作为一相负载，装有数目相同的 220V 的荧光灯和白炽灯，每层总功率 2kW，总功率因数都为 0.91。试求：

　　（1）负载如何接入电源？并画出电路图。

　　（2）求全部满载时的线电流及中性线电流。

　　（3）如第一层仅用 1/2 的照明灯具，第二层仅用 3/4 的照明灯具，第三层满载。各层的功率因数不变，问各线电流和中性线电流为多少？

　　5-4　图 5.25 所示三相电路的线电压 380V 的三相对称电源与三角形联结的负载相连，负载每相阻抗 $Z=(30+\text{j}40)\,\Omega$。试求负载的相电流、线电流、电源输出的有功功率，并画出电压和电流的相量图。设 $\dot{U}_{AB}=380\angle0°\,\text{V}$，$\dot{U}_{BC}=380\angle-120°\,\text{V}$，$U_{CA}=380\angle120°\,\text{V}$。

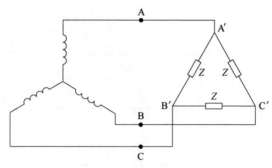

图 5.25　习题 5-4 的图

5-5　把图 5.26a 所示三角形联结的三相对称负载，不改变元件参数但改接为图 5.26b 所示的星形联结，接在同一三相交流电源上。设三相电源的线电压为 U_l，每相负载 Z 阻抗为 $|Z| \angle \varphi$。试求：

（1）两种接法的电流有效值之比 $I_\triangle / I_Y$ 是多少？

（2）两种接法电源供给的有功功率之比 $P_\triangle / P_Y$ 是多少？

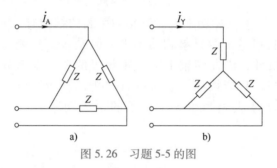

图 5.26　习题 5-5 的图

5-6　图 5.27 所示三相四线制电路，已知电源相电压 $\dot{U}_A = 220 \angle 0° \text{ V}$，$\dot{U}_B = 220 \angle -120° \text{ V}$，$\dot{U}_C = 220 \angle 120° \text{V}$，供给两组对称的三相负载和一组单相负载。第一组三相负载为星形联结，每相阻抗 $Z_1 = 22\Omega$，经过阻抗 $Z_0 = 5\Omega$ 接到中性线。第二组三相负载为三角形联结，每相阻抗 $Z_2 = -\text{j}76\Omega$。单相负载 $R = 10\Omega$，接在 A 相和中性线之间。求各线电流和中性线电流。

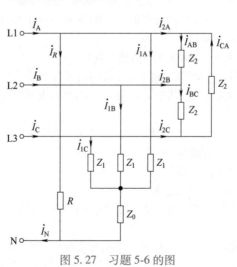

图 5.27　习题 5-6 的图

第6章 非正弦周期电流电路的分析与计算

在工业生产实践和科学实验中，经常会遇到按非正弦规律变化的电源和信号，如：通信领域的手机、收音机和电视机的信号，在计算机领域中的数字脉冲信号等都是非正弦波形。如果电路存在非线性元件，即使电源是正弦激励，电路中也会产生非正弦的各种响应。非正弦的电流、电压又可以分为周期性和非周期的两种。

本章要点
1）理解非正弦周期性信号的傅里叶级数分解。
2）掌握非正弦周期性信号有效值和平均功率的计算。
3）掌握谐波分析法。

6.1　非正弦周期函数的傅里叶级数分解

电路中非正弦的周期电流、电压、信号等都可以用周期函数表示为
$$f(t) = f(t+nT) \quad n = 1, 2, \cdots$$
式中，T 为函数的周期。

电工技术中所遇到的周期函数基本上都能满足狄里赫利条件而展开成为傅里叶级数，因而能将非正弦周期函数分解成如下傅里叶级数形式：
$$f(t) = A_0 + \sum_{k=1}^{\infty} A_{km} \sin(k\omega t + \varphi_k) \tag{6-1}$$
式中，A_0 称为直流分量；$A_{1m}\sin(\omega t + \varphi_1)$ 称为一次谐波或基波；$k = 2, 3, 4, \cdots$ 的项称为谐波，除直流分量和一次谐波外，其余的统称为高次谐波；$\omega = 2\pi/T$。

傅里叶级数的另一种形式为
$$f(t) = a_0 + \sum_{k=1}^{\infty} (a_k \cos k\omega t + b_k \sin k\omega t) \tag{6-2}$$
式中
$$\begin{cases} a_0 = \dfrac{1}{T} \displaystyle\int_0^T f(t)\,\mathrm{d}t \\[2mm] a_k = \dfrac{1}{\pi} \displaystyle\int_0^{2\pi} f(t) \cos k\omega t\,\mathrm{d}(\omega t) \\[2mm] b_k = \dfrac{1}{\pi} \displaystyle\int_0^{2\pi} f(t) \sin k\omega t\,\mathrm{d}(\omega t) \end{cases} \tag{6-3}$$

比较两种表达形式可得

$$\begin{cases} a_0 = A_0 \\ A_{km} = \sqrt{a_k^2 + b_k^2} \\ \varphi_k = \mathrm{arctg}\, \dfrac{a_k}{b_k} \end{cases} \tag{6-4}$$

把非正弦周期函数分解为傅里叶级数，就是确定各次谐波的傅里叶系数的问题。非正弦周期函数各次谐波的存在与否与波形的对称性有关。直流分量 A_0 是一个周期内的平均值，与计时起点选择无关。原点对称的非正弦周期波 $a_k = 0$，$A_0 = 0$（或 $A_k = b_k$，$\varphi_k = 0$），即只含各次正弦谐波，与计时起点选择有关。纵轴对称的非正弦周期波 $b_k = 0$（或 $b_k = A_k$，$\varphi_k = \pm\pi/2$），即只含各次余弦谐波与直流分量，与计时起点选择有关。奇次谐波函数（横轴对称）只含奇次谐波，偶次谐波函数只含偶次谐波和直流分量，且仅与波形有关，与计时起点无关。

下面是几种常见波形的波形图及其傅里叶级数展开式（见图 6.1）。

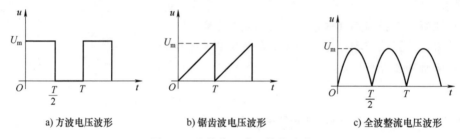

a) 方波电压波形　　　　b) 锯齿波电压波形　　　　c) 全波整流电压波形

图 6.1　几种非正弦函数的波形

方波电压，如图 6.1a 所示，表示为

$$u(t) = \frac{U_m}{2} + \frac{2U_m}{\pi}\left(\sin\omega t + \frac{1}{3}\sin 3\omega t + \frac{1}{5}\sin 5\omega t + \cdots \right) \tag{6-5}$$

锯齿波电压，如图 6.1b 所示，表示为

$$u(t) = \frac{U_m}{2} - \frac{U_m}{\pi}\left(\sin\omega t + \frac{1}{2}\sin 2\omega t + \frac{1}{3}\sin 3\omega t + \cdots \right) \tag{6-6}$$

全波整流电压，如图 6.1c 所示，表示为

$$u(t) = \frac{4U_m}{\pi}\left(\frac{1}{2} - \frac{1}{3}\cos 2\omega t - \frac{1}{15}\cos 4\omega t - \frac{1}{35}\cos 6\omega t - \cdots \right) \tag{6-7}$$

其他工程上经常用到的典型的非周期函数（半波整流、三角波电压、矩形波等）的傅里叶级数展开式可以自行查阅有关资料。

任意周期函数只要满足狄利克雷条件都可以展开成傅里叶级数。参考式（6-5），图 6.2a 的方波信号展开为傅里叶级数的表达式为

$$v(t) = \frac{V_S}{2} + \frac{2V_S}{\pi}\left(\sin\omega_0 t + \frac{1}{3}\sin 3\omega_0 t + \frac{1}{5}\sin 5\omega_0 t + \cdots \right)$$

式中，$V_S/2$ 是方波信号的直流分量；$\dfrac{2V_S}{\pi}\sin\omega_0 t$ 称为该方波信号的基波，它的周期 $2\pi/\omega_0$ 与方波本身的周期相同，其中 $\omega_0 = 2\pi/T$。

上式中其余各项都是高次谐波分量，它们的角频率是基波角频率的整数倍。由于正弦函

数的单纯性，在作信号分析时，可以只考虑其幅值电压与角频率的函数关系，于是上式的正弦级数可以表达为图 6.2b 所示的图解形式，其中包括直流项（$\omega = 0$）和每一正弦分量在相应角频率处的幅值。像这样把一个信号分解为正弦信号的集合，得到其正弦信号幅值随角频率变化的分布，称为该信号的**频谱**，图 6.2b 称为方波信号的频谱图，是其频域表达方式。

从傅里叶级数是一个无穷级数的特性可知，许多周期信号的频谱都由直流分量、基波分量以及无穷多项高次谐波分量所组成，频谱表现为一系列离散频率上的幅值，且随着谐波次数的递增，幅值 $A_k(\omega)$ 的总趋势是逐渐减小的。如果只截取 $N\omega_0$（N 为有限正值）以下的信号组合，则可以得到原周期信号的近似波形，N 越大，波形的误差越小。截取项数的多少，要根据级数的收敛速度和电路的频率特性两个方面的情况来定。

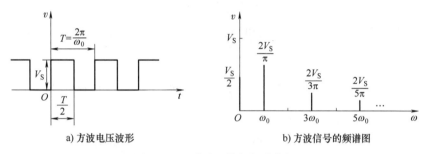

a) 方波电压波形　　　　　　　　b) 方波信号的频谱图

图 6.2　矩形波函数的频谱分析

需要说明的是上述正弦信号和方波信号都是周期信号，在一个周期内已包含了信号的全部信息，任何重复周期都没有新的信息出现。

6.2　非正弦周期电路的主要参数

非正弦周期电路的主要参数有有效值、平均值和平均功率。

6.2.1　有效值

正弦周期波的有效值即它的方均根值，即

$$A = \sqrt{\frac{1}{T}\int_0^T [f(t)]^2 \mathrm{d}t} \tag{6-8}$$

非正弦周期信号有效值的定义和正弦量有效值的定义相同。以电流为例，为

$$
\begin{aligned}
I &= \sqrt{\frac{1}{T}\int_0^T i^2 \mathrm{d}t} = \sqrt{\frac{1}{T}\int_0^T \left[I_0 + \sum_{k=1}^{\infty} I_{km}\sin(k\omega t + \varphi_k)\right]^2 \mathrm{d}t} \\
&= \sqrt{I_0^2 + \sum_{k=1}^{\infty} \frac{1}{2}I_{km}^2} \\
&= \sqrt{I_0^2 + I_1^2 + I_2^2 + \cdots} \\
&= \sqrt{I_0^2 + \sum_{k=1}^{\infty} I_k^2} \tag{6-9}
\end{aligned}
$$

即周期信号的有效值等于其直流分量及各次谐波有效值二次方和的二次方根，而与各次谐波

的初相位 φ_k 无关。

同理，非正弦周期电压的有效值为

$$U = \sqrt{U_0^2 + U_1^2 + U_2^2 + \cdots} = \sqrt{U_0^2 + \sum_{k=1}^{\infty} U_k^2} \tag{6-10}$$

此结论还可推广用于其他非正弦周期量。

6.2.2 平均值

在实践中还用到平均值的概念，仍以电流为例，它的定义可以用公式（6-11）表示

$$I_{av} = \frac{1}{T} \int_0^T |i| \, dt \tag{6-11}$$

即非正弦周期电流的平均值等于此电流绝对值的平均值。按式（6-11）可求得正弦电流的平均值为

$$I_{av} = \frac{1}{T} \int_0^T |I_m \cos(\omega t)| \, dt = \frac{4 I_m}{T} \int_0^{\frac{T}{4}} \cos(\omega t) \, dt = \frac{4 I_m}{\omega T} [\sin(\omega t)] \mid_0^T$$

$$= 0.637 I_m = 0.898 I \tag{6-12}$$

相当于正弦电流全波整流后的平均值，这是因为取电流的绝对值相当于把负半周的值变为对应的正值。

对于同一非正弦周期电流，当用不同类型的仪表进行测量时，会得到不同的结果。例如测量非正弦电流，用磁电系仪表（直流仪表）所得的结果是电流的恒定分量；用电磁系、电动系仪表测得的结果就是电流的有效值；如果用全波整流的仪表测量时，所得结果则为电流的平均值。所以在测量非正弦周期电流和电压时，要注意选择合适的仪表，并注意不同类型仪表读数表示的含义，有时候还需要用波形因素进行换算。

6.2.3 平均功率

交流电路平均功率定义式 $P = \frac{1}{T} \int_0^T ui \, dt$，对非正弦电路仍然适用。在非正弦同期电源的电路中，设某负载的端电压和端电流分别可用下列级数表示为

$$u(t) = U_0 + \sum_{k=1}^{\infty} U_{km} \sin(k\omega t + \varphi_{uk}) \tag{6-13}$$

$$i(t) = I_0 + \sum_{k=1}^{\infty} I_{km} \sin(k\omega t + \varphi_{ik}) \tag{6-14}$$

负载的瞬时功率 $p = ui$，平均功率为

$$P = \frac{1}{T} \int_0^T p \, dt = \frac{1}{T} \int_0^T ui \, dt$$

$$= \frac{1}{T} \int_0^T \left[U_0 + \sum_{k=1}^{\infty} U_{km} \sin(k\omega t + \varphi_{uk}) \right] \left[I_0 + \sum_{k=1}^{\infty} I_{km} \sin(k\omega t + \varphi_{ik}) \right] dt$$

$$= \frac{1}{T} \int_0^T U_0 I_0 \, dt + \frac{1}{T} \int_0^T \sum_{k=1}^{\infty} U_{km} \sin(k\omega t + \varphi_{uk}) \sum_{k=1}^{\infty} I_{km} \sin(k\omega t + \varphi_{ik}) \, dt +$$

$$\frac{1}{T}\int_0^T U_0 \sum_{k=1}^{\infty} I_{km}\sin(k\omega t+\varphi_{ik})\,\mathrm{d}t+\frac{1}{T}\int_0^T I_0 \sum_{k=1}^{\infty} U_{km}\sin(k\omega t+\varphi_{uk})\,\mathrm{d}t$$

$$=\frac{1}{T}\int_0^T U_0 I_0\,\mathrm{d}t+\frac{1}{T}\int_0^T \sum_{k=1}^{\infty} U_{km}\sin(k\omega t+\varphi_u) \sum_{k=1}^{\infty} I_{km}\sin(k\omega t+\varphi_{ik})\,\mathrm{d}t+0+0$$

$$=U_0 I_0+\sum_{k=1}^{\infty} \frac{1}{2}U_{km}I_{km}\cos(\varphi_{uk}-\varphi_{ik})$$

令 $U_k=U_{km}/\sqrt{2}$，$I_k=I_{km}/\sqrt{2}$，$\varphi_k=\varphi_{uk}-\varphi_{ik}$，则有

$$P=U_0 I_0+U_1 I_1\cos\varphi_1+U_2 I_2\cos\varphi_2+\cdots \tag{6-15}$$

例 6.1 设二端网络的端电压和端电流分别为

$$i=\left[1+5.64\sin\left(\omega t+\frac{\pi}{4}\right)+3.05\sin\left(3\omega t+\frac{\pi}{4}\right)\right]\,\mathrm{A}$$

$$u=\left[14.1\sin\left(\omega t-\frac{\pi}{4}\right)+8.46\sin2\omega t+5.64\sin\left(3\omega t+\frac{\pi}{4}\right)\right]\,\mathrm{V}$$

试求：（1）电压、电流的有效值。

（2）电压、电流的平均值。

（3）二端网络消耗的平均功率。

解：（1）根据电压有效值公式有

$$U=\sqrt{U_0^2+U_1^2+U_2^2+\cdots}$$

得到电压有效值为

$$U=\sqrt{U_0^2+\frac{1}{2}U_{1m}^2+\frac{1}{2}U_{2m}^2+\frac{1}{2}U_{3m}^2}\,\mathrm{V}$$

$$=\sqrt{0+\frac{1}{2}\times14.1^2+\frac{1}{2}\times8.46^2+\frac{1}{2}\times5.64^2}\,\mathrm{V}$$

$$=12.3\mathrm{V}$$

同理，电流有效值为

$$I=\sqrt{I_0^2+\frac{1}{2}I_{1m}^2+\frac{1}{2}I_{2m}^2+\frac{1}{2}I_{3m}^2}\,\mathrm{A}$$

$$=\sqrt{1^2+\frac{1}{2}\times5.64^2+0+\frac{1}{2}\times3.05^2}\,\mathrm{A}$$

$$=4.64\mathrm{A}$$

（2）平均值为

$$I_{av}=\frac{1}{T}\int_0^T \left|1+5.64\sin\left(\omega t+\frac{\pi}{4}\right)+3.05\sin\left(3\omega t+\frac{\pi}{4}\right)\right|\,\mathrm{d}t$$

$$=(1+0.637\times5.64+0.637\times3.05)\,\mathrm{A}=6.53553\mathrm{A}$$

（3）根据平均功率公式有

$$P=U_0 I_0+U_1 I_1\cos\varphi_1+U_2 I_2\cos\varphi_2+\cdots$$

平均功率为

$$P=U_0 I_0+\frac{1}{2}U_{1m}I_{1m}\cos(\varphi_{u1}-\varphi_{i1})+\frac{1}{2}U_{2m}I_{2m}\cos(\varphi_{u2}-\varphi_{i2})+\frac{1}{2}U_{3m}I_{3m}\cos(\varphi_{u3}-\varphi_{i3})$$

$$= \left[0+\frac{1}{2} \times 14.1 \times 5.64\cos\left(-\frac{\pi}{4}-\frac{\pi}{4}\right) +0+\frac{1}{2} \times 5.64 \times 3.05\cos\left(\frac{\pi}{4}-\frac{\pi}{4}\right) \right] \text{W}$$

$$= 8.6\text{W}$$

6.3 非正弦周期
电流电路的
分析与计算

6.3 非正弦周期电流电路的分析与计算

非正弦周期信号的分析利用的方法是**谐波分析法**，是解决非正弦周期电流电路的有效方法。非正弦周期性电路的计算是多次不同频率正弦交流电路计算结果的线性叠加。

谐波分析法的计算步骤如下：

1) 将给定的非正弦周期性信号分解为傅里叶级数，并根据计算精度要求，取有限项高次谐波。

2) 分别计算直流分量以及各次谐波分量单独作用时电路中各个变量的响应，计算方法与直流电路及正弦交流电路的计算方法完全相同。对直流分量，电感元件等于短路，电容元件等于开路。线性 RLC 组成的电路，感抗、容抗与频率有关，对不同频率有不同的阻抗值，因而有其相应等效电路。对各次谐波分量可以用相量法进行，要根据不同的谐波频率，分别计算复阻抗。感抗对高次谐波电流有抑制作用，因而可以减小电流的非正弦程度；而容抗对高次谐波电流有畅通作用，因此电流中含有比较显著的高次谐波分量。

3) 应用叠加原理，将各次谐波作用下的响应解析式进行线性叠加。**需要注意的是，必须先将各次谐波分量响应写成瞬时值表达式后才可以叠加，而不能把表示不同频率的谐波的正弦量的相量进行加减。**最后所求响应的解析式是用时间函数表示的。

例 6.2 如图 6.3 所示电路，已知 $R=100\Omega$，$C=10\mu\text{F}$，外加周期 $T=0.01\text{s}$，脉冲幅度 $U_\text{m}=10\text{V}$ 电压，波形为如图 6.3c 所示方波，方波电压展开后，取前 4 项进行近似计算，试求 6.3a 和 6.3b 两个电路的输出电压 u_oa 和 u_ob。

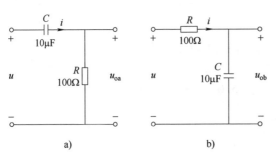

图 6.3 例题 6.2 的电路

解：（1）将电压 u 表示成傅里叶级数

把 $U_\text{m}=10\text{V}$ 和 $\omega=\dfrac{2\pi}{T}=\dfrac{2\times 3.14\text{rad}}{0.01\text{s}}=628\text{rad/s}$ 代入方波展开式，有

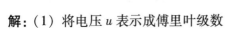

$$u(t)=\frac{U_\text{m}}{2}+\frac{2U_\text{m}}{\pi}\left(\sin\omega t+\frac{1}{3}\sin 3\omega t+\frac{1}{5}\sin 5\omega t+\cdots\right)$$

并取前 4 项，得

$$u = [5+4.5\sqrt{2}\sin 628t+1.5\sqrt{2}\sin(3\times628t)+0.9\sqrt{2}\sin(5\times628t)]\text{V}$$

（2）用相量法分别计算直流分量以及各次谐波分量单独作用时电路的响应。各次谐波的计算结果，见表6-1。

表 6-1　各次谐波的计算结果

参数	计算公式	基波（$k=1$）	3 次谐波（$k=3$）	5 次谐波（$k=5$）
容抗/Ω	$X_{Ck}=1/(k\omega C)$	159	53	31.8
阻抗/Ω	$Z_k=R-jX_{Ck}$	$187.8\angle-57.8°$	$113.2\angle-27.9°$	$104.9\angle-17.6°$
电流/A	$\dot{I}_k=\dot{U}_k/Z_k$	$0.024\angle57.8°$	$0.013\angle27.9°$	$0.0086\angle17.6°$
输出电压/V	$\dot{U}_{oak}=R\dot{I}_k$	$2.4\angle57.8°$	$1.3\angle27.9°$	$0.86\angle17.6°$
	$\dot{U}_{obk}=-jX_{Ck}\dot{I}_k$	$3.8\angle-32.2°$	$0.69\angle-62.1°$	$0.27\angle-72.4°$

（3）将直流分量与各谐波分量的瞬时值叠加，输出电压 u_{oa} 是各谐波电压分量的三角函数式和直流分量电压 u_{oa0} 相加。因直流分量 $I_0=0$，$U_{oa0}=0$，所以有

$$u_{oa}=u_{oa0}+u_{oa1}+u_{oa3}+u_{oa5}$$

$$=[2.4\sqrt{2}\sin(628t+57.8°)+1.3\sqrt{2}\sin(628t+27.9°)+0.86\sqrt{2}\sin(628t+17.6°)]\text{V}$$

由图 6.3b 有，$u_{bo0}=U_0-RI_0=5\text{V}-100\times0=5\text{V}$，所以

$$u_{ba}=u_{ob0}+u_{ob1}+u_{ob3}+u_{ob5}$$

$$=[5+3.8\sqrt{2}\sin(628t-32.22°)+0.69\sqrt{2}\sin(628t-62.1°)+0.27\sqrt{2}\sin(628t-72.4°)]\text{V}$$

在图 6.3a 中，如果把 u_{oa} 和输入电压 u 相互比较，输出电压中不含直流分量（直流分量被电容 C 隔开无法传送到输出端）。随着谐波频率的升高，容抗 X_{Ck} 减小，该次谐波输出电压分量和输入电压分量的有效值之比增大。例如对于基波，$\dfrac{U_{oa1}}{U_1}=\dfrac{2.4}{4.5}=0.53$，而 5 次谐波 $\dfrac{U_{oa5}}{U_5}=$ $\dfrac{0.86}{0.9}=0.96$。即输入电压中的 5 次谐波在电容 C 上的压降很小，大部分传送到输出端，所以高次谐波很容易通过这个电路，该电路称为**高通电路**。

在图 6.3b 中，如果把 u_{ob} 和输入电压 u 相互比较，输入电压中的直流分量全部传送到输出端，各次谐波的输出电压分量和输入电压分量有效值之比随着谐波频率的升高而减小，例如基波的 $\dfrac{U_{ob1}}{U_1}=\dfrac{3.8}{4.5}=0.84$，而 5 次谐波的 $\dfrac{U_{ob5}}{U_5}=\dfrac{0.27}{0.9}=0.3$。所以这个电路的特性正好和图 6.3a 所示的电路相反，只有直流分量和频率低的信号才能顺利通过，是一个**低通电路**。

例 6.3　在图 6.4 所示电路中输入方波电流 i_s，已知 $I_m=157\text{mA}$，$T=6.28\mu\text{s}$，$R=20\Omega$，$L=1\text{mH}$，$C=1000\text{pF}$，求电路的端电压。

解：（1）将函数 i_s 表示成傅里叶级数。方波电流 i_s 的傅里叶级数展开式为

$$i_s=\frac{I_m}{2}+\frac{2I_m}{\pi}\left(\sin\omega t+\frac{1}{3}\sin3\omega t+\frac{1}{5}\sin5\omega t+\cdots\right)$$

$$=78.5+100\left(\sin\omega t+\frac{1}{3}\sin3\omega t+\frac{1}{5}\sin5\omega t+\cdots\right)$$

式中，$\omega=2\pi/T=10^6\text{rad/s}$。

（2）用相量法分别计算直流分量以及各次谐波分量单独作用时电路的响应。直流分量单独作用时的等效电路如图 6.5a 所示，为

$$U_0 = RI_0 = 20 \times 78.5 \times 10^{-6} \text{V} = 0.00157 \text{V}$$

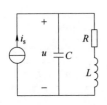 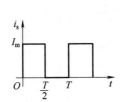 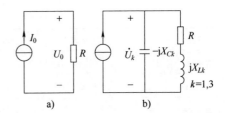

图 6.4　例题 6.3 的电路图和波形图　　　　图 6.5　直流分量和正弦分量单独作用的电路

各次谐波分量单独作用时电路的相量模型如图 6.5b 所示，复阻抗为

$$Z_k = \cfrac{(R + jk\omega L)\cfrac{1}{j\omega C}}{R + jk\omega L + \cfrac{1}{j\omega C}}$$

$$= \frac{0.02 + jk}{(1 - k^2) + j2k \times 10^{-2}} (\text{k}\Omega)$$

电压相量 $\dot{U}_k = Z_k \dot{I}_k$。对于 1 次谐波，即 $k = 1$，得

$$\dot{U}_1 = Z_1 \dot{I}_1 = \frac{0.02 + j}{(1 - 1^2) + j2 \times 10^{-2}} \times \frac{100}{\sqrt{2}} \times 10^{-6} \text{V} \approx \frac{5}{\sqrt{2}} \text{V}$$

由于 Z_1 的阻抗角非常小，可以认为整个电路呈电阻性质，电压 $\dot{U}_1$ 和电流 $\dot{I}_1$ 同相。即电路对基波产生并联谐振。

对于 3 次谐波，即 $k = 3$，得

$$\dot{U}_3 = Z_3 \dot{I}_3 = \frac{0.02 + 3j}{(1 - 3^2) + j2 \times 3 \times 10^{-2}} \times \frac{100}{\sqrt{2}} \times \frac{1}{3} \times 10^{-6} \text{V} = \frac{0.0125}{\sqrt{2}} \angle -89.95° \text{V}$$

（3）将直流分量与各谐波分量的瞬时值叠加，得

$$u = 0.00157 + 5\sin\omega t + 0.0125\sin(3\omega t - 89.95°) + \cdots$$

比较输入与输出端电压的级数表达式可以看出，输出端电压中大大地突出了基波分量，抑制了其他谐波分量，表现出谐振电路的选频特性。在选频放大器和 LC 正弦波振荡器中，都要用到这种形式的选频电路。

习　　题

6-1　一个 R、L、C 串联电路，其 $R = 11\Omega$，$L = 0.015\text{H}$，$C = 70\mu\text{F}$，外加电压 $u(t) = (11 + 141.4\cos1000t - 35.4\sin2000t)\text{V}$，试求电路中的电流 $i(t)$ 及电源电压和电流的有效值。

6-2　图 6.6 所示电路，电源电压 $u_s = [50 + 100\sin314t - 40\cos628t + 10\sin(942t + 20°)]\text{V}$，试求电流 i 和电源发出的功率及电源电压和电流的有效值。

6-3　有效值为 100V 的正弦电压加在电感 L 两端时，得电流 $I = 10\text{A}$；当电压中有 3 次谐波分量，而有效值仍为 100V 时，得电流 $I = 8\text{A}$。试求这一电压中基波与 3 次谐波电压有效值。

6-4 在图 6.7 所示电路中，设 $U_S = 100\text{V}$，$R = 10\Omega$，$\omega L = 10\Omega$，$u_{s1} = 100\sqrt{2}\sin\omega t\text{V}$，$u_{s2} = (100\sqrt{2}\sin\omega t + 10\sqrt{2}\sin3\omega t)\text{V}$。求 u_{s1} 所发出的功率。

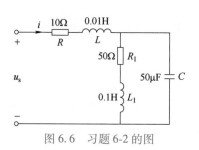

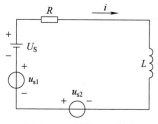

图 6.6 习题 6-2 的图   图 6.7 习题 6-4 的图

6-5 在图 6.8 所示电路中，已知 $R = 100\Omega$，$\omega L_2 = \dfrac{1}{\omega C} = 100\Omega$，$\omega L_1 = \dfrac{100}{3}\Omega$，电源电压的傅里叶级数展开式为 $u(t) = [40 + 300\sin\omega t + 70\sin(2\omega t + 45°)]\text{V}$。求 $u_R(t)$ 和 $u_{ab}(t)$。

6-6 图 6.9 所示电路中，$R = 2\text{k}\Omega$，$L = 1\text{mH}$，$C = 1000\text{pF}$，$\omega = 10^6\text{rad/s}$，$u_s = (7.85 + 10\sin\omega t + 3.33\sin3\omega t)\text{V}$，求 u_o。

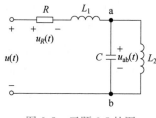

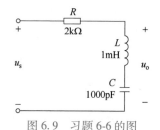

图 6.8 习题 6-5 的图   图 6.9 习题 6-6 的图

6-7 图 6.10 所示电路是一个电感滤波电路，滤波电感 $L = 1\text{H}$，负载电阻 $R = 50\Omega$。输入电压 u_i 是全波整流电压，按傅里叶级数分解，u_i 可表达为

$$u_i = [100 + 66.7\sin(2\omega t - 90°) + 13.3\sin(4\omega t - 90°)]\text{V}$$

式中，$\omega = 314\text{rad/s}$，6 次及更高次谐波略去不计。试求负载电压 u_o，并把 u_o 中各次谐波的最大值和 u_i 中相应谐波的最大值作一比较，说明滤波效果。

6-8 图 6.11 所示电路中，$u(t)$ 为 50Hz 的正弦交流单相全波整流电压，L_1 和 L_2 均为 50mH。如欲将最显著的 2 次谐波和 4 次谐波滤掉，使通过负载 R 的电流中没有 2 次和 4 次谐波分量。求 C_1 和 C_2 的值。

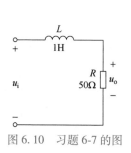

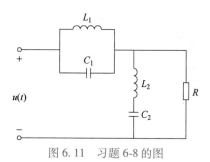

图 6.10 习题 6-7 的图   图 6.11 习题 6-8 的图

第7章　线性动态电路的时域分析

在线测试
自测与练习6

在第1章中介绍了电感和电容元件，它们的伏安特性关系用导数关系描述，称之为动态元件，或者储能元件。含有动态元件的电路称为动态电路，一般情况下如果动态电路只有一个动态元件（或者合并简化为一个）则称为一阶动态电路，含有两个动态元件的则称为二阶动态电路。对于三阶及以上的动态电路，由于在时域分析比较困难，将在动态电路的频域中分析研究。

前面几章讨论的直流和交流电路，电路中的电压、电流或是恒定不变，或是按某种规律作周期性变化，电路的这种工作状态称为稳定状态，简称稳态。在含有电感、电容元件的电路中，当电路的结构或元件参数发生变化时（如电路的电源断开或接入、元件参数的变化、电路结构的变化等），电路就会从一种稳定状态转变到另一种稳定状态，这种转变需要经历一个时间过程，将其称之为过渡过程。一般情况下过渡过程持续时间非常短暂，所以也称暂态过程。

学习电路的暂态过程分析有着十分重要的意义，例如在电子技术中常常利用过渡过程来改善或变换信号的波形；另外，对过渡过程中可能出现的过电压和过电流现象，应当采取适当的措施，使电路中的电器设备免遭损坏。

本章要点

1) 理解一阶和二阶电路的微分方程。
2) 掌握一阶动态电路的零输入响应、零状态响应和全响应的求解过程。
3) 掌握求解一阶电路的三要素法。
4) 掌握一阶动态电路阶跃和冲击响应的计算。
5) 了解二阶动态电路的时域分析。

7.1 储能元件和
换路定则及
初始值的求解

7.1　基本概念及换路定律

在直流电路中，各电阻的伏安特性关系是代数方程，根据 KCL、KVL、VCR 列出的方程也都是代数方程；在正弦交流稳态电路中，电阻、电容、电感等元件的伏安特性关系已变成复数方程，根据 KCL、KVL、VCR 列出的方程也是复数方程；在非正弦周期稳态电路中各次谐波单独作用时仍是复数方程。

在电路过渡过程的研究中，电路如果包含了电容元件和电感元件，由于它们的伏安特性是用导数关系描述的，所以根据 KCL、KVL、VCR 列出的方程将会是微分方程，当 R、L、C 都是常数时，电路列出的方程将是一组线性常系数微分方程。在求解电路的过渡过程时，需用微分方程描述，此时电路（或元件）在任一时刻的响应不只与当前的激励和电路状态有关，而且与过去的电路状态有关。求解线性常系数微分方程时，必须给出初始条件，才能构成定解条件，得到确定的解答。

在对动态电路进行分析时，需理解几个基本概念：

换路 由于电路结构或参数的变化而引起动态电路从一种稳定状态转变到另一种稳定状态称之为动态电路的换路。为了便于分析比较，将换路的那一瞬间定为 $t=0$，而在换路前的最终时刻定为 $t=0_-$，而将换路后的最初时刻定为 $t=0_+$，这样换路经历的时间为从 $0_- \sim 0_+$。

初始条件 分析求解动态电路的过程，一般是根据 KCL、KVL 和元件的伏安特性关系建立方程，这时电路建立的方程是以时间为自变量的线性常系数微分方程，解此方程，得到电路中所求电压或电流随时间的变化规律。这种在时域中求解微分方程的方法称为经典法。在用经典法求解微分方程时，需要根据电路在换路时的初始条件确定微分方程的积分常数，而电路的初始条件为所求变量（电压或电流）在 $t=0_+$ 时的值及 $(n-1)$ 阶导数在 $t=0_+$ 时的值（又称为初始值）。初始条件可分为独立初始条件和非独立初始条件，下面根据动态元件的伏安特性关系导出其独立初始条件。

由第 1 章知道电流的定义和线性电容的伏安特性关系式为

$$i_C = \frac{\mathrm{d}q}{\mathrm{d}t} \qquad\qquad i_C = C\frac{\mathrm{d}u_C}{\mathrm{d}t}$$

因而在任意时刻 t，电容上的电荷有

$$q(t) = \int_{-\infty}^{t} i_C(\xi)\,\mathrm{d}\xi = \int_{-\infty}^{t_0} i_C(\xi)\,\mathrm{d}\xi + \int_{t_0}^{t} i_C(\xi)\,\mathrm{d}\xi = q(t_0) + \int_{t_0}^{t} i_C(\xi)\,\mathrm{d}\xi \tag{7-1}$$

此时，电容二端的电压为

$$u_C(t) = \frac{1}{C}\int_{-\infty}^{t} i_C(\xi)\,\mathrm{d}\xi = \frac{1}{C}\int_{-\infty}^{t_0} i_C(\xi)\,\mathrm{d}\xi + \frac{1}{C}\int_{t_0}^{t} i_C(\xi)\,\mathrm{d}\xi = u_C(t_0) + \frac{1}{C}\int_{t_0}^{t} i_C(\xi)\,\mathrm{d}\xi \tag{7-2}$$

如果令 $t_0 = 0_-$，$t = 0_+$，则有

$$q(0_+) = q(0_-) + \int_{0_-}^{0_+} i_C(t)\,\mathrm{d}t \tag{7-3}$$

$$u_C(0_+) = u_C(0_-) + \frac{1}{C}\int_{0_-}^{0_+} i_C(t)\,\mathrm{d}t \tag{7-4}$$

如果在换路前后的瞬间电流 $i_C(t)$ 为有限值，则上面两式中的积分项为零，电容上的电荷和电压不会发生跃变，即

$$q(0_+) = q(0_-) \tag{7-5}$$

$$u_C(0_+) = u_C(0_-) \tag{7-6}$$

对于磁链的定义和电感的伏安特性式为

$$u_L = \frac{\mathrm{d}\psi}{\mathrm{d}t} \qquad\qquad u_L = L\frac{\mathrm{d}i_L}{\mathrm{d}t}$$

因而在任意时刻 t 有

$$\psi(t) = \int_{-\infty}^{t} u_L(\xi)\,\mathrm{d}\xi = \int_{-\infty}^{t_0} u_L(\xi)\,\mathrm{d}\xi + \int_{t_0}^{t} u_L(\xi)\,\mathrm{d}\xi = \psi(t_0) + \int_{t_0}^{t} u_L(\xi)\,\mathrm{d}\xi \tag{7-7}$$

$$i_L(t) = \frac{1}{L}\int_{-\infty}^{t} u_L(\xi)\,\mathrm{d}\xi = \frac{1}{L}\int_{-\infty}^{t_0} u_L(\xi)\,\mathrm{d}\xi + \frac{1}{L}\int_{t_0}^{t} u_L(\xi)\,\mathrm{d}\xi = i_L(t_0) + \frac{1}{L}\int_{t_0}^{t} u_L(\xi)\,\mathrm{d}\xi \tag{7-8}$$

如果令 $t_0 = 0_-$，$t = 0_+$，则有

$$\psi(0_+) = \psi(0_-) + \int_{0_-}^{0_+} u_L(t)\,\mathrm{d}t \tag{7-9}$$

$$i_L(0_+) = i_L(0_-) + \frac{1}{L}\int_{0_-}^{0_+} u_L(t)\,\mathrm{d}t \tag{7-10}$$

如果在换路瞬间电压 $u_L(t)$ 为有限值，则式（7-9）和式（7-10）中的积分项为零，电感的磁链和电流不会发生跃变，即

$$\psi(0_+) = \psi(0_-) \tag{7-11}$$

$$i_L(0_+) = i_L(0_-) \tag{7-12}$$

式（7-5）和式（7-6）以及式（7-11）和式（7-12）就是动态电路的独立初始条件，又称之为**换路定律**。式（7-5）和式（7-11）在电路理论中用得不多，因此在提到电路的换路定律时通常指的是式（7-6）和式（7-12）。而电路中其他元件参数的初始条件（0_+ 初始值），即非独立初始条件需根据独立初始条件求出，如 $i_C(0_+)$、$u_L(0_+)$、$i_R(0_+)$、$u_R(0_+)$ 等，此时可用回路电流法、节点电压法及有关电路定律来求解这些非独立初始条件。在求其他元件参数的非独立初始值时，已具有初始电压的电容可等效成一个电压源，已具有初始电流的电感可等效成一个电流源。因而，初始电压为零的电容在 0_+ 电路中相当于短路，初始电流为零的电感在 0_+ 电路中相当于开路。

例 7.1　电路如图 7.1 所示，在 $t = 0$ 时开关 S 打开，试求此时的 $u_C(0_+)$，$i_L(0_+)$，$i_C(0_+)$，$u_L(0_+)$。

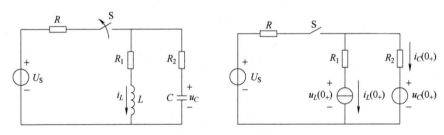

图 7.1　例 7.1 的图

解： 在开关 S 没打开之前有

$$u_C(0_-) = \frac{U_S}{R+R_1}R_1 \qquad\qquad i_L(0_-) = \frac{U_S}{R+R_1}$$

开关 S 打开瞬间时，为求其他非独立初始条件 $i_C(0_+)$ 和 $u_L(0_+)$，将具有初始电压的电容等效成一个电压源，而将具有初始电流的电感等效成一个电流源，于是有

$$\begin{cases} u_C(0_+) = u_C(0_-) = \dfrac{U_S}{R+R_1}\times R_1 \\[2mm] i_L(0_+) = i_L(0_-) = \dfrac{U_S}{R+R_1} \\[2mm] i_C(0_+) = -i_L(0_+) = -\dfrac{U_S}{R+R_1} \end{cases}$$

对闭合回路写 KVL 有

$$R_2 i_C(0_+) + u_C(0_+) - u_L(0_+) - R_1 i_L(0_+) = 0$$

$$u_L(0_+) = -R_1 i_L(0_+) + R_2 i_C(0_+) + u_C(0_+)$$

$$= -R_1 \frac{U_s}{R+R_1} + R_2 \left(-\frac{U_s}{R+R_1} \right) + \frac{U_s}{R+R_1} R_1$$

$$= -\frac{R_2}{R+R_1} U_s$$

7.2 一阶线性动态电路的零输入响应

如果一阶线性动态电路中的动态元件在换路前已经具有初始储能，那么在换路后电路中即使没有独立电源的作用，电路在动态元件初始储能的作用下也会产生响应。这种一阶线性动态电路没有独立电源而由动态元件的初始储能引起的响应称之为动态电路的零输入响应。一阶线性动态电路的零输入响应分 *RC* 和 *RL* 电路的零输入响应，下面将分别介绍这二种电路响应的求解。

7.2.1 *RC* 电路的零输入响应

7.2 *RC* 电路的
零输入响应

在图 7.2 所示 *RC* 电路中，换路前开关 S 是合在位置 1 上的，电源对电容元件充电。在 $t=0$ 时将开关从位置 1 合到位置 2，使电路脱离电源，输入电能为零。此时电容元件已储存电场能量，其二端的电压初始值 $u_C(0_+) = U = u_C(0_-)$，电容元件通过电阻开始将储存的电场能量通过电路释放出来（简称电容的放电）。根据基尔霍夫电压定律列出 $t \geq 0$ 时的电路方程为

$$u_R + u_C = 0$$

将电容元件的伏安特性关系式 $i = C\dfrac{\mathrm{d}u_C}{\mathrm{d}t}$ 和欧姆定律 $u_R = Ri$ 代入上式有

$$RC\frac{\mathrm{d}u_C}{\mathrm{d}t} + u_C = 0 \qquad (7\text{-}13)$$

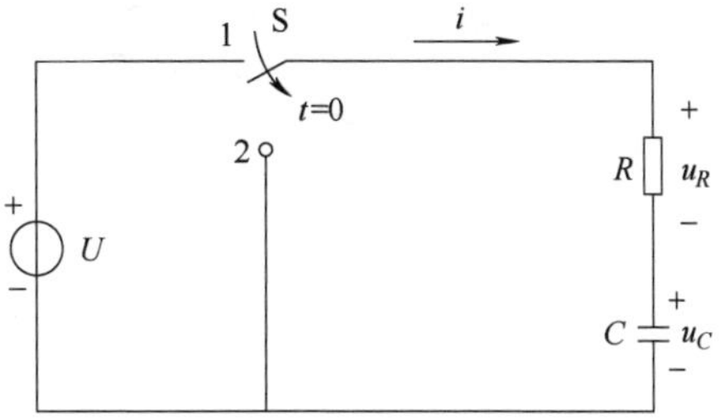

这是一阶线性常系数齐次微分方程，初始条件 $u_C(0_+) = u_C(0_-) = U$，令此方程的通解为 $u_C = Ae^{pt}$，代入上式后得特征方程为

图 7.2 *RC* 电路的零输入响应

$$RCp + 1 = 0$$

特征根为

$$p = -\frac{1}{RC} \qquad (7\text{-}14)$$

将初始条件代入方程的通解，则可求得积分常数 $A = u_C(0_+) = U$。这样就得到满足初始条件的一阶微分方程的解为

$$u_C = Ae^{pt} = Ue^{-\frac{1}{RC}t} \qquad (7\text{-}15)$$

这就是储能元件电容在放电过程中其二端电压随时间变化的规律。从式（7-15）看出，电容二端的电压是按指数规律进行衰减的，衰减的快慢取决于指数中的 $\dfrac{1}{RC}$，定义参数

$$\tau = RC \tag{7-16}$$

称其为一阶动态 RC 电路的时间常数，当 R 用欧姆（Ω）做单位，C 用法拉（F）做单位，τ 的单位为秒（s）。这样，电路的各变量可表示为

$$u_C = U e^{-\frac{t}{\tau}} \tag{7-17}$$

$$i = C \frac{\mathrm{d}u_C}{\mathrm{d}t} = C \frac{\mathrm{d}}{\mathrm{d}t}(U e^{-\frac{t}{\tau}}) = -\frac{U}{R} e^{-\frac{t}{\tau}} \tag{7-18}$$

$$u_R = Ri = -U e^{-\frac{t}{\tau}} = -u_C \tag{7-19}$$

式中，负号表示放电电流与图中电流的参考方向相反。时间常数 τ 的大小反映了一阶动态电路过渡过程的快慢，表 7.1 中给出了在不同的时间常数（τ 的整数倍）情况下，电容二端电压随时间的变化规律。

表 7.1 不同的时间常数下的电容二端电压

t	0	τ	2τ	3τ	4τ	5τ	$\cdots$	∞
$u_C(t)$	U	$0.368U$	$0.135U$	$0.05U$	$0.018U$	$0.007U$	$\cdots$	0

从表 7.1 看出，从理论上讲电容二端的电压 u_C 经过无限长时间才能衰减至零。但在工程上一般认为换路后，经过 $4\tau \sim 5\tau$ 时间过渡过程即结束，此时电容上残存的电压对电路的计算精度没有影响。图 7.3 所示曲线分别为 u_C、i、u_R 随时间变化的曲线。

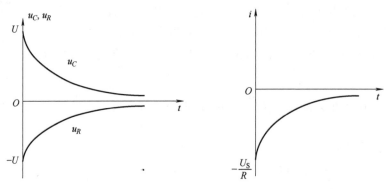

图 7.3 RC 电路零输入各变量响应曲线

在一阶 RC 电路零输入响应中，电容储存的电场能量经电路释放出来，最终都被电阻转变成热量消耗掉，这可以从电阻消耗能量的公式反映出来

$$W_R = \int_0^\infty Ri^2 \mathrm{d}t = \int_0^\infty R\left(\frac{U}{R} e^{-\frac{t}{\tau}}\right)^2 \mathrm{d}t = \frac{U^2}{R}\int_0^\infty e^{-\frac{2t}{RC}} \mathrm{d}t = \frac{1}{2}CU^2 \tag{7-20}$$

例 7.2 在图 7.4 中，开关长期合在位置 1 上，当 $t=0$ 时把它合到位置 2 上，试求电容元件上电压 u_C 和放电电流 i。已知，$R_1 = 1\mathrm{k}\Omega$，$R_2 = 2\mathrm{k}\Omega$，$R_3 = 3\mathrm{k}\Omega$，$C = 1\mu\mathrm{F}$，电流源 $I = 3\mathrm{mA}$。

解：在 $t=0_-$ 时，$u_C(0_-) = R_2 I = 2\times 10^3 \times 3 \times 10^{-3}\mathrm{V} = 6\mathrm{V}$

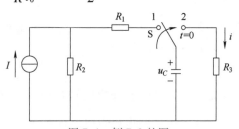

图 7.4 例 7.2 的图

按图 7.4 中 i 和 u_C 标注的参考方向，则 $t \geqslant 0$ 时有

$$\begin{cases} u_R - u_C = 0 \\ u_R = R_3 i \\ i = -C\dfrac{\mathrm{d}u_C}{\mathrm{d}t} \end{cases}$$

由此得

$$R_3 C\frac{\mathrm{d}u_C}{\mathrm{d}t} + u_C = 0$$

由前面的 RC 电路的零输入分析有

$$\tau = R_3 C = 3 \times 10^3 \times 1 \times 10^{-6}\mathrm{s} = 3 \times 10^{-3}\mathrm{s}$$

$$u_C = u_C(0_+)\,\mathrm{e}^{-\frac{t}{\tau}} = u_C(0_-)\,\mathrm{e}^{-\frac{t}{\tau}} = 6\mathrm{e}^{-3.3 \times 10^2 t}\mathrm{V}$$

$$i = -C\frac{\mathrm{d}u_C}{\mathrm{d}t} = 2\mathrm{e}^{-3.3 \times 10^2 t}\mathrm{mA}$$

7.2.2 RL 电路的零输入响应

在图 7.5 所示 RL 电路中，开关在位置 1 时，电感中已有电流流过，具备了初始储能。在 $t = 0$ 时，将开关从位置 1 合到位置 2，使电感脱离电源，输入电能为零。此时电感元件已储存磁场能量，电感中电流的初始值 $i_L(0_+) = U_S/R_0 = I_0 = i_L(0_-)$，电感元件通过电阻开始将储存的磁场能量释放出来，根据基尔霍夫电压定律，列出 $t \geqslant 0$ 时的电路方程为

$$u_L + u_R = 0$$

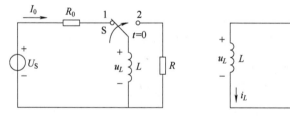

图 7.5 RL 电路的零输入响应

将电感元件的伏安特性关系式 $u_L = L\dfrac{\mathrm{d}i_L}{\mathrm{d}t}$ 和欧姆定律 $u_R = Ri_L$ 代入上式有

$$L\frac{\mathrm{d}i_L}{\mathrm{d}t} + Ri_L = 0 \tag{7-21}$$

这是一阶线性常系数齐次微分方程，初始条件 $i_L(0_+) = i_L(0_-) = \dfrac{U_S}{R} = I_0$，令此方程的通解为 $i = A\mathrm{e}^{pt}$，代入式（7-21）后得特征方程为

$$Lp + R = 0$$

特征根为

$$p = -\frac{R}{L} \tag{7-22}$$

将初始条件代入方程的通解，则可求得积分常数 $A = i_L(0_+) = I_0$。这样就得到满足初始条件

的一阶微分方程的解为

$$i_L = A\mathrm{e}^{pt} = I_0\mathrm{e}^{-\frac{R}{L}t} \tag{7-23}$$

这就是储能元件电感在放电过程中其放电电流随时间变化的规律，从中看出，电感当中的电流是按指数规律进行衰减的，衰减的快慢取决于指数中的 R/L，定义参数

$$\tau = \frac{L}{R} \tag{7-24}$$

称其为一阶动态 RL 电路的时间常数，当 R 用欧姆（Ω）做单位，L 用亨利（H）做单位，τ 的单位为秒（s）。这样，电路的各变量可表示为

$$i_L = I_0\mathrm{e}^{-\frac{t}{\tau}} \tag{7-25}$$

$$u_L = L\frac{\mathrm{d}i_L}{\mathrm{d}t} = L\frac{\mathrm{d}}{\mathrm{d}t}(I_0\mathrm{e}^{-\frac{t}{\tau}}) = -RI_0\mathrm{e}^{-\frac{t}{\tau}} \tag{7-26}$$

$$u_R = Ri_L = RI_0\mathrm{e}^{-\frac{t}{\tau}} = -u_L \tag{7-27}$$

同样，在工程上认为换路后，经过 $4\tau \sim 5\tau$ 时间过渡过程即结束。

图 7.6 所示曲线分别为 i_L、u_L、u_R 随时间变化的曲线。

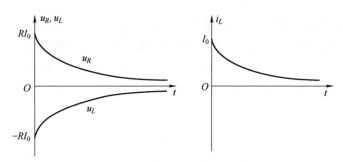

图 7.6　RL 电路零输入响应各变量响应曲线

在一阶 RL 电路零输入响应中，电感储存的磁场能量经电路释放出来，最终都被电阻转变成热量消耗掉，这可以从电阻消耗能量的公式反映出来

$$W_R = \int_0^\infty Ri^2\mathrm{d}t = \int_0^\infty R(I_0\mathrm{e}^{-\frac{t}{\tau}})^2\mathrm{d}t = RI_0^2\int_0^\infty \mathrm{e}^{-\frac{2t}{RC}}\mathrm{d}t = \frac{1}{2}LI_0^2 \tag{7-28}$$

例 7.3　图 7.7 所示 RL 电路是发电机的励磁线圈电路。已知线圈的电阻 $R = 0.2\Omega$，$L = 0.5\mathrm{H}$，直流电压源的电压 $U = 40\mathrm{V}$，在线圈二端加一直流电压表，测量线圈电压，电压表的量程为 50V，其内阻 $R_V = 5\mathrm{k}\Omega$。电路此时处于稳定状态。在 $t = 0$ 时打开开关，求开关打开后电路中的电流 i 和电压表二端的电压 u_V。

解：　$$i(0_-) = \frac{U}{R} = \frac{40\mathrm{V}}{0.2\Omega} = 200\mathrm{A}$$

开关断开瞬间，电路的时间常数为

$$\tau = \frac{L}{R + R_V} = \frac{0.5\mathrm{H}}{(0.2 + 5000)\Omega} = 100\mu\mathrm{s}$$

按照 RL 电路零输入响应分析得到的结果有

$$i = i(0_+)\mathrm{e}^{-\frac{t}{\tau}} = i(0_-)\mathrm{e}^{-\frac{t}{\tau}} = 200\mathrm{e}^{-10000t}\mathrm{A}$$

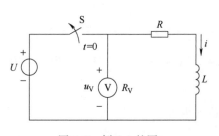

图 7.7　例 7.3 的图

根据电压表的电压参考方向和电流的实际流向，得电压表二端的电压为

$$u_V = -Ri = -5000 \times 200e^{-10000t}\,\text{V} = -1 \times 10^6 e^{-10000t}\,\text{V}$$

从这个例题可以看到，RL 电路与 RC 电路不同，在 RC 电路中，电容的电荷在连接电容的电路断开后仍能长时间保存在电容上，而电感储存的磁场能量在连接电感的电路断开后无法保存在电感中，因此将具有初始储能的电感从电源断开时，必须给电感留有放电回路，以便电感储存的磁场能量释放出来。本例中，直流电压表与电感构成了零输入回路，电压表的反向电压高达 $10^3\,\text{kV}$，直流电压表瞬间被击穿。在此电路中，如果没有直流电压表，当电感从电源断开的瞬间，电感产生的高感应电压加在开关二端，使其间空气被击穿，在开关处产生电弧，电感储存的磁场能量通过开关释放出来，巨大的能量很容易使开关烧毁，因此，将大电感或通有大电流的电感从电路中断开时，应设有放电回路，便于电感的能量释放出来，以延长开关的寿命。

7.3 一阶线性动态电路的零状态响应

一阶线性动态电路的零状态响应是指电路中的动态元件在换路前没有初始储能、换路后由外接激励引起的电路响应。同样，下面将分别介绍 RC 和 RL 电路的零状态响应。

7.3 RC 零状态
和全响应

7.3.1 RC 电路的零状态响应

在图 7.8 所示 RC 电路中，在开关 S 合向电路之前，电容元件的二端电压为零，没有初始储能，即 $u_C(0_-) = 0$，在 $t = 0$ 时刻，开关 S 合向电路，根据基尔霍夫定律，列出 $t \geq 0$ 时的电路方程为

$$u_R + u_C = U_S$$

将电容元件的伏安特性关系式 $i = C\dfrac{\mathrm{d}u_C}{\mathrm{d}t}$ 和欧姆定律 $u_R = Ri$ 代入上式有

$$RC\frac{\mathrm{d}u_C}{\mathrm{d}t} + u_C = U_S \qquad (7\text{-}29)$$

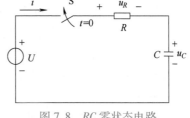

图 7.8 RC 零状态电路

式（7-29）为一阶常系数非齐次微分方程。通常方程的通解由二部分组成，即对应齐次方程的解 u_C' 和非齐次方程的特解 u_C'' 组成

$$u_C = u_C' + u_C'' \qquad (7\text{-}30)$$

对应齐次方程 $RC\dfrac{\mathrm{d}u_C'}{\mathrm{d}t} + u_C' = 0$ 的解 u_C'，前面已得出

$$u_C' = Ae^{-\frac{t}{\tau}}$$

式中，$\tau = RC$。

电路理论中认为，一般情况下，非齐次方程的特解 u_C'' 与电路的电源或动态元件在过渡过程结束后的状态有关。因此，容易得到

$$u_C'' = U_S$$

因此
$$u_C = u'_C + u''_C = Ae^{\frac{t}{\tau}} + U_S$$

将初始条件 $u_C(0_+) = u_C(0_-) = 0$ 代入上式得

$$A = -U_S$$

因而

$$u_C = U_S - U_S e^{-\frac{t}{\tau}} = U_S(1 - e^{-\frac{t}{\tau}}) \tag{7-31}$$

$$i = C\frac{du_C}{dt} = \frac{U_S}{R}e^{-\frac{t}{\tau}} \tag{7-32}$$

$$u_R = Ri = U_S e^{-\frac{t}{\tau}} \tag{7-33}$$

它们的波形分别如图 7.9a 和图 7.9b 所示。

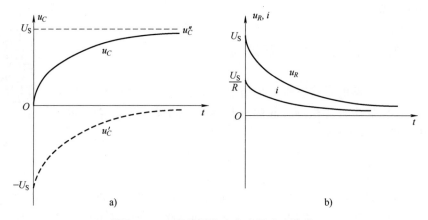

图 7.9 *RC* 电路零状态各变量响应曲线

电容元件的电压 u_C 在过渡过程结束后最终趋于稳定值 U_S，电路中的电流和电阻二端的电压都等于零，电路达到新的稳定状态，简称电路处于稳态，此时称特解 u''_C 为稳态分量，又因 u''_C 与电路的电源有关，故又称为强制分量。而齐次方程的解 u'_C 是随指数规律衰减的，过渡过程结束后它就不再存在，因此称之为暂态分量。又因此分量的变化规律与电路的电源无关，故又称为自由分量。

从电路的响应过程分析可知，零状态 *RC* 电路接通直流电压源的过程实际上是电容元件储存电场能量（充电）的过程，直流电压源通过电阻向电容充电，除电容将一部分电源能量转化为电场能量储存起来外，电阻也要消耗一部分电源能量

$$W_R = \int_0^\infty Ri^2 dt = \int_0^\infty R\left(\frac{U_S}{R}e^{-\frac{t}{\tau}}\right)^2 dt = \frac{U_S^2}{R}\int_0^\infty e^{-\frac{2t}{RC}}dt$$

$$= \frac{1}{2}CU_S^2 \tag{7-34}$$

从计算结果可知，不论电容和电阻为何值，电源提供给电路的能量，一半被电阻消耗掉，另一半被电容储存起来，对电容的充电效率最大也只有 50%。

RC 电路的零状态响应在实际应用中还可利用其反复的充放电过程使得输出电压波形和输入电压波形之间构成特定数学关系，从而满足实际应用中所需要的某些特定波形。与前面介绍的 *RC* 零状态电路中的直流电源不同，此时电路的电源是周期性的矩形激励信号输入。

1. 微分电路

图 7.10 所示为 RC 微分电路（设电路处于零状态）与输入电压和输出电压的波形。

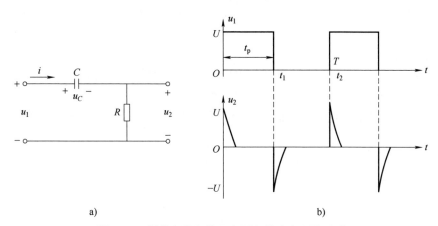

图 7.10　微分电路与输入电压和输出电压的波形

输入电压是周期性矩形电压 u_1，在电阻 R 两端输出的电压为 u_2，设 $R = 20\text{k}\Omega$，$C = 100\text{pF}$，u_1 的幅值为 $U = 6\text{V}$，脉冲宽度 $t_\text{p} = 50\mu\text{s}$，则电路的时间常数为

$$\tau = RC = 20\times10^3\times100\times10^{-12}\text{s} = 2\times10^{-6}\text{s} = 2\mu\text{s}$$

可知 $\tau \ll t_\text{p}$。

在 $t = 0$ 时，u_1 从零突然跃变到 6V，即 $u_1 = U = 6\text{V}$，开始对零状态的电容充电，由于电容两端的电压不能跃变，因而在这瞬间电容相当于短路（$u_C = 0$），所以 $u_2 = U = 6\text{V}$。因为 $\tau \ll t_\text{p}$，相对于 t_p 而言，充电很快，u_C 很快增长到 U 值，与此同时 u_2 很快衰减到零值。这样在电阻两端就输出一个正的尖脉冲。

在 $t = t_1$ 时，u_1 突然下降到零（电压为零相当于输入端短路），同样由于 u_C 不能跃变，所以在这瞬间电容经电阻反方向快速放电，u_2 很快衰减到零，这样又输出一个负脉冲。当输入电压 u_1 为周期性的矩形脉冲，输出电压 u_2 是周期性的正负尖脉冲。

比较 u_1 和 u_2 的波形，可以看到在 u_1 的上升跃变部分，$u_2 = U = 6\text{V}$，为正值最大；在 u_1 的平直部分，$u_2 \approx 0$；在 u_1 的下降跃变部分，$u_2 = -U = -6\text{V}$，此时负值最大。这种输入波形和输出波形的对应关系，反映的是电路对矩形脉冲微分的结果，因此将这种电路称为微分电路。

上面是对微分电路的定性分析，也可通过定量分析来描述 u_1 和 u_2 之间的微分关系。对电路写 KVL 方程有

$$u_1 = u_C + u_2 \tag{7-35}$$

除了输入电压 u_1 在发生跃变的瞬间之外，在脉冲持续期间都会有

$$u_C \gg u_2 \tag{7-36}$$

故有
$$u_C \approx u_1$$

这样输出电压 u_2 为

$$u_2 = Ri = RC\frac{\mathrm{d}u_C}{\mathrm{d}t} \approx RC\frac{\mathrm{d}u_1}{\mathrm{d}t} \tag{7-37}$$

即输出电压和输入电压满足微分关系，从而得到证明。

RC 微分电路的形成应具备两个条件：

1) $\tau \ll t_p$（最好 $\tau < 0.1 t_p$）。

2) 输出电压 u_2 从电阻 R 两端输出。

在脉冲电路中，常利用微分电路把矩形脉冲变换为尖脉冲，作为某些开关电路的触发信号。

2. 积分电路

微分电路和积分电路如同数学中微分和积分一样是性质相反的两个方面，积分电路同样采用零状态的 RC 电路，但输出电压是在电容两端。

图 7.11 所示为 RC 积分电路（设电路处于零状态）与输入电压和输出电压的波形。

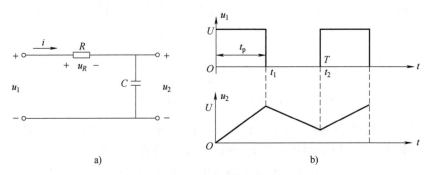

图 7.11　积分电路与输入电压和输出电压的波形

在积分电路中，要求电路应具备的条件刚好与微分电路相反，即：

1) $\tau \gg t_p$（最好 $\tau > 10 t_p$）。

2) 输出电压从电容两端输出。

刚开始时，由于 $\tau \gg t_p$，因此电容只能缓慢充电，其上的电压在输入电压 u_1 的整个脉冲持续期间内缓慢增长，当还没增长到趋于稳定值时，u_1 已为零（$t = t_1$）。然后电容经电阻缓慢放电，电容上的电压也缓慢衰减，而还没有衰减到零时，u_1 的下一个脉冲又来到并对电容开始充电，周而复始，这样就在输出端产生了一个锯齿波电压。时间常数 τ 越大，充放电就越缓慢，输出的锯齿波电压的线性也就越好。

从 u_1 和 u_2 的波形关系来看，u_2 是对 u_1 积分的结果，因此将这种电路称为积分电路。对积分电路也可通过定量分析来描述 u_1 和 u_2 之间的积分关系。对电路写 KVL 方程有

$$u_1 = u_C + u_2 \tag{7-38}$$

由于 $\tau \gg t_p$，因此零状态的电容两端的电压上升很慢，在脉冲持续期间有

$$u_R = Ri \gg u_C \tag{7-39}$$

故有

$$u_1 \approx u_R$$

这样输出电压 u_2 为

$$u_2 = u_C = \frac{1}{C} \int_0^t i \, d\tau = \frac{1}{C} \int_0^t \frac{u_R}{R} \, d\tau \approx \frac{1}{RC} \int_0^t u_1 \, d\tau \tag{7-40}$$

即输出电压和输入电压满足积分关系，从而得到证明。

在脉冲电路中，常利用积分电路将矩形脉冲变换为锯齿波，作为扫描信号使用。

7.3.2　*RL* 电路的零状态响应

在图示 *RL* 电路中，在开关 S 合向电路之前，电感元件中通过的电流为零，没有初始储

能，即 $i_L(0_-)=0$，在 $t=0$ 时刻，开关 S 合向电路，根据基尔霍夫定律，列出 $t \geqslant 0$ 时的电路方程为

$$u_R + u_L = U_S$$

将电感元件的伏安特性关系式 $u_L = L\dfrac{\mathrm{d}i_L}{\mathrm{d}t}$ 和欧姆定律 $u_R = Ri_L$ 代入上式有

$$L\frac{\mathrm{d}i_L}{\mathrm{d}t} + Ri_L = U_S \tag{7-41}$$

方程为一阶常系数非齐次微分方程。同样方程的通解由两部分组成，即对应齐次方程的解 i_L' 和非齐次方程的特解 i_L'' 组成

$$i_L = i_L' + i_L'' \tag{7-42}$$

对应齐次方程 $L\dfrac{\mathrm{d}i_L'}{\mathrm{d}t} + Ri_L' = 0$ 的 i_L' 解即暂态分量（或自由分量），由前面可得到

$$i_L' = A\mathrm{e}^{-\frac{t}{\tau}}$$

式中，$\tau = L/R$。

而非齐次方程的特解 i_L'' 即稳态分量（或强制分量），也就是过渡过程结束后，电感中电流的稳态值，从电路图 7.12 中容易得到

$$i_L'' = \frac{U_S}{R}$$

因而有

$$i_L = i_L' + i_L'' = A\mathrm{e}^{-\frac{t}{\tau}} + \frac{U_S}{R}$$

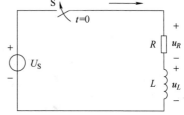

图 7.12　RL 零状态电路

将初始条件 $i_L(0_+) = i_L(0_-) = 0$ 代入上式有

$$A = -\frac{U_S}{R}$$

因此

$$i_L = -\frac{U_S}{R}\mathrm{e}^{-\frac{t}{\tau}} + \frac{U_S}{R} = \frac{U_S}{R}\left(1 - \mathrm{e}^{-\frac{t}{\tau}}\right) \tag{7-43}$$

$$u_L = L\frac{\mathrm{d}i_L}{\mathrm{d}t} = U_S\mathrm{e}^{-\frac{t}{\tau}} \tag{7-44}$$

$$u_R = Ri = U_S\left(1 - \mathrm{e}^{-\frac{t}{\tau}}\right) \tag{7-45}$$

它们的波形分别如图 7.13 所示。

例 7.4　在图 7.14 所示电路中，$U = 9\mathrm{V}$，$R_1 = 6\mathrm{k}\Omega$，$R_2 = 3\mathrm{k}\Omega$，$C = 1000\mathrm{pF}$，$u_C(0_-) = 0$，试求 $t \geqslant 0$ 时的电压 u_C。

解：首先，根据戴维南定理，将除电容以外的电路用戴维南等效电路代替，则戴维南等效电压源为

$$E = \frac{R_2 U}{R_1 + R_2} = \frac{3 \times 10^3 \times 9}{(6+3) \times 10^3}\mathrm{V} = 3\mathrm{V}$$

$$R_0 = \frac{R_1 R_2}{R_1 + R_2} = \frac{(6 \times 3) \times 10^6}{(6+3) \times 10^3} = 2 \times 10^3\Omega = 2\mathrm{k}\Omega$$

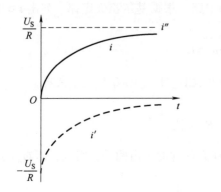 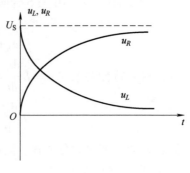

图 7.13　RL 电路零状态各变量响应曲线

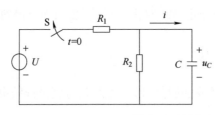 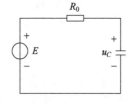

图 7.14　例 7.4 的图

电路的时间常数为

$$\tau = R_0 C = 2 \times 10^3 \times 1000 \times 10^{-12}\,\mathrm{s} = 2 \times 10^{-6}\,\mathrm{s}$$

由 RC 电路零状态响应的公式有

$$u_C = E(1 - \mathrm{e}^{-\frac{t}{\tau}}) = 3 \times (1 - \mathrm{e}^{-\frac{t}{2 \times 10^{-6}}}) = 3 \times (1 - \mathrm{e}^{-5 \times 10^5 t})\,\mathrm{V}$$

7.4 RL 响应
（三要素法）

7.4　一阶线性动态电路的全响应

　　一阶线性动态电路的全响应是指具有初始储能的动态元件和外加独立电源或激励共同作用于电路而产生的响应。

　　下面就 RC 和 RL 电路分别举例加以说明。

7.4.1　RC 电路的全响应

　　在图 7.15 所示电路中，电容元件已具有初始储能 $u_C(0_-) = U_0 < U_\mathrm{S}$，当开关 S 在 $t = 0$ 时刻合向电路，根据基尔霍夫定律，列出 $t \geqslant 0$ 时的电路方程为

$$u_R + u_C = U_\mathrm{S}$$

将电容元件的伏安特性关系式 $i = C\dfrac{\mathrm{d}u_C}{\mathrm{d}t}$ 和欧姆定律 $u_R = Ri$ 代入上式有

$$RC\frac{\mathrm{d}u_C}{\mathrm{d}t} + u_C = U_\mathrm{S}$$

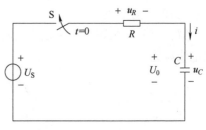

图 7.15　RC 全响应电路

方程为一阶常系数非齐次微分方程。通常方程的通解由两部分组成，即对应齐次方程的解 u'_C 和非齐次方程的特解 u''_C 组成

$$u_C = u'_C + u''_C$$

对应齐次方程 $RC\dfrac{\mathrm{d}u'_C}{\mathrm{d}t} + u'_C = 0$ 的解 u'_C，前面已得出

$$u'_C = A\mathrm{e}^{-\frac{t}{\tau}}$$

式中，$\tau = RC$。

在电路理论中认为，一般情况下，非齐次方程的特解 u''_C 与电路的电源或动态元件在过渡过程结束后的状态有关。因此，容易得到

$$u''_C = U_\mathrm{S}$$

因此

$$u_C = u'_C + u''_C = A\mathrm{e}^{-\frac{t}{\tau}} + U_\mathrm{S}$$

将初始条件 $u_C(0_+) = u_C(0_-) = U_0$ 代入上式有

$$A = U_0 - U_\mathrm{S}$$

因此

$$u_C = (U_0 - U_\mathrm{S})\mathrm{e}^{-\frac{t}{\tau}} + U_\mathrm{S} \tag{7-46}$$

式（7-46）还可写成

$$u_C = U_0\mathrm{e}^{-\frac{t}{\tau}} + U_\mathrm{S}(1 - \mathrm{e}^{-\frac{t}{\tau}}) \tag{7-47}$$

式（7-46）和式（7-47）都是电容电压在换路后的全响应，但在理解上有不同的含义。对于式（7-46），第一项是暂态分量，它随着过渡过程的结束而趋于零；第二项是稳态分量，它等于电路中施加的独立电源。因而从普遍意义上讲，有

$$全响应 = 暂态分量 + 稳态分量 \tag{7-48}$$

但从式（7-47）中又看到，第一项是当外接独立电源为零时，电容具有初始储能时的零输入响应。而第二项是当电容没有初始储能而外接独立电源时的零状态响应。二者根据线性叠加定理就构成了 RC 电路的全响应，即

$$全响应 = 零输入响应 + 零状态响应 \tag{7-49}$$

这两种结果从不同侧面反映了 RC 电路全响应的含义，它们都是线性叠加定理在一阶线性动态电路中的具体体现，这也可以用波形图的叠加来说明，如图 7.16 所示，其中图 7.16a 波形的叠加表示式（7-48），图 7.16b 波形的叠加表示式（7-49）。

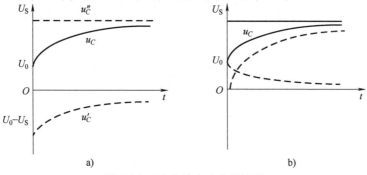

图 7.16　RC 电路全响应的波形

例7.5 在图7.17所示电路中，开关合在位置1时电路处于稳定状态，如在 $t=0$ 时将开关合向位置2后，试求电容元件上的电压 u_C。已知 $R_1=1\text{k}\Omega$，$R_2=2\text{k}\Omega$，$C=3\mu\text{F}$，$U_1=3\text{V}$，$U_2=5\text{V}$。

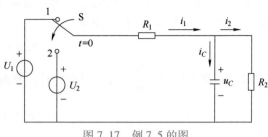

图7.17 例7.5的图

解： 根据开关在位置1时的电路图有

$$u_C(0_-)=\frac{R_2}{R_1+R_2}U_1=\frac{2\times10^3}{(1+2)\times10^3}\times3\text{V}=2\text{V}$$

解法一 在 $t\geqslant0$ 时，开关S已合向位置2，根据基尔霍夫电流定律列出电流方程为

$$i_1-i_2-i_C=0$$

由元件的伏安特性关系有

$$\frac{U_1-u_C}{R_1}-\frac{u_C}{R_2}-C\frac{\mathrm{d}u_C}{\mathrm{d}t}=0$$

整理后得

$$R_1C\frac{\mathrm{d}u_C}{\mathrm{d}t}+\left(1+\frac{R_1}{R_2}\right)u_C=U_2$$

这是一阶常系数非齐次微分方程，将各元件的参数代入，根据前面介绍的解法有

$$\tau=R_0C=\frac{R_1R_2}{R_1+R_2}C=\frac{1\times10^3\times2\times10^3}{(1+2)\times10^3}\times3\times10^{-6}\text{s}=2\times10^{-3}\text{s}$$

$$u_C=u_C'+u_C''=\left(\frac{10}{3}+A\mathrm{e}^{-500t}\right)\text{V}$$

将 $u_C(0_+)=u_C(0_-)=2\text{V}$，代入上式有 $A=-4/3$，所以

$$u_C=\left(\frac{10}{3}-\frac{4}{3}\mathrm{e}^{-500t}\right)\text{V}$$

解法二 在 $t\geqslant0$ 时，开关S已合向位置2，此时，将除电容以外的电路用戴维南定理进行简化（见图7.18），有

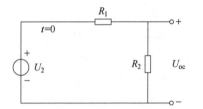 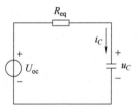

图7.18 例7.5的戴维南简化图

$$U_{\text{oc}}=\left(\frac{U_2}{R_1+R_2}\right)\times R_2=\left(\frac{5}{1+2}\right)\times2=\frac{10}{3}\text{V}$$

$$R_{\text{eq}}=\frac{R_1R_2}{R_1+R_2}=\frac{2}{3}\text{k}\Omega$$

$$\tau=R_{\text{eq}}C=\frac{2}{3}\times10^3\times3\times10^{-6}\text{s}=2\times10^{-3}\text{s}$$

参照式（7-46）有

$$U_0 = u_C(0_+) = u_C(0_-) = 2\text{V} \qquad U_S = U_{oc} = \frac{10}{3}\text{V}$$

$$u_C = U_S + (U_0 - U_S)\,\mathrm{e}^{-\frac{t}{\tau}} = \left[\frac{10}{3} + \left(2 - \frac{10}{3}\right)\mathrm{e}^{-500t}\right]\text{V} = \left(\frac{10}{3} - \frac{4}{3}\mathrm{e}^{-500t}\right)\text{V}$$

此例题电路中出现了电阻多于一个的情况，一般解这类问题时有两种方法：①根据前面解电路的方法列电路方程然后进行求解；②将动态元件以外的电路用戴维南定理进行简化成最简电路，然后进行求解。

7.4.2　*RL* 电路的全响应

同 *RC* 电路的全响应一样，在换路前电感当中已有电流，因而电感具有初始电流 $i_L(0_-) = \frac{U_S}{R_0 + R} = I_0$，$t = 0$ 时刻，开关 S 合向电路，根据基尔霍夫定律，列出 $t \geq 0$ 时的电路方程为

$$u_R + u_L = U_S$$

将电感元件的伏安特性关系式 $u_L = L\dfrac{\mathrm{d}i_L}{\mathrm{d}t}$ 和欧姆定律 $u_R = Ri_L$ 代入上式有

$$L\frac{\mathrm{d}i_L}{\mathrm{d}t} + Ri_L = U_S$$

方程为一阶常系数非齐次微分方程。同样方程的通解由二部分组成，即对应齐次方程的解 i_L' 和非齐次方程的特解 i_L''

$$i_L = i_L' + i_L''$$

对应齐次方程 $L\dfrac{\mathrm{d}i_L'}{\mathrm{d}t} + Ri_L' = 0$ 的 i_L' 解即暂态分量（或自由分量），我们前面已得到

$$i_L' = A\mathrm{e}^{-\frac{t}{\tau}}$$

式中，$\tau = \dfrac{L}{R}$。而非齐次方程的特解 i_L'' 即稳态分量（或强制分量），也就是过渡过程结束后，电感中电流的稳态值，从电路图 7.19 中容易得到

$$i_L'' = \frac{U_S}{R}$$

因而有

$$i_L = i_L' + i_L'' = A\mathrm{e}^{-\frac{t}{\tau}} + \frac{U_S}{R}$$

将初始条件 $i_L(0_+) = i_L(0_-) = \dfrac{U_S}{R_0 + R} = I_0$ 代入上式有

$$A = I_0 - \frac{U_S}{R}$$

因此

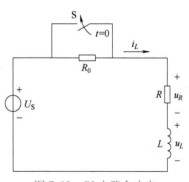

图 7.19　*RL* 电路全响应

$$i_L = \left(I_0 - \frac{U_S}{R}\right) e^{-\frac{t}{\tau}} + \frac{U_S}{R} \tag{7-50}$$

上式还可写成

$$i_L = I_0 e^{-\frac{t}{\tau}} + \frac{U_S}{R}(1 - e^{-\frac{t}{\tau}}) \tag{7-51}$$

式（7-50）和式（7-51）的解释与 RC 电路的全响应完全相同。式（7-50）表示 RL 电路的全响应是暂态分量和稳态分量的线性叠加，式（7-51）表示 RL 电路的全响应是零输入响应和零状态响应的线性叠加，同样也可用图 7.20 的曲线来表示它们的叠加，其中图 7.20a 曲线的叠加表示式（7-50），图 7.20b 曲线的叠加表示式（7-51）。

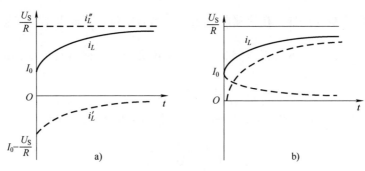

图 7.20　RL 电路全响应的波形叠加

例 7.6　如图 7.21 所示电路，U_S 为直流电源，S 开关打开已久。当 $t=0$，S 闭合，求过渡电流 i。

解：U_S 是直流电源，S 打开已久，电路处于稳定状态，此时电感相当于短路，即

$$i(0_+) = i(0_-) = \frac{U_S}{R_1 + R_2}$$

S 开关合上后，电路方程为

$$L\frac{di}{dt} + R_1 i = U_S$$

电路的暂态分量为

$$i' = A e^{-\frac{t}{\tau}}$$

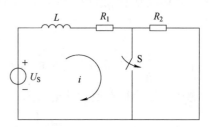

图 7.21　例 7.6 的图

式中，$\tau = L/R_1$。

电路的稳态分量，也就是过渡过程结束后，电路进入到一个新的稳定状态，此时电感中的电流为

$$i'' = \frac{U_S}{R_1}$$

则电路的全响应为

$$i = i' + i'' = A e^{-\frac{t}{\tau}} + \frac{U_S}{R_1}$$

将初始条件代入有

$$A = \frac{U_S}{R_1 + R_2} - \frac{U_S}{R_1}$$

于是得

$$i = \frac{U_S}{R_1} + \left(\frac{U_S}{R_1 + R_2} - \frac{U_S}{R_1} \right) e^{-\frac{t}{\tau}} = \frac{U_S}{R_1} \left(1 - e^{-\frac{t}{\tau}} \right) + \frac{U_S}{R_1 + R_2} e^{-\frac{t}{\tau}}$$

7.5　求解一阶线性动态电路的三要素法

从上面对一阶动态 RC 和 RL 电路的零输入响应、零状态响应和全响应的分析知道，一阶动态电路的全响应概括了动态电路响应的全过程，零输入响应和零状态响应只是全响应的特例情况。通过对一阶动态 RC 和 RL 电路的全响应分析知道，全响应可看成是暂态分量和稳态分量的线性叠加，由结果公式可知，只要确定了所求变量的初始值、过渡过程结束后的稳态值、时间常数这三个量值，就可以直接写出在直流电源作用下一阶动态电路全响应的表达式。这种方法称为求解一阶动态电路的三要素法。

7.5 一阶线性
电路三要素法

设一阶动态电路中所求变量为 $y(t)$，变量的初始值为 $y(0_+)$，变量在过渡过程结束后的稳态值为 $y(\infty)$，时间常数为 τ，则直接可写出全响应的表达式为

$$
\begin{aligned}
y(t) &= y'(t) + y''(t) \\
&= y''(t) + A e^{-\frac{t}{\tau}} \\
&= y(\infty) + [y(0_+) - y(\infty)] e^{-\frac{t}{\tau}}
\end{aligned}
\tag{7-52}
$$

式中，$y'(t)$ 和 $y''(t)$ 分别表示全响应中对应齐次方程的解和对应非齐次方程的特解，也称为稳态分量和暂态分量；A 为积分常数。

在使用一阶电路的三要素法求解动态电路的过渡过程时应当注意两个问题：

1）在一阶动态电路中，只求动态元件的电压或电流参数时，当电路不是最简电路时，须将除动态元件以外的电路部分用戴维南定理或诺顿定理进行等效变换，化简成最简电路，以求得动态元件的电压或电流随时间的变化规律。如果还要求计算电路的其他参数，则电路还需还原成原电路，只能按原电路进行分析计算其他参数随时间的变化规律。

2）在一阶动态电路中，只有电容元件二端的电压电路 u_C 和电感元件中流过的电流 i_L 满足换路定则，而电容元件中流过的电流 i_C 和电感二端的电压 u_L 及电路中其他元件的参数都不满足换路定律，它们的 $y(0_+)$ 值需在电路换路后的瞬间根据电路的具体情况求得。此时，具有初始储能的电容元件可等效成一个电压源，而具有初始储能的电感元件可等效成一个电流源，然后结合这两点及电路情况，求出其他没有换路定律的元件或支路在换路瞬间后的 $y(0_+)$ 值。

例 7.7　试用一阶电路三要素法求图 7.22 所示电路在 $t \geq 0$ 时的 u_C 和 u_0。设 $U = 6V$，$R_1 = 10k\Omega$，$R_2 = 20k\Omega$，$C = 1000pF$，$u_C(0_-) = 0$。

解： 根据一阶电路三要素法，有

（1）确定各变量的初始值 $y(0_+)$

$$u_C(0_+) = u_C(0_-) = 0$$

由于 $u_C(0_+) = 0$，故此时电容相当于短路，$u_0(0_+) = 6V$

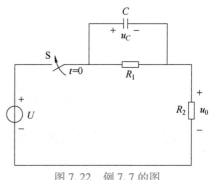

（2）确定各变量的稳态值 $y(\infty)$。当电路达到稳态后，电容相当于开路，故有

$$u_C(\infty) = \frac{R_1}{R_1+R_2}U = \frac{10\times10^3}{(10+20)\times10^3}\times6V = 2V$$

$$u_0(\infty) = U-u_C = (6-2)V = 4V$$

（3）确定时间常数 τ。利用戴维南定理求等效电阻的方法，从电容二端看进去的等效电阻 R_0（电压源短路），进而有

$$\tau = R_0C = \frac{R_1R_2}{R_1+R_2}C = \frac{10\times10^3\times20\times10^3}{(10+20)\times10^3}\times1000\times10^{-12}s = \frac{2}{3}\times10^{-5}s$$

图 7.22 例 7.7 的图

最后得

$$u_C = u_C(\infty) + [u_C(0_+)-u_C(\infty)]e^{-\frac{t}{\tau}} = [2+(0-2)e^{-1.5\times10^5t}]V = (2-2e^{-1.5\times10^5t})V$$

$$u_0 = u_0(\infty) + [u_0(0_+)-u_0(\infty)]e^{-\frac{t}{\tau}} = [4+(6-4)e^{-1.5\times10^5t}]V = (4+2e^{-1.5\times10^5t})V$$

例 7.8 电路如图 7.23 所示，在换路前电路处于稳定状态。当 $t=0$ 时将开关从位置 1 合向位置后，试求 i_L 和 i，并做出它们的变化曲线。已知 $R_1=1\Omega$，$R_2=2\Omega$，$R_3=1\Omega$，$L=3H$。

解：（1）求各变量的初始值 $y(0_+)$。由于电流实际流向与参考方向相反，故有

$$i_L(0_+) = i_L(0_-) = -\frac{3}{R_1+\dfrac{R_2R_3}{R_2+R_3}}\times\frac{R_2}{R_2+R_3} = -\frac{3}{1+\dfrac{2\times1}{2+1}}\times\frac{2}{2+1}A = -\frac{6}{5}A$$

对 A 点求结点电压，此时电感可等效为一个电流源，于是有

$$u_A(0_+) = \frac{\dfrac{3}{R_1}-i_L(0_+)}{\dfrac{1}{R_1}+\dfrac{1}{R_2}} = \frac{\dfrac{3}{1}-\left(-\dfrac{6}{5}\right)}{1+\dfrac{1}{2}}V = \frac{14}{5}V$$

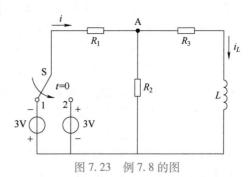

$$i(0_+) = \frac{3-u_A(0_+)}{R_1} = \frac{3-\dfrac{14}{5}}{1}A = \frac{1}{5}A$$

图 7.23 例 7.8 的图

（2）求各变量的稳态值 $y(\infty)$

$$i_L(\infty) = \frac{3A}{R_1+\dfrac{R_2R_3}{R_2+R_3}}\times\frac{R_2}{R_2+R_3} = \frac{3}{1+\dfrac{2\times1}{2+1}}\times\frac{2}{2+1}A = \frac{6}{5}A$$

$$i(\infty) = \frac{3A}{R_1+\dfrac{R_2R_3}{R_2+R_3}} = \frac{3A}{1+\dfrac{2\times1}{2+1}} = \frac{9}{5}A$$

（3）求电路的时间常数 τ。利用戴维南定理求等效电阻的方法，从电感二端看进去的等

效电阻（电压源短路）为

$$R_0 = \frac{R_2 R_3}{R_2 + R_3} + R_1 = \left[\frac{2 \times 1}{2+1} + 1\right] \Omega = \frac{5}{3} \Omega$$

$$\tau = \frac{L}{R_0} = \frac{3}{\frac{5}{3}} s = \frac{9}{5} s$$

最后根据一阶电路的三要素法得

$$i_L = i_L(\infty) + [i_L(0_+) - i_L(\infty)] e^{-\frac{t}{\tau}} = \left[\frac{6}{5} + \left(-\frac{6}{5} - \frac{6}{5}\right) e^{-\frac{5}{9}t}\right] A = \left(\frac{6}{5} - \frac{12}{5} e^{-\frac{5}{9}t}\right) A = \left(1.2 - 2.4 e^{-\frac{5}{9}t}\right) A$$

$$i = i(\infty) + [i(0_+) - i(\infty)] e^{-\frac{t}{\tau}} = \left[\frac{9}{5} + \left(\frac{1}{5} - \frac{9}{5}\right) e^{-\frac{5}{9}t}\right] A = \left(\frac{9}{5} - \frac{8}{5} e^{-\frac{5}{9}t}\right) A = \left(1.8 - 1.6 e^{-\frac{5}{9}t}\right) A$$

它们的曲线如图 7.24 所示。

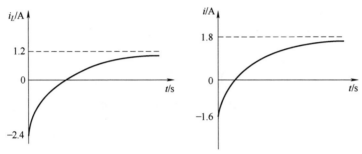

图 7.24　例 7.8 的图

7.6　一阶线性动态电路的阶跃响应和冲激响应

7.6.1　一阶线性动态电路的阶跃响应

7.6.1.1　单位阶跃函数和阶跃函数的定义

单位阶跃函数一般用 $\varepsilon(t)$ 表示，其定义为

$$\varepsilon(t) = \begin{cases} 0 & t \leqslant 0_- \\ 1 & t \geqslant 0_+ \end{cases} \tag{7-53}$$

其波形如图 7.25a 所示，它在 $t<0$ 时恒为零，$t>0$ 时恒为 1。$t=0$ 时由 0 阶跃到 1，这是一个跃变过程，其函数值不定。单位阶跃函数是一个奇异函数。

如果单位阶跃函数 $\varepsilon(t)$ 乘以任意常量，则所得结果称为阶跃函数，其表达式为

$$A\varepsilon(t) = \begin{cases} 0 & t \leqslant 0_- \\ A & t \geqslant 0_+ \end{cases} \tag{7-54}$$

其波形如图 7.25b 所示。

阶跃函数在电路理论中的应用之一是描述电路中的某些开关动作，如图 7.26 中所示，它表示在 $t=0$ 时将单位直流电压源或电流源接入到电路中。因此，阶跃函数在电路中作为开关的数学模型，所以有时也将其称为开关函数。

7.6 一阶动态电路
的阶跃响应和
冲击响应

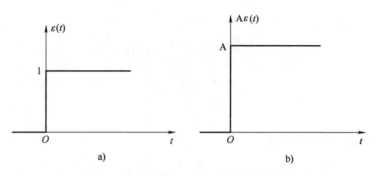

图 7.25　单位阶跃函数和阶跃函数的波形

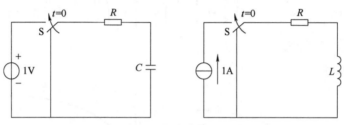

图 7.26　单位阶跃函数作为开关模型

如图 7.27a 所示，定义在任何时刻 t_0 开始的单位阶跃延迟函数的表达式为

$$\varepsilon(t-t_0)=\begin{cases}0 & t\leqslant t_{0_-}\\1 & t\geqslant t_{0_+}\end{cases} \tag{7-55}$$

如果单位阶跃函数 $\varepsilon(t-t_0)$ 乘以任意常量 A，则所得结果称为阶跃延迟函数，其表达式为

$$A\varepsilon(t-t_0)=\begin{cases}0 & t\leqslant t_{0_-}\\A & t\geqslant t_{0_+}\end{cases} \tag{7-56}$$

其波形如图 7.27b 所示。

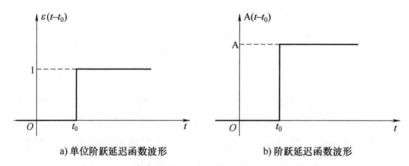

a) 单位阶跃延迟函数波形　　　　　　b) 阶跃延迟函数波形

图 7.27　单位阶跃延迟函数和阶跃延迟函数波形

单位阶跃函数还可用来起始和终止任意一个时间函数 $f(t)$。设 $f(t)$（见图 7.28a）是对所有时间都有定义的函数，则

$$f(t)\left[\varepsilon(t-t_1)-\varepsilon(t-t_2)\right]=\begin{cases}f(t) & t_{1_+}\leqslant t\leqslant t_{2_-}\\0 & t\leqslant t_{1_-}\text{ 或 } t>t_{2_+}\end{cases} \tag{7-57}$$

其作用如图 7.28b 所示。

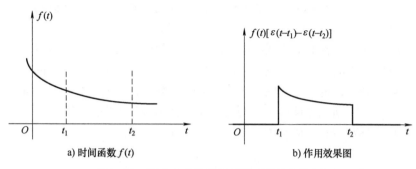

a) 时间函数 $f(t)$ b) 作用效果图

图 7.28 函数及单位阶跃函数对其起始作用

阶跃函数在电路理论中的应用之二是可以很方便地合成某些信号，例如图 7.29a 所示矩形脉冲信号可看成图 7.29b 和图 7.29c 二个阶跃函数的叠加，其数学表达式为

$$f(t) = f_1(t) + f_2(t) = \varepsilon(t) - \varepsilon(t-t_0) \tag{7-58}$$

对于图 7.30a 所示的单位延迟矩形脉冲，可看成图 7.30b 和图 7.30c 二个单位阶跃延迟函数的叠加，同样可写出它的数学表达式为

$$f(t) = f_1(t) + f_2(t) = \varepsilon(t-t_1) - \varepsilon(t-t_2) \tag{7-59}$$

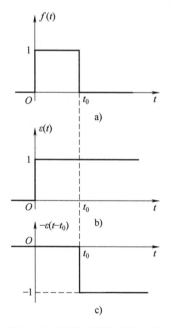

图 7.29 单位矩形脉冲的合成

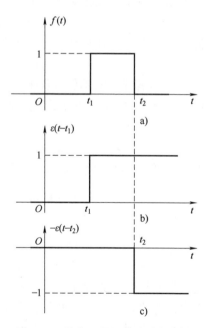

图 7.30 单位延迟矩形脉冲的合成

7.6.1.2 单位阶跃响应和阶跃响应

一阶线性动态电路在单位阶跃函数信号的激励下产生的零状态响应称为单位阶跃响应，而电路在一般阶跃函数的激励下产生的零状态响应称为阶跃响应。

单位阶跃函数 $\varepsilon(t)$ 作用于电路相当于单位直流电源（1V 电压源或 1A 电流源）在 $t = 0$ 时接入电路，因此对于一阶线性动态电路，电路的单位阶跃响应可用一阶线性动态电路的三要素法求解。

若电路在单位阶跃函数 $\varepsilon(t)$ 激励下的零状态响应（即单位阶跃响应）是 $y(t)$，则在阶跃函数 $A\varepsilon(t)$ 激励下的零状态响应是 $Ay(t)$，在延迟阶跃函数 $A\varepsilon(t-\tau)$ 激励下的零状态响应是 $Ay(t-\tau)$。如果有若干个阶跃激励共同作用于电路，则其零状态响应等于各个激励分别单独作用电路时产生的零状态响应的线性叠加。需要注意的是，这些不同的激励可以施加在电路的同一输入端口，也可分别施加于不同的输入端口，但响应只能位于同一输出端口。

例 7.9 如图 7.31 所示电路，电流源对电路的激励波形如图 7.31b 所示，试求电路的零状态响应 $u_C(t)$，设 $R_1 = 6\Omega$，$R_2 = 4\Omega$，$C = 0.2\mathrm{F}$，$u_C(0_-) = 0$。

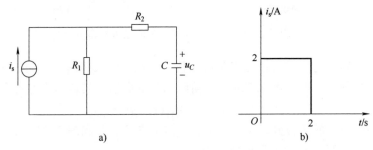

图 7.31 例 7.9 的图

解：根据电流源的激励波形，可以写出它的数学表达式为

$$i_s(t) = [2\varepsilon(t) - 2\varepsilon(t-2)]\mathrm{A}$$

根据电路的线性叠加定理，设电容元件在此电流源的激励下的零状态响应为

$$u_C(t) = [2f(t) - 2f(t-2)]\mathrm{V}$$

式中，$f(t)$ 是电容元件的单位阶跃响应。

利用一阶电路的三要素法，求电容在电流源 $i_s = \varepsilon(t)$ 作用下的响应为

$$u_C(0_+) = u_C(0_-) = 0 \qquad u_C(\infty) = R_1 i_s = 6 \times 1\mathrm{V} = 6\mathrm{V}$$

$$\tau = R_0 C = (R_1 + R_2)C = 10 \times 0.2\mathrm{s} = 2\mathrm{s}$$

故电容元件的单位阶跃响应为

$$f(t) = u_C(\infty) + [u_C(0_+) - u_C(\infty)]\mathrm{e}^{-\frac{t}{\tau}} = 6(1 - \mathrm{e}^{-\frac{t}{2}})\varepsilon(t)\mathrm{V}$$

将此式代入 $u_C(t)$ 有

$$u_C(t) = 12(1 - \mathrm{e}^{-\frac{t}{2}})\varepsilon(t) - 12(1 - \mathrm{e}^{-\frac{t-2}{2}})\varepsilon(t-2)\mathrm{V}$$

其波形如图 7.32 所示，从图中可以看到，电容在电流源矩形脉冲的激励下，首先电容被充电，在电流源停止作用后，再向电路放电。

当然也可以采用分段函数的方法来求解。

首先求电容元件的零状态响应为

$$u_C(t) = U_s(1 - \mathrm{e}^{-\frac{t}{\tau}}) = 12(1 - \mathrm{e}^{-\frac{t}{2}})\mathrm{V} \quad 0 \leqslant t \leqslant 2$$

然后求电路在 $t > 2$ 的零输入响应，当 $t = 2$ 时，电容二端的电压为

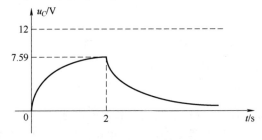

图 7.32 例 7.9 的结果图

$$u_C(2) = 12(1 - \mathrm{e}^{-\frac{2}{2}}) = 7.59\mathrm{V}$$

得到零输入响应为

$$u_C(t) = 7.59\mathrm{e}^{-\frac{t-2}{2}}\mathrm{V}$$

故在电流源的矩形脉冲激励下有

$$u_C(t) = \begin{cases} 12(1-\mathrm{e}^{-\frac{t}{2}})\mathrm{V} & 0 \leqslant t \leqslant 2\mathrm{s} \\ 7.59\mathrm{e}^{-\frac{t-2}{2}}\mathrm{V} & t > 2\mathrm{s} \end{cases}$$

7.6.2　一阶线性动态电路的冲激响应

7.6.2.1　单位冲激函数的定义

单位冲激函数一般用 $\delta(t)$ 表示，其定义为

$$\begin{cases} \delta(t) = 0 & t \neq 0 \\ \int_{-\infty}^{\infty} \delta(t)\,\mathrm{d}t = 1 & t = 0 \end{cases} \tag{7-60}$$

其波形如图 7.33a 所示。单位冲激函数又称为 δ 函数，它也是一个奇异函数。

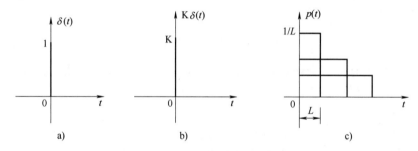

图 7.33　单位冲激函数和冲激函数

单位冲激函数可以理解为，在图 7.33c 中，图中矩形的面积为单位面积 1，当矩形的边长 $L \to 0$，$1/L \to \infty$ 所得到的图形。

如果将单位冲激函数乘以任意常数 K，则称之为冲激函数，表达式为

$$\begin{cases} \mathrm{K}\delta(t) = 0 & t \neq 0 \\ \int_{-\infty}^{\infty} \mathrm{K}\delta(t)\,\mathrm{d}t = \mathrm{K} & t = 0 \end{cases} \tag{7-61}$$

其波形如图 7.33b 所示。单位冲激函数可以理解为，在图 7.33c 中，图中矩形的面积为单位面积，当矩形的边长 L 趋近于 0 所得到的图形。

同样可以定义单位延迟冲激函数和延迟冲激函数，它们的波形如图 7.34a 和 b 所示。

$$\begin{cases} \delta(t-t_0) = 0 & t \neq t_0 \\ \int_{-\infty}^{\infty} \delta(t-t_0)\,\mathrm{d}t = 1 & t = t_0 \end{cases} \tag{7-62}$$

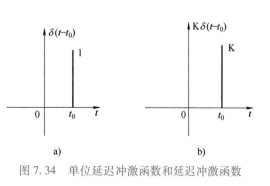

图 7.34　单位延迟冲激函数和延迟冲激函数

$$\begin{cases} K\delta(t-t_0)=0 & t\neq t_0 \\ \int_{-\infty}^{\infty} K\delta(t-t_0)\,\mathrm{d}t=K & t=0 \end{cases} \tag{7-63}$$

单位冲激函数具有两个重要性质：

1）单位冲激函数与单位阶跃函数之间具有关联性，即

$$\int_{-\infty}^{t} \delta(\xi)\,\mathrm{d}\xi=\varepsilon(t) \tag{7-64}$$

$$\frac{\mathrm{d}\varepsilon(t)}{\mathrm{d}t}=\delta(t) \tag{7-65}$$

2）单位冲激函数具有"筛分"性质，即对于任意在 $t=0$ 的连续函数 $f(t)$ 有

$$\begin{cases} \delta(t)=0 & t\neq 0 \\ f(t)\delta(t)=f(0)\delta(t) & t=0 \end{cases}$$

因此

$$\int_{-\infty}^{\infty} f(t)\delta(t)\,\mathrm{d}t=f(0)\int_{-\infty}^{\infty} \delta(t)\,\mathrm{d}t=f(0) \tag{7-66}$$

同样，对于任意在 $t=t_0$ 的连续函数 $f(t)$ 有

$$\int_{-\infty}^{\infty} f(t)\delta(t-t_0)\,\mathrm{d}t=f(t_0) \tag{7-67}$$

这表明，冲激函数具有把一个函数在任何时刻的值"取"出来的性质，将其称为"筛分"性质，又称之为"取样"性质。

7.6.2.2 单位冲激响应

由对一阶动态电路的过渡过程分析可以知道，电容二端的电压和电感中的电流在换路前后的瞬间其值保持不变，也就是它们的值在换路瞬间不能发生跃变，即 $u_C(0_+)=u_C(0_-)$，$i_L(0_+)=i_L(0_-)$。但由于冲激函数的奇异性质，使得上述关系式不再成立，下面就单位冲激函数作用于零状态的一阶 RC 和 RL 电路的情况加以说明。

1）单位冲激电流源 $\delta_i(t)$ 作用于零状态、且 $C=1\mathrm{F}$ 的电容上，此时电容的电压为

$$u_C=\frac{1}{C}\int_{0_-}^{0_+} \delta_i(t)\,\mathrm{d}t=\frac{1}{C}=1\mathrm{V} \tag{7-68}$$

单位冲激电流源瞬间将电容充电，使电容电压从零跃变到 1V。

2）单位冲激电压源 $\delta_u(t)$ 作用于零状态、且 $L=1\mathrm{H}$ 的电感上，此时电感电流为

$$i_L=\frac{1}{L}\int_{0_-}^{0_+} \delta_u(t)\,\mathrm{d}t=\frac{1}{L}=1\mathrm{A} \tag{7-69}$$

单位冲激电压源瞬间在电感中产生电流，使电感电流从零跃变到 1A。

从上面的分析看到，单位冲激电源在 $[0_-,0_+]$ 时间内使零状态的电容电压和电感电流发生跃变，当 $t\geq 0_+$ 后，冲激电源的作用为零，但此时电容的电压和电感的电流不为零，已经具备初始储能，电路产生零输入响应，它们分别为

$$u_C=u_C(0_+)\mathrm{e}^{-\frac{t}{\tau}}=\frac{1}{C}\mathrm{e}^{-\frac{t}{\tau}} \quad t\geq 0_+$$

$$i_L=i_L(0_+)\mathrm{e}^{-\frac{t}{\tau}}=\frac{1}{L}\mathrm{e}^{-\frac{t}{\tau}} \quad t\geq 0_+$$

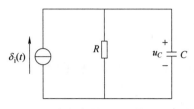

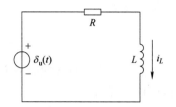

图 7.35　单位冲激电流源作用于电容　　　图 7.36　单位冲激电压源作用于电感

一阶动态电路在单位冲激函数信号的激励下产生的零状态响应称为单位冲激响应。

在分析冲激电源作用于零状态的一阶动态电路时，在 $[0_-, 0_+]$ 时间内，动态元件的换路定律不再成立，只能利用上述二个性质求出动态元件的 0_+ 值。当 $t \geq 0_+$ 后，冲激电源不再作用电路（冲激电压源短路、冲激电流源开路），此时电路产生的响应是在冲激电源的作用下动态元件已具备初始储能而产生的零输入响应。

7.7　二阶线性动态电路的零输入响应

一般来说，具有两个动态元件的电路称之为二阶电路（若干个电容或电感可以等效成一个电容或电感的电路除外）。在确定二阶电路的解时，需要两个独立的初始条件。RLC 电路是最简单的二阶电路。

RLC 串联电路如图 7.37 所示。以电容电压为电路变量（响应），根据基尔霍夫电压定律列出电路方程为

$$u_R + u_L + u_C = U_S$$

将 $i = C\dfrac{\mathrm{d}u_C}{\mathrm{d}t}$，$u_R = Ri = RC\dfrac{\mathrm{d}u_C}{\mathrm{d}t}$，$u_L = L\dfrac{\mathrm{d}i}{\mathrm{d}t} = LC\dfrac{\mathrm{d}^2 u_C}{\mathrm{d}t^2}$

代入上式有

$$\frac{\mathrm{d}^2 u_C}{\mathrm{d}t^2} + \frac{R}{L}\frac{\mathrm{d}u_C}{\mathrm{d}t} + \frac{1}{LC}u_C = \frac{1}{LC}U_S \qquad (7\text{-}70)$$

图 7.37　RCL 串联电路的零输入响应

求解该方程需两个初始条件，它们由电容电压的初始状态和电感电流的初始状态给出，即

$$\begin{cases} u_C(0_+) \\ \dfrac{\mathrm{d}u_C}{\mathrm{d}t} = \dfrac{i_C(0_+)}{C} = \dfrac{i(0_+)}{C} \end{cases} \qquad (7\text{-}71)$$

如果电容和电感的初始状态是零状态，则该方程是二阶电路的零状态响应，它是一个二阶线性常系数非齐次微分方程。为简便起见，首先讨论二阶电路的零输入响应，即方程为二阶线性常系数齐次微分方程。

在图 7.37 中，设电路此时已处于稳定状态，当 $t = 0$ 时，开关 S 由位置 1 合向位置 2，电路此时是具有初始储能的电容进行放电而产生的零输入响应，因此初始条件为

$$\begin{cases} u_C(0_+) = U_S \\ \dfrac{\mathrm{d}u_C}{\mathrm{d}t} = \dfrac{i(0_+)}{C} = 0 \end{cases} \qquad (7\text{-}72)$$

这样式（7-70）变为

$$LC\frac{\mathrm{d}^2 u_C}{\mathrm{d}t^2} + RC\frac{\mathrm{d}u_C}{\mathrm{d}t} + u_C = 0 \tag{7-73}$$

方程为二阶线性常系数齐次微分方程，解此方程时，仍可设方程的解为 $u_C = Ae^{pt}$，将其代入上式得特征方程为

$$LCp^2 + RCp + 1 = 0 \tag{7-74}$$

这是一个一元二次方程，其特征根为

$$p = -\frac{R}{2L} \pm \sqrt{\left(\frac{R}{2L}\right)^2 - \frac{1}{LC}} \tag{7-75}$$

由于二阶电路中的 R、L、C 的参数可以为任意数值，因此特征根有可能是①两个不相等的实根；②一对共轭复根；③二个相等的实根。下面就这三种情况分别讨论。

1. $R > 2\sqrt{L/C}$，过阻尼状态，方程有二个不相等的实根

此时 $\left(\frac{R}{2L}\right)^2 - \frac{1}{LC} > 0$，电压 u_C 可写成

$$u_C = A_1 e^{p_1 t} + A_2 e^{p_2 t}$$

式中

$$p_1 = -\frac{R}{2L} + \sqrt{\left(\frac{R}{2L}\right)^2 - \frac{1}{LC}} \tag{7-76}$$

$$p_2 = -\frac{R}{2L} - \sqrt{\left(\frac{R}{2L}\right)^2 - \frac{1}{LC}} \tag{7-77}$$

将初始条件 $u_C(0_+) = u_C(0_-) = U_S$，$\dfrac{\mathrm{d}u_C}{\mathrm{d}t} = \dfrac{i(0_+)}{C} = 0$ 代入得

$$\begin{cases} A_1 + A_2 = U_S \\ p_1 A_1 + p_2 A_2 = 0 \end{cases}$$

解此联立方程得

$$A_1 = \frac{p_2 U_S}{p_2 - p_1} \qquad\qquad A_2 = -\frac{p_1 U_S}{p_2 - p_1} \tag{7-78}$$

于是有

$$u_C = \frac{U_S}{p_2 - p_1}(p_2 e^{p_1 t} - p_1 e^{p_2 t}) \tag{7-79}$$

$$i = C\frac{\mathrm{d}u_C}{\mathrm{d}t} = \frac{p_1 p_2 C U_S}{p_2 - p_1}(e^{p_1 t} - e^{p_2 t}) = \frac{U_S}{L(p_2 - p_1)}(e^{p_1 t} - e^{p_2 t}) \tag{7-80}$$

$$u_L = L\frac{\mathrm{d}i}{\mathrm{d}t} = \frac{U_S}{p_2 - p_1}(p_1 e^{p_1 t} - p_2 e^{p_2 t}) \tag{7-81}$$

$$u_R = Ri = \frac{RU_S}{L(p_2 - p_1)}(e^{p_1 t} - e^{p_2 t}) \tag{7-82}$$

图 7.38 给出了它们随时间变化的曲线，从图中可以看出，u_C、i 始终不改变方向，而且有 $u_C \geqslant 0$，$i \leqslant 0$（电容放电电流的实际方向与参考方向相反），说明电容在整个过渡过程中一直释放储存的能量，不会出现振荡，因此称为非振荡放电或过阻尼放电。且有 $i(0_+) = 0$，

$i(\infty)=0$，因而在放电过程中放电电流会出现一极大值，出现极大值的时间 t_m 由 $\mathrm{d}i/\mathrm{d}t=0$ 得到

$$t_m=\frac{\ln(p_2/p_1)}{p_1-p_2} \qquad (7\text{-}83)$$

当 $t<t_m$ 时，电感吸收电容释放的能量并转化为磁场能量储存起来；当 $t>t_m$ 时，电感将储存的磁场能量向电路释放出来，与电容释放的能量共同作用于电路，直至能量释放完毕。当 $t=t_m$，则是电感电压过零点。

例 7.10 在图 7.39 电路中，已知 $U_S=$ 10V，$C=1\mu\mathrm{F}$，$R=4\mathrm{k}\Omega$，$L=1\mathrm{H}$，电路已处于稳定状态，开关 S 在 $t=0$ 时由位置 1 合向位置 2，试求：

（1）u_C、i、u_R、u_L 随时间的变化规律。

（2）电路中的电流何时达到最大，此时最大电流 $i_{\max}$ 为多少？

解：（1）$2\sqrt{\dfrac{L}{C}}=2\sqrt{\dfrac{1}{10^{-6}}}\Omega=2\mathrm{k}\Omega<R=4\mathrm{k}\Omega$，电路处于过阻尼状态，且 $u_C(0_+)=u_C(0_-)=U_s$，电路的特征根为

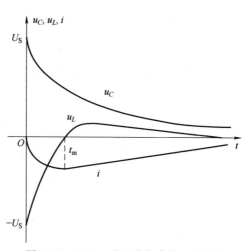

图 7.38　RLC 二阶电路各参数响应曲线

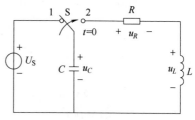

图 7.39　例 7.10 的图

$$p_1=-\frac{R}{2L}+\sqrt{\left(\frac{R}{2L}\right)^2-\frac{1}{LC}}=-\frac{4\times10^3}{2\times1}+\sqrt{\left(\frac{4\times10^3}{2\times1}\right)^2-\frac{1}{1\times10^{-6}}}=-268$$

$$p_2=-\frac{R}{2L}-\sqrt{\left(\frac{R}{2L}\right)^2-\frac{1}{LC}}=-\frac{4\times10^3}{2\times1}-\sqrt{\left(\frac{4\times10^3}{2\times1}\right)^2-\frac{1}{1\times10^{-6}}}=-3732$$

$$u_C=\frac{U_S}{p_2-p_1}(p_2\mathrm{e}^{p_1t}-p_1\mathrm{e}^{p_2t})=(10.77\mathrm{e}^{-268t}-0.77\mathrm{e}^{-3732t})\mathrm{V}$$

$$i=-C\frac{\mathrm{d}u_C}{\mathrm{d}t}=-\frac{U_S}{L(p_2-p_1)}(\mathrm{e}^{p_1t}-\mathrm{e}^{p_2t})=2.89(\mathrm{e}^{-268t}-\mathrm{e}^{-3732t})\mathrm{mA}$$

$$u_R=Ri=11.56(\mathrm{e}^{-268t}-\mathrm{e}^{-3732t})\mathrm{V}$$

$$u_L=L\frac{\mathrm{d}i}{\mathrm{d}t}=-\frac{U_S}{p_2-p_1}(p_1\mathrm{e}^{p_1t}-p_2\mathrm{e}^{p_2t})=(10.77\mathrm{e}^{-3732t}-0.77\mathrm{e}^{-268t})\mathrm{V}$$

（2）在 $t=t_m$ 时，电流达到最大

$$t_m=\frac{\ln(p_2/p_1)}{p_1-p_2}=7.6\times10^{-4}\mathrm{s}$$

$$i_{\max}=2.89(\mathrm{e}^{-268\times7.6\times10^{-4}}-\mathrm{e}^{-3732\times7.6\times10^{-4}})\mathrm{A}=2.19\mathrm{mA}$$

2. $R<2\sqrt{\dfrac{L}{C}}$，欠阻尼状态，方程有一对共轭复根

此时 $\left(\dfrac{R}{2L}\right)^2-\dfrac{1}{LC}<0$，特征方程的两个特征根 p_1 和 p_2 为一对共轭复数。设

$$\begin{cases}\delta=\dfrac{R}{2L}\\[2mm]\omega^2=\dfrac{1}{LC}-\left(\dfrac{R}{2L}\right)^2\end{cases}\tag{7-84}$$

则

$$\sqrt{\left(\dfrac{R}{2L}\right)^2-\dfrac{1}{LC}}=\sqrt{-\omega^2}=\mathrm{j}\omega\qquad(\mathrm{j}^2=-1)\tag{7-85}$$

将其代入式（7-76）和式（7-77）有

$$p_1=-\delta+\mathrm{j}\omega\qquad\qquad p_2=-\delta-\mathrm{j}\omega\tag{7-86}$$

利用复数的性质，做图 7.40，可令

$$\begin{cases}\omega_0=\sqrt{\delta^2+\omega^2}\\[2mm]\beta=\arctan\omega/\delta\end{cases}\tag{7-87}$$

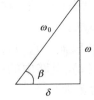

则有

$$\delta=\omega_0\cos\beta\qquad\qquad\omega=\omega_0\sin\beta$$

图 7.40　ω_0，ω，δ
三者的关系

根据高等数学中的欧拉公式

$$\begin{cases}\mathrm{e}^{\mathrm{j}\beta}=\cos\beta+\mathrm{j}\sin\beta\\[2mm]\mathrm{e}^{-\mathrm{j}\beta}=\cos\beta-\mathrm{j}\sin\beta\end{cases}\tag{7-88}$$

$$\begin{cases}\cos\beta=\dfrac{\mathrm{e}^{\mathrm{j}\beta}+\mathrm{e}^{-\mathrm{j}\beta}}{2}\\[3mm]\sin\beta=\dfrac{\mathrm{e}^{\mathrm{j}\beta}-\mathrm{e}^{-\mathrm{j}\beta}}{\mathrm{j}2}\end{cases}\tag{7-89}$$

得到

$$\begin{cases}p_1=-\omega_0\mathrm{e}^{-\mathrm{j}\beta}\\[2mm]p_2=-\omega_0\mathrm{e}^{\mathrm{j}\beta}\end{cases}\tag{7-90}$$

最终有

$$\begin{aligned}u_C&=\dfrac{U_\mathrm{S}}{p_2-p_1}(p_2\mathrm{e}^{p_1t}-p_1\mathrm{e}^{p_2t})\\[2mm]&=-\dfrac{U_\mathrm{S}}{\mathrm{j}2\omega}\big[-\omega_0\mathrm{e}^{\mathrm{j}\beta}\mathrm{e}^{(-\delta+\mathrm{j}\omega)t}+\omega_0\mathrm{e}^{-\mathrm{j}\beta}\mathrm{e}^{(-\delta-\mathrm{j}\omega)t}\big]\\[2mm]&=\dfrac{\omega_0U_\mathrm{S}}{\omega}\mathrm{e}^{-\delta t}\left[\dfrac{\mathrm{e}^{\mathrm{j}(\omega t+\beta)}-\mathrm{e}^{-\mathrm{j}(\omega t+\beta)}}{\mathrm{j}2}\right]\\[2mm]&=\dfrac{\omega_0U_\mathrm{S}}{\omega}\mathrm{e}^{-\delta t}\sin(\omega t+\beta)\end{aligned}\tag{7-91}$$

$$i = C\frac{\mathrm{d}u_c}{\mathrm{d}t} = -\frac{U_\mathrm{S}}{\omega L}\mathrm{e}^{-\delta t}\sin(\omega t) \tag{7-92}$$

$$u_L = L\frac{\mathrm{d}i}{\mathrm{d}t} = \frac{\omega_0 U_\mathrm{S}}{\omega}\mathrm{e}^{-\delta t}\sin(\omega t - \beta) \tag{7-93}$$

从上述表达式看到，u_c、i、u_L 的波形随时间呈现衰减式振荡，这是因为当电路中的电阻比较小时，电容在放电过程中被电阻消耗的能量很少，大部分能量转变成磁场能量储存在电感中，当 $u_c = 0$ 时，电容储存的能量释放完毕，在整个过渡过程中，它们将周期性地改变方向，储能元件也将周期性地相互交换能量，使 u_c、i、u_L 呈现正弦型振荡变化。每振荡一次，电阻都要消耗一部分能量，致使 u_c、i、u_L 的振幅越来越小，形成了衰减振荡，波形衰减的快慢取决于衰减系数 β，振荡的角频率为 ω，其波形如图 7.41 所示。

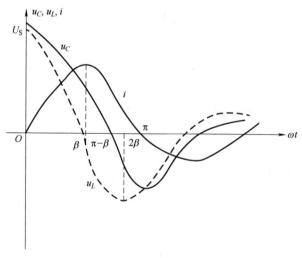

图 7.41　电容电压的正弦型衰减波形

例 7.11　如图 7.42 所示电路在开关 S 打开之前处于稳态，$t=0$ 时，开关 S 打开，求 $t>0$ 时的 $u_c(t)$。

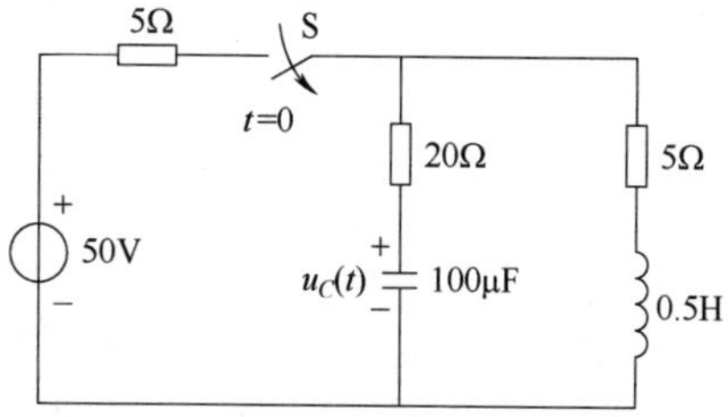

解： 由图 7.42 的电路图可知，当 $t<0$ 时，有

$$i_L(0_-) = \frac{50}{5+5}\mathrm{A} = 5\mathrm{A} \qquad u_c(0_-) = 5\times i_L(0_-)\,\mathrm{V} = 25\mathrm{V}$$

因此，电路的初始值为

$$u_c(0_+) = u_c(0_-) = 25\mathrm{V} \qquad i_L(0_+) = i_L(0_-) = 5\mathrm{A}$$

$t>0$ 后，电路的方程为

图 7.42　例 7.11 的图

$$LC\frac{\mathrm{d}^2 u_c}{\mathrm{d}t^2} + (R_1+R_2)C\frac{\mathrm{d}u_c}{\mathrm{d}t} + u_c = 0$$

其特征根为

$$p = -\left(\frac{R_1+R_2}{2L}\right) \pm \sqrt{\left(\frac{R_1+R_2}{2L}\right)^2 - \frac{1}{LC}} = -25 \pm \mathrm{j}139.19$$

即

$$p_1 = -25 + \mathrm{j}139.19 \qquad p_2 = -25 - \mathrm{j}139.19$$

同样由 $R=R_1+R_2=25\Omega$，$2\sqrt{\dfrac{L}{C}}=2\times\sqrt{\dfrac{0.5}{100\times10^{-6}}}\Omega=142\Omega$ 可知 $R<2\sqrt{L/C}$，电路处于欠

阻尼状态，特征根为一对共轭复数，所以电路处于衰减振荡过程。电容电压的通解为

$$u_C(t)=Ae^{-\delta t}\sin(\omega t+\theta)$$

式中，$\delta=25s^{-1}$，$\omega t=139.19\text{rad/s}$。根据初始条件有

$$u_C(0_+)=A\sin\theta=25\text{V}$$

$$i_L(0_+)=-C\frac{du_C}{dt}\bigg|_{0_+}=-C(-\delta A\sin\theta+\omega A\cos\theta)=5\text{A}$$

从中解得

$$\theta=\arctan\left(\frac{\omega}{\delta-\dfrac{1}{5C}}\right)=-4.03°$$

$$A=\frac{25}{\sin\theta}=-355.61$$

故电容电压为

$$u_C(t)=-355.61e^{-25t}\sin(139.19t-4.03°)\text{V}$$

3. $R=2\sqrt{\dfrac{L}{C}}$，临界阻尼状态，方程有二个相等的实根

此时特征方程具有重根

$$p_1=p_2=-\frac{R}{2L}=-\delta \tag{7-94}$$

则二阶微分方程式的通解为

$$u_C=(A_1+A_2t)e^{-\delta t}$$

根据初始条件得

$$A_1=U_S \qquad A_2=\delta U_S$$

最终有

$$u_C=U_S(1+\delta t)e^{-\delta t} \tag{7-95}$$

$$i=C\frac{du_C}{dt}=-CU_S\delta^2te^{-\delta t} \tag{7-96}$$

$$u_L=L\frac{di}{dt}=-U_S(1-\delta t)e^{-\delta t} \tag{7-97}$$

在这种情况下，u_C、i、u_L 的波形和过渡过程的物理现象与过阻尼状态相似，仍然是非振荡状态的放电过程，但由于此时电路处于临界状态，电路中各元件的参数只要稍微发生一点变化，就有可能使电路出现振荡。

例7.12 如图 7.43 所示电路中，当 $t=0$ 时，开关 S 由位置 1 合向 2。此时已知 $u_C(0_-)=U_S=50\text{V}$，$C=50\mu\text{F}$，$L=5\text{mH}$。求电路在临界状况下的电阻 R 和电流 i。

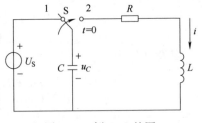

图 7.43 例 7.12 的图

解：临界阻尼 $R = 2\sqrt{\dfrac{L}{C}} = 20\Omega$

$$p_1 = p_2 = -\frac{R}{2L} = -2\times 10^3\,\text{s}^{-1}$$

$$\delta = -p_1 = 2\times 10^3\,\text{s}^{-1}$$

$$u_C = U_S(1+\delta t)\,\mathrm{e}^{-\delta t} = 50\times(1+2\times 10^3 t)\,\mathrm{e}^{-2\times 10^3 t} = (50+10^5 t)\,\mathrm{e}^{-2\times 10^3 t}\,\text{V}$$

$$i = C\frac{\mathrm{d}u_C}{\mathrm{d}t} = -CU_S\delta^2 t\mathrm{e}^{-\delta t} = -50\times 10^{-6}\times 50\times(2\times 10^3)^2 t\mathrm{e}^{-2\times 10^3 t}$$

$$= -10^4 t\mathrm{e}^{-2\times 10^3 t}\,\text{A}$$

习 题

7-1 图 7.44 所示电路已处于稳定状态，在 $t=0$ 时开关 S 闭合，试求初始值 $u_C(0_+)$、$i_L(0_+)$、$u_R(0_+)$、$i_C(0_+)$、$u_L(0_+)$。

7-2 图 7.45 所示电路已处于稳定状态，在 $t=0$ 时开关 S 闭合，试求初始值 $i(0_+)$、$i_1(0_+)$、$u(0_+)$、$i_C(0_+)$。

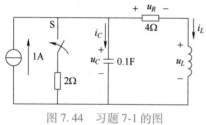

图 7.44 习题 7-1 的图

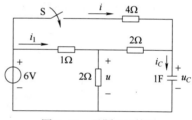

图 7.45 习题 7-2 的图

7-3 在图 7.46 所示电路中，已知 $I=10\text{mA}$，$R_1=3\text{k}\Omega$，$R_2=3\text{k}\Omega$，$R_3=6\text{k}\Omega$，$C=2\mu\text{F}$，电路处于稳定状态，在 $t=0$ 时开关 S 合上，试求初始值 $u_C(0_+)$、$i_C(0_+)$。

7-4 图 7.47 所示电路，在 $t=0$ 时开关 S 合上，试求各元件中的电流及其两端电压的初始值；当电路达到新的稳定状态后，各元件的电流和电压又各等于多少？设 $t=0_-$ 时，电路中的储能元件没有初始储能。

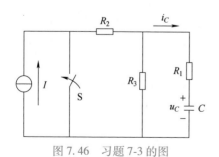

图 7.46 习题 7-3 的图

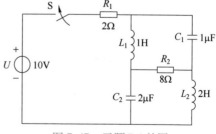

图 7.47 习题 7-4 的图

7-5 图 7.48 所示电路，在 $t=0$ 时开关 S 打开，试求各元件中的电流及其两端电压的初始值。

7-6 图 7.49 所示电路，在 $t=0$ 时开关 S 由位置 1 合向位置 2，试求零输入响应 $u_C(t)$。

7-7 图 7.50 所示电路，在 $t=0$ 时开关 S 合上，试求零输入响应电流 $i_L(t)$。

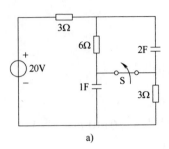
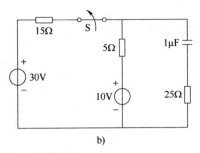

图 7.48 习题 7-5 的图

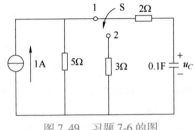

图 7.49 习题 7-6 的图

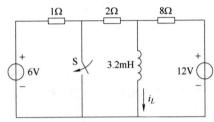

图 7.50 习题 7-7 的图

7-8 图 7.51 所示电路，设电感的初始储能为零，在 $t=0$ 时开关 S 闭合，试求 $i_L(t)$。

7-9 图 7.52 所示电路，设电容的初始储能为零，在 $t=0$ 时开关 S 闭合，试求 $u_C(t)$。

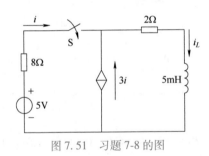

图 7.51 习题 7-8 的图

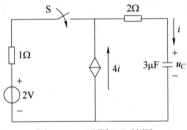

图 7.52 习题 7-9 的图

7-10 图 7.53 所示电路，设电容的初始电压为零，在 $t=0$ 时开关 S 闭合，试求此后的 $u_C(t)$、$i_C(t)$。

7-11 图 7.54 所示电路，设电感的初始储能为零，在 $t=0$ 时开关 S 闭合，试求此后的 $i_L(t)$、$u_R(t)$。

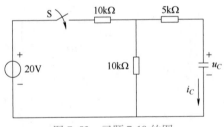

图 7.53 习题 7-10 的图

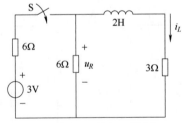

图 7.54 习题 7-11 的图

7-12 图 7.55 所示电路，开关 S 在位置 a 时电路处于稳定状态，在 $t=0$ 时开关 S 合向位置 b，试求此后的 $u_C(t)$、$i(t)$。

7-13 图 7.56 所示电路，开关 S 在位置 a 时电路处于稳定状态，在时开关 S 合向位置 b，试求此后的 $i_L(t)$、$u_L(t)$。

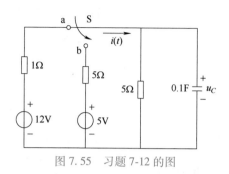

图 7.55　习题 7-12 的图

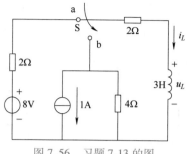

图 7.56　习题 7-13 的图

7-14　图 7.57 所示电路已处于稳定状态，在 $t=0$ 时合上开关 S，试求电感电流 i_L 和电源发出的功率 P。

7-15　图 7.58 所示电路在开关 S 打开前处于稳定状态，在 $t=0$ 时打开开关 S，求 $i_C(t)$ 和 $t=2\text{ms}$ 时电容储存的能量。

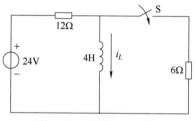

图 7.57　习题 7-14 的图

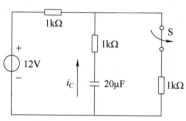

图 7.58　习题 7-15 的图

7-16　图 7.59 所示电路，开关 S 合上前电路处于稳定状态，在 $t=0$ 时开关 S 合上，试用一阶电路的三要素法求 i_1、i_2、i_L。

7-17　图 7.60 所示电路，已知 $U=30\text{V}$、$R_1=60\Omega$、$R_2=R_3=40\Omega$、$L=6\text{H}$，开关 S 合上前电路处于稳定状态，在开关 S 合上时，试用一阶电路的三要素法求 i_L、i_2、i_3。

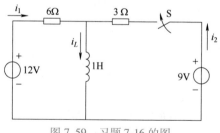

图 7.59　习题 7-16 的图

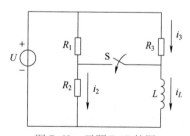

图 7.60　习题 7-17 的图

7-18　图 7.61 所示电路，已知 $I_S=1\text{mA}$，$R_1=R_2=10\text{k}\Omega$，$R_3=30\ \text{k}\Omega$，$C=10\mu\text{F}$，开关 S 断开前电路处于稳定状态，在 $t=0$ 时打开开关 S，试用一阶电路的三要素法求开关打开后的 u_C、i_C、u。

7-19　图 7.62 所示电路已处于稳定状态，已知 $L=1\text{H}$，$I_S=2\text{mA}$，$R_1=R_2=20\text{k}\Omega$，$U_S=10\text{V}$，在 $t=0$ 时开关 S 闭合，试用一阶电路的三要素法求 i_L。

7-20　试画出下列函数的波形：

（1）t　（2）$t\varepsilon(t)$　（3）$t\varepsilon(t-1)$　（4）$t\varepsilon(t+1)$　（5）$(t-1)\varepsilon(t)$　（6）$(t-1)\varepsilon(t-2)$

（7）$t[\varepsilon(t)-\varepsilon(t-1)]$　（8）$t[\varepsilon(t+1)-\varepsilon(t-1)]$

7-21　根据图 7.63 所示的电压波形 $u(t)$，分别写出 $u(t)$ 的阶跃函数表达式。

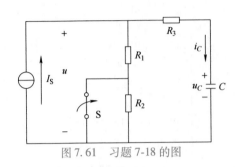

图 7.61 习题 7-18 的图

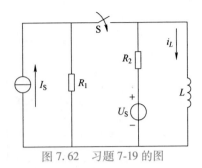

图 7.62 习题 7-19 的图

7-22 由图 7.64 所示电路的电压波形 $u(t)$，试画出下列电压的波形：

(1) $u(t)\varepsilon(t)$ (2) $u(t)\varepsilon(t-1)$ (3) $u(t)\varepsilon(t+1)$ (4) $u(t-1)\varepsilon(t)$

(5) $u(t-1)\varepsilon(t-1)$ (6) $u(t-1)\varepsilon(t-2)$

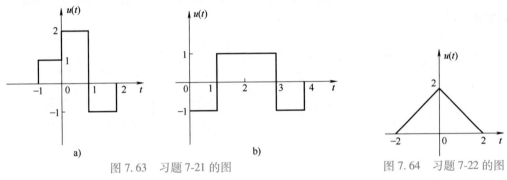

图 7.63 习题 7-21 的图   图 7.64 习题 7-22 的图

7-23 图 7.65 所示电路，试求以 $i_L(t)$ 和 $i(t)$ 为响应时的阶跃响应。

7-24 图 7.66 所示电路，试求以 $i_C(t)$ 为响应时的阶跃响应。

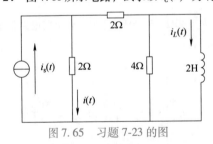

图 7.65 习题 7-23 的图

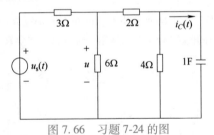

图 7.66 习题 7-24 的图

7-25 图 7.67a 所示电路中的电压波形如图 7.67b 所示，试求电流 i_L。

7-26 图 7.68a 所示电路中的电压波形如图 7.68b 所示，已知 $R=1000\Omega$，$C=10\mu F$，试求电容电压 u_C，并①用分段函数写出；②用一个表达式写出。

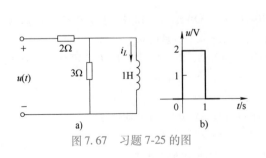

图 7.67 习题 7-25 的图

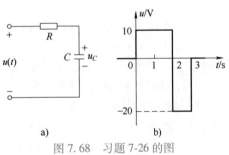

图 7.68 习题 7-26 的图

7-27 图 7.69 所示电路，已知 $R_1 = 3\text{k}\Omega$，$R_2 = 6\text{k}\Omega$，$C = 2.5\mu\text{F}$，设电容的初始电压为零，求电路的单位冲激响应 i_C、i_1、u_C。

7-28 图 7.70 所示电路，已知 $R_1 = 60\Omega$，$R_2 = 40\Omega$，$L = 100\text{mH}$，电感的初始储能为零，试求电路的单位冲激响应 i_L、u_L。

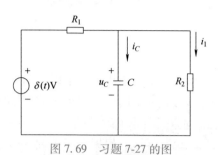

图 7.69　习题 7-27 的图

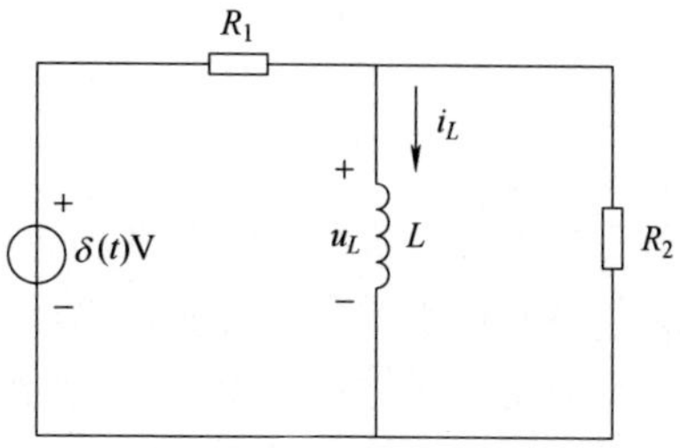

图 7.70　习题 7-28 的图

7-29 图 7.71 所示电路，已知 $i_L(0_-) = 0$，$u_C(0_-) = 2\text{V}$，在 $t = 0$ 时开关 S 闭合，求电路的 u_C 和 i_L 的零输入响应。

7-30 图 7.72 所示电路已处于稳定状态，在时开关 S 由位置 1 合向位置 2，已知 $L = 50\text{mH}$，$C = 100\text{F}$，$U_\text{S} = 1\text{kV}$，试求

（1）换路后，电容电压为过阻尼放电时，R 应为多大？

（2）电路处于临界阻尼时的最大电流值。

（3）$R = 10\Omega$ 时，电路的振荡频率和衰减常数。

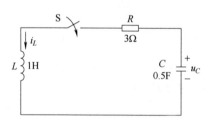

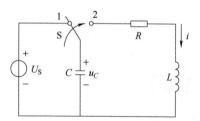

图 7.71　习题 7-29 的图

图 7.72　习题 7-30 的图

第8章 线性动态电路的频域分析

由第7章中对一阶和二阶线性动态电路的分析可知，当电路中出现2个以上的动态元件时，分析电路的过渡过程就会非常困难：首先，当电路比较复杂时，根据电路的初始状态确定电路中各个动态元件在$t=0_+$的初始值及（$n-1$）阶导数在$t=0_+$时的初始值是比较困难的，工作量非常大，且容易出错；其次当电路中具有多个动态元件时，根据电路定理和动态元件的伏安特性建立的方程会出现高阶微分方程，求解也会更困难。因此，我们换个思路，如同在第3章和第4章中在时间领域分析计算正弦交流电路时，计算非常繁琐、工作量大，可是利用数学工具，将时间领域中的正弦函数转换到复平面上的相量域，将正弦量的计算转换为复数运算，这样大大减少了计算工作量。计算出结果后，再返回到时间领域，用正弦量表示。

本章要点
1) 理解拉普拉斯变换的定义及其主要特性。
2) 理解拉普拉斯反变换有理分式的展开定理。
3) 掌握电路元件和电路定律的运算表示形式。
4) 掌握拉普拉斯变换求解线性动态电路的方法。

8.1 动态电路的
频域分析

8.1 拉普拉斯变换的定义及基本性质

拉普拉斯变换是一种积分变换，它将已知的时域函数变换成频域函数，从而将时域中的微分方程转化为频域中的代数方程，在频域中求解代数方程后，再做积分反变换。返回时域，便求得满足电路初始条件的原高阶微分方程的解，而且并不像在时域中需要求解各个变量在$t=0_+$的初始值，只要知道各个变量在$t=0_-$的值即可。

对于一个定义在$[0, \infty]$区间的函数$f(t)$，它的拉普拉斯变换$F(s)$定义为

$$F(s) = \int_{0_-}^{\infty} f(t) e^{-st} dt \tag{8-1}$$

式中，$s = \sigma + j\omega$为复数变量；$F(s)$称为$f(t)$的象函数（拉普拉斯变换），$f(t)$称为$F(s)$的原函数（拉普拉斯反变换）。

通常将拉普拉斯变换简称为拉氏变换。如果$F(s)$已知，需求它的原函数$f(t)$，则这种变换称之为拉氏反变换，定义为

$$f(t) = \frac{1}{j2\pi} \int_{c-j\infty}^{c+j\infty} F(s) e^{st} ds \tag{8-2}$$

式中，c为正的常数。

从式（8-1）的定义可知，变量 s 是一个复数变量，因此函数 $f(t)$ 的拉氏变换 $F(s)$ 不再是时间 t 的函数，而是复数变量 s 的函数，拉氏变换实质上是将时间函数变换成复变函数。变量 s 为复数频率，应用拉氏变换分析线性动态电路称为线性动态电路的频域分析，又称为运算法。通常用 $\mathscr{L}$ 表示对时域中的函数作拉氏变换，用 $\mathscr{L}^{-1}$ 表示对复频域函数做拉氏反变换。即

$$\begin{cases} F(s)=\mathscr{L}[f(t)] \\ f(t)=\mathscr{L}^{-1}[F(s)] \end{cases} \tag{8-3}$$

式（8-1）还可以写成

$$F(s)=\int_{0_-}^{\infty} f(t)\,\mathrm{e}^{-st}\mathrm{d}t$$

$$=\int_{0_-}^{0_+} f(t)\,\mathrm{e}^{-st}\mathrm{d}t+\int_{0_+}^{\infty} f(t)\,\mathrm{e}^{-st}\mathrm{d}t$$

显然，在 $t=0_-$ 至 $t=0_+$ 的时间内当 $f(t)$ 为冲激函数 $\delta(t)$ 时，则式（8-3）的第一项积分不为零；若 $f(t)$ 不是冲激函数 $\delta(t)$，而是有限值时，此项积分为零，这时等式左边就等于等式右边积分的第二项，就无需区分积分下限是 0_- 还是 0_+ 了。

例 8.1 求指数函数 $f(t)=\mathrm{e}^{at}$（a 为实数）的象函数。

解：
$$F(s)=\mathscr{L}[f(t)]=\int_{0_-}^{\infty} \mathrm{e}^{at}\mathrm{e}^{-st}\mathrm{d}t-\frac{1}{s-a}\mathrm{e}^{-(s-a)t}\bigg|_{0_-}^{\infty}=\frac{1}{s-a} \tag{8-4}$$

函数 $f(t)$ 拉氏变换的存在应满足一定的数学定义条件，我们假设电路涉及的拉氏变换都满足条件并存在。

例 8.2 求单位阶跃函数 $f(t)=\varepsilon(t)$ 的象函数。

解： 根据单位阶跃函数的定义有

$$F(s)=\mathscr{L}[f(t)]=\int_{0_-}^{\infty}\varepsilon(t)\,\mathrm{e}^{-st}\mathrm{d}t=\int_{0_-}^{\infty}\mathrm{e}^{-st}\mathrm{d}t=\frac{1}{s} \tag{8-5}$$

例 8.3 求单位冲激函数 $f(t)=\delta(t)$ 的象函数。

解：
$$F(s)=\mathscr{L}[f(t)]=\int_{0_-}^{\infty}\delta(t)\,\mathrm{e}^{-st}\mathrm{d}t=\int_{0_-}^{0_+}\delta(t)\,\mathrm{e}^{-st}\mathrm{d}t=1 \tag{8-6}$$

式中，利用了 $\delta(t)$ 的筛分性质，即对于普通函数 $f(t)$ 有

$$\int_{-\infty}^{\infty}\delta(t)f(t)\,\mathrm{d}t=\int_{0_-}^{0_+}\delta(t)f(t)\,\mathrm{d}t=f(0)$$

令 $f(t)=\mathrm{e}^{-st}$，则 $f(0)=1$。

拉氏变换具有以下一些重要性质，利用这些性质可以简化各种拉氏变换或拉氏反变换的运算，对于分析和计算电路的动态响应很重要。

1. 线性性质

若 $f_1(t)$ 和 $f_2(t)$ 是二个任意的时间函数，$F_1(s)$ 和 $F_2(s)$ 分别是它们的象函数，a_1 和 a_2 是二个任意实常数，则有

$$\mathscr{L}[a_1 f_1(t)+a_2 f_2(t)]=a_1\mathscr{L}[f_1(t)]+a_2\mathscr{L}[f_2(t)]$$
$$=a_1 F_1(s)+a_2 F_2(s) \tag{8-7}$$

例 8.4 求函数 $f(t)=\cos(\omega t)$ 的象函数。

解：
$$\mathscr{L}\left[\sin(\omega t)\right] = \mathscr{L}\left[\frac{1}{2\mathrm{j}}(\mathrm{e}^{\mathrm{j}\omega t} - \mathrm{e}^{-\mathrm{j}\omega t})\right]$$

$$= \frac{1}{2\mathrm{j}}\left(\frac{1}{s-\mathrm{j}\omega} - \frac{1}{s+\mathrm{j}\omega}\right) = \frac{\omega}{s^2+\omega^2}$$

式中，利用了欧拉公式有

$$\begin{cases} \cos(\theta t) = \dfrac{1}{2}(\mathrm{e}^{\mathrm{j}\theta t} + \mathrm{e}^{-\mathrm{j}\theta t}) \\ \\ \sin(\theta t) = \dfrac{1}{2\mathrm{j}}(\mathrm{e}^{\mathrm{j}\theta t} - \mathrm{e}^{-\mathrm{j}\theta t}) \end{cases} \tag{8-8}$$

同理

$$\begin{cases} \mathscr{L}\left[\cos(\omega t)\right] = \mathscr{L}\left[\dfrac{1}{2}(\mathrm{e}^{\mathrm{j}\omega t} + \mathrm{e}^{-\mathrm{j}\omega t})\right] = \dfrac{1}{2}\left(\dfrac{1}{s-\mathrm{j}\omega} + \dfrac{1}{s+\mathrm{j}\omega}\right) = \dfrac{s}{s^2+\omega^2} \\ \\ \mathscr{L}\left[\sin(\omega t+\theta)\right] = \mathscr{L}\left[\sin\omega t\cos\theta + \cos\omega t\sin\theta\right] = \dfrac{\omega\cos\theta + s\sin\theta}{s^2+\omega^2} \end{cases} \tag{8-9}$$

2. 微分性质

函数 $f(t)$ 的象函数与其导数 $f'(t) = \dfrac{\mathrm{d}f(t)}{\mathrm{d}t}$ 的象函数之间有如下关系：

$$\mathscr{L}[f(t)] = F(s)$$

则
$$\mathscr{L}[f'(t)] = sF(s) - f(0_-) \tag{8-10}$$

可用分步积分公式证明上述性质。即

$$\mathscr{L}\left[\frac{\mathrm{d}}{\mathrm{d}t}f(t)\right] = \int_{0_-}^{\infty}\frac{\mathrm{d}f(t)}{\mathrm{d}t}\mathrm{e}^{-st}\mathrm{d}t = \mathrm{e}^{-st}f(t)\bigg|_{t=0_-}^{t=0_+} + s\int_{0_-}^{\infty}f(t)\mathrm{e}^{-st}\mathrm{d}t$$

$$= sF(s) - f(0_-)$$

同理可推广得 $f(t)$ 的高阶导数的拉氏变换为

$$\mathscr{L}\left[\frac{\mathrm{d}^n f(t)}{\mathrm{d}t^n}\right] = s^n F(s) - s^{n-1}f(0_-) - s^{n-2}f'(0_-) - \cdots - f^{n-1}(0_-) \tag{8-11}$$

例 8.5 利用微分性质求函数 $f(t) = \cos(\omega t)$ 的象函数。

解： 因
$$\cos(\omega t) = \frac{1}{\omega}\frac{\mathrm{d}}{\mathrm{d}t}\sin(\omega t)$$

而
$$\mathscr{L}\left[\sin(\omega t)\right] = \frac{\omega}{s^2+\omega^2}$$

所以

$$\mathscr{L}\left[\cos(\omega t)\right] = \mathscr{L}\left[\frac{1}{\omega}\frac{\mathrm{d}}{\mathrm{d}t}\sin(\omega t)\right] = \frac{1}{\omega}\left(s\frac{\omega}{s^2+\omega^2} - 0\right) = \frac{s}{s^2+\omega^2}$$

3. 积分性质

函数 $f(t)$ 的象函数与其积分 $\displaystyle\int_{0_-}^{\infty}f(\xi)\mathrm{d}\xi$ 的象函数之间有如下关系：

若 $\mathscr{L}[f(t)] = F(s)$，则

$$\mathscr{L}\left[\int_{0_-}^{t}f(\xi)\mathrm{d}\xi\right] = \frac{F(s)}{s} \tag{8-12}$$

同样用分步积分公式可以证明上述性质

$$\mathscr{L}\left[\int_{0_-}^t f(t)\,\mathrm{d}t\right] = \int_{0_-}^\infty \left(\int_{0_-}^t f(t)\,\mathrm{d}t\right)\mathrm{e}^{-st}\,\mathrm{d}t = \frac{-\mathrm{e}^{-st}}{s}\int_{0_-}^t f(t)\,\mathrm{d}t\,\Bigg|_{t=0_-}^{t=\infty} + \int_{0_-}^\infty \frac{\mathrm{e}^{-st}}{s}f(t)\,\mathrm{d}t$$

$$= \frac{F(s)}{s}$$

例 8.6　利用积分性质求函数 $f(t)=t$ 的象函数。

解：因 $f(t)=t=\int_0^t \varepsilon(\xi)\,\mathrm{d}\xi$，而 $\mathscr{L}[\varepsilon(t)]=\dfrac{1}{s}=F(s)$，所以

$$\mathscr{L}[f(t)] = \frac{1/s}{s} = \frac{1}{s^2}$$

4. 延迟性质

函数 $f(t)$ 的象函数与其延迟函数 $f(t-t_0)$ 的象函数之间有如下关系：

若 $\mathscr{L}[f(t)]=F(s)$，则

$$\mathscr{L}[f(t-t_0)] = \mathrm{e}^{-st_0}F(s) \tag{8-13}$$

例 8.7　利用延迟性质求 $\mathscr{L}[\varepsilon(t-t_0)]$，$\mathscr{L}[\delta(t-t_0)]$。

解：

$$\mathscr{L}[\varepsilon(t-t_0)] = \frac{\mathrm{e}^{-st_0}}{s}$$

$$\mathscr{L}[\delta(t-t_0)] = \mathrm{e}^{-st_0}$$

表 8-1 是一些常用的时间函数的象函数，在后面的计算中经常用到。

表 8-1　常用拉普拉斯变换对

原函数	象函数	原函数	象函数
$\varepsilon(t)$	$1/s$	$t\mathrm{e}^{-at}$	$\dfrac{1}{(s+a)^2}$
$\delta(t)$	1	t	$\dfrac{1}{s^2}$
e^{-at}	$\dfrac{1}{s+a}$	$\dfrac{1}{n!}t^n$	$\dfrac{1}{s^n+1}$
$\sin(\omega t)$	$\dfrac{\omega}{s^2+\omega^2}$	$\sinh(\omega t)$	$\dfrac{\omega}{s^2-\omega^2}$
$\cos(\omega t)$	$\dfrac{s}{s^2+\omega^2}$	$\cosh(\omega t)$	$\dfrac{s}{s^2-\omega^2}$

8.2　拉普拉斯反变换有理分式的展开定理

当已知复频域函数 $F(s)$，需要通过拉普拉斯反变换求其在时间域中的函数 $f(t)$ 时，可利用式（8-2），但这是一个复变函数的积分，计算比较繁琐。如果 $F(s)$ 比较简单，则可通过查表 8-1 中的拉普拉斯变换对得到原函数 $f(t)$。而当 $F(s)$ 比较复杂时，可沿用有理分式的展开定理将有理分式展开成简单分式之和，再通过查表的方法得到各分式对应的原函数，

它们之和即为所求的原函数。

一般电路理论中的象函数为一有理分式，即

$$F(s) = \frac{N(s)}{D(s)} = \frac{a_0 s^m + a_1 s^{m-1} + \cdots + a_m}{b_0 s^n + b_1 s^{n-1} + \cdots + b_n} \tag{8-14}$$

式中，m 和 n 为正整数。

如果 $m \geq n$，则 $F(s)$ 可展开成

$$F(s) = c_{m-n} s^{m-n} + \cdots + c_2 s^2 + c_1 s + c_0 + \frac{N_1(s)}{D(s)} \tag{8-15}$$

式中，$\dfrac{N_1(s)}{D(s)}$ 为真分式。

如果 $m < n$，则 $F(s)$ 为真分式。利用有理分式的展开定理展开真分式时，需对分母多项式进行因式分解，求出 $D(s) = 0$ 的根。下面分析几种情况。

1. $D(s) = 0$ 有 n 个单根

设 n 个单根分别为 p_1，p_2，$\cdots$，p_n，则 $F(s)$ 可展开为

$$F(s) = \frac{K_1}{s - p_1} + \frac{K_2}{s - p_2} + \cdots + \frac{K_n}{s - p_n} \tag{8-16}$$

式中 K_1，K_2，$\cdots$，K_n 为待定系数，它们分别可由下式决定

$$K_i = \left[(s - p_i) F(s) \right]_{s = p_i} \qquad i = 1, 2, \cdots \tag{8-17}$$

例如求 K_1，则将式（8-16）两边同乘以 $(s - p_1)$ 得

$$(s - p_1) F(s) = K_1 + (s - p_1) \left(\frac{K_2}{s - p_2} + \cdots + \frac{K_n}{s - p_n} \right)$$

令 $s = p_1$，则等式右边除第一项外都等于零，这样就得到

$$K_1 = \left[(s - p_1) F(s) \right]_{s = p_1}$$

在确定了各个待定系数后，通过查表的方法得到各分式对应原函数为

$$f(t) = \mathscr{L}^{-1} \left[F(s) \right] = \sum_{i=1}^{n} K_i e^{p_i t} \tag{8-18}$$

例 8.8　求 $F(s) = \dfrac{6(s+1)(s+3)}{s(s+2)(s+4)(s+5)}$ 的原函数 $f(t)$。

解：因 $F(s) = \dfrac{6(s+1)(s+3)}{s(s+2)(s+4)(s+5)} = \dfrac{K_1}{s} + \dfrac{K_2}{s+2} + \dfrac{K_3}{s+4} + \dfrac{K_4}{s+5}$

分母多项式 $D(s) = 0$ 有 4 个根，即

$$p_1 = 0, \quad p_2 = -2, \quad p_3 = -4, \quad p_4 = -5$$

式中，$K_1 = sF(s) \big|_{s=0} = \dfrac{6(s+1)(s+3)}{(s+2)(s+4)(s+5)} \bigg|_{s=0} = \dfrac{9}{20}$

同理可得

$$K_2 = \frac{1}{2}, \quad K_3 = \frac{9}{4}, \quad K_4 = -\frac{16}{5}$$

所以

$$f(t)=\frac{9}{20}+\frac{1}{2}e^{-2t}+\frac{9}{4}e^{-4t}-\frac{16}{5}e^{-5t}$$

2. $D(s)=0$ 有共轭复根

设共轭复根为 $p_1=\alpha+j\omega$，$p_2=\alpha-j\omega$，则

$$F(s)=\frac{K_1}{s-p_1}+\frac{K_2}{s-p_2}=\frac{K_1}{s-\alpha-j\omega}+\frac{K_2}{s-\alpha+j\omega} \tag{8-19}$$

待定系数为

$$\begin{cases}K_1=\left[(s-\alpha-j\omega)F(s)\right]_{s=\alpha+j\omega}\\ K_2=\left[(s-\alpha+j\omega)F(s)\right]_{s=\alpha-j\omega}\end{cases}$$

由于 $F(s)$ 是实系数多项式之比，故 K_1、K_2 为共轭复数，并有

$$\begin{cases}K_1=\left|K_1\right|e^{j\theta}\\ K_2=\left|K_1\right|e^{-j\theta}\end{cases} \tag{8-20}$$

则 $F(s)$ 的原函数 $f(t)$ 为

$$\begin{aligned}f(t)&=K_1e^{(\alpha+j\omega)t}+K_2e^{(\alpha-j\omega)t}\\ &=\left|K_1\right|e^{j\theta}e^{(\alpha+j\omega)t}+\left|K_1\right|e^{-j\theta}e^{(\alpha-j\omega)t}\\ &=\left|K_1\right|e^{\alpha t}\left[e^{j(\omega t+\theta)}+e^{-i(\omega t+\theta)}\right]\\ &=2\left|K_1\right|e^{\alpha t}\cos(\omega t+\theta)\end{aligned} \tag{8-21}$$

例 8.9　求 $F(s)=\dfrac{10(s+10)}{s(s^2+20s+20)}$ 的原函数 $f(t)$。

解： $D(s)=0$ 的根有

$$p_1=0,\ p_2=-10+j10,\ p_3=-10-j10$$

$$\begin{aligned}F(s)&=\frac{K_1}{s-p_1}+\frac{K_2}{s-p_2}+\frac{K_3}{s-p_3}\\ &=\frac{K_1}{s}+\frac{K_2}{s-(-10+j10)}+\frac{K_3}{s-(-10-j10)}\end{aligned}$$

$$K_1=sF(s)\big|_{s=0}=\frac{10(s+10)}{s^2+20s+20}\bigg|_{s=0}=5$$

$$\begin{aligned}K_2&=(s-p_2)F(s)\big|_{s=p_2}\\ &=(s+10-j10)\frac{10(s+10)}{s(s+10-j10)(s+10+j10)}\bigg|_{s=-10+j10}\\ &=\frac{10(s+10)}{s(s+10+j10)}\bigg|_{s=-10+j10}\\ &=\frac{\sqrt{2}}{4}e^{-j\frac{3}{4}\pi}\end{aligned}$$

同样有

$$K_3=\frac{\sqrt{2}}{4}e^{j\frac{3}{4}\pi}$$

于是有

$$F(s) = \frac{5}{s} + \frac{\frac{\sqrt{2}}{4}e^{-j\frac{3}{4}\pi}}{s+10-j10} + \frac{\frac{\sqrt{2}}{4}e^{j\frac{3}{4}\pi}}{s+10+j10}$$

结合式（8-21）有

$$f(t) = \mathscr{L}^{-1}[F(s)] = 5 + \frac{\sqrt{2}}{2}e^{-10t}\cos\left(10t - \frac{3}{4}\pi\right)$$

3. $D(s) = 0$ 有重根

有重根表示 $D(s) = 0$ 的式子中含有 $(s-p_i)^n$ 的因式。现设 $D(s)$ 中含有 $(s-p_1)^3$ 的因式，即 p_1 为 $D(s) = 0$ 的三重根，其余为单根，则 $F(s)$ 可分解为

$$F(s) = \frac{K_{13}}{s-p_1} + \frac{K_{12}}{(s-p_1)^2} + \frac{K_{11}}{(s-p_1)^3} + \frac{K_2}{s-p_2} + \cdots + \frac{K_n}{s-p_n}$$

对于单根其待定系数 K_i 可以采用前面的方法计算，而对于重根的待定系数 K_{13}，K_{12}，K_{11} 可采用下面的方法计算：首先将上式二边分别乘以 $(s-p_1)^3$，再令 $s=p_1$ 即可求得 K_{11}，即由

$$(s-p_1)^3 F(s) = (s-p_1)^2 K_{13} + (s-p_1)K_{12} + K_{11} + (s-p_1)^3\left(\frac{K_2}{s-p_2} + \cdots + \frac{K_n}{s-p_n}\right)$$

得

$$K_{11} = (s-p_1)^3 F(s)\,\big|_{s=p_1} \tag{8-22}$$

对式（8-22）二边对 s 分别求导一次，再令 $s=p_1$ 即可求得 K_{12}，即由

$$\frac{d}{ds}[(s-p_1)^3 F(s)] = 2(s-p_1)K_{13} + K_{12} + \frac{d}{ds}\left[(s-p_1)^3\left(\frac{K_2}{s-p_2} + \cdots + \frac{K_n}{s-p_n}\right)\right]$$

得

$$K_{12} = \frac{d}{ds}[(s-p_1)^3 F(s)]_{s=p_1} \tag{8-23}$$

同理可得

$$K_{13} = \frac{1}{2}\frac{d^2}{ds^2}[(s-p_1)^3 F(s)]_{s=p_1} \tag{8-24}$$

如果 $D(s) = 0$ 有多个重根，可采用上面的方法分别对每个重根进行待定系数的计算。

例 8.10 求 $F(s) = \dfrac{5(s+3)}{(s+1)^3(s+2)}$ 的原函数 $f(t)$。

解：
$$F(s) = \frac{K_{13}}{s+1} + \frac{K_{12}}{(s+1)^2} + \frac{K_{11}}{(s+1)^3} + \frac{K_2}{s+2}$$

其中
$$K_{11} = (s+1)^3 F(s)\,\big|_{s=-1} = \frac{5s+3}{s+2}\bigg|_{s=-1} = 10$$

$$K_{12} = \frac{d}{ds}\left[\frac{5(s+3)}{s+2}\right]\bigg|_{s=-1} = -5$$

$$K_{13} = \frac{d^2}{ds^2}\left[\frac{1}{2}\frac{5(s+3)}{s+2}\right]\bigg|_{s=-1} = 5$$

$$K_2 = (s+2) F(s) \big|_{s=-2} = \frac{5(s+3)}{(s+1)^3} \bigg|_{s=-2} = -5$$

查表得

$$f(t) = 5e^{-t} - 5te^{-t} + 5t^2 e^{-t} - 5e^{-2t}$$

8.3　电路元件和电路定律的运算形式表示

在用相量法求解正弦稳态响应中，引入了复阻抗的概念，直接给出频域中的元件伏安特性模型，从而可省去列写微分方程这一步，可直接写出相量形式的代数方程。同时由于相量形式表示的基本定律与直流激励下的电阻电路中所用同一定律具有完全相同的形式，因此正弦稳态电路的分析与电阻电路的分析统一为一种方法。

同样，用拉氏变换求解电路的过渡过程时，将时域中的 R、L、C、电源等元件变换为 s 域中相应的等效元件，得出这些元件在 s 域中伏安特性关系的表达式，组成 s 域的等效电路。引进运算阻抗、运算导纳的概念，从而可以直接列写电路方程，使频域中过渡过程的计算和直流、正弦稳态计算的方法相类同。然后求解电路，得到所求的电压 $U(s)$ 和电流 $I(s)$，经过拉氏反变换后得到时域中的 $u(t)$ 和 $i(t)$。

1. 电阻元件

当电阻（见图 8.1a）的电压电流参考方向一致时，由欧姆定理得

$$u_R(t) = Ri_R(t)$$

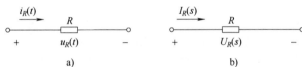

图 8.1　电阻元件的运算电路

经拉氏变换后得

$$U_R(s) = RI_R(s) \tag{8-25}$$

其 s 域等效电路的形式不变（见图 8.1b）。这也就说明，在频域中，电阻电压与其电流 $I_R(s)$ 的关系依旧符合欧姆定律。

2. 电感元件

对于电感（见图 8.2a），当电压与电流的参考方向一致时，时域中电流、电压的关系为

$$u_L(t) = L \frac{di_L(t)}{dt}$$

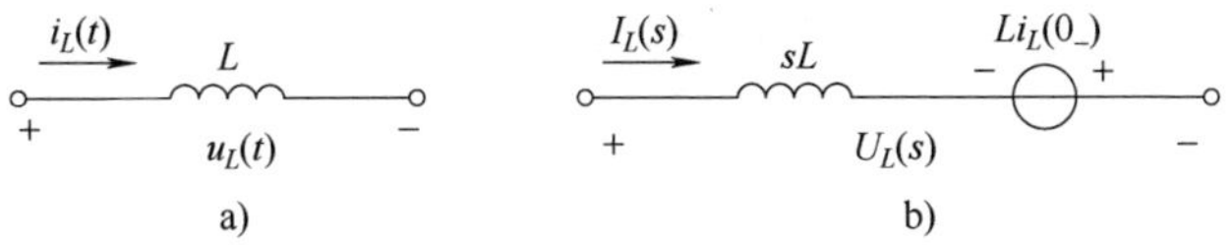

图 8.2　电感元件的运算电路

对上式进行拉氏变换并应用微分定理，得其频域关系为

$$U_L(s) = sLI_L(s) - Li_L(0_-) \tag{8-26}$$

若 $i_L(0_-) = 0$，则频域中电压 $U_L(s)$ 和电流 $I_L(s)$ 之比为 sL，相当于将相量分析中感抗 $j\omega L$ 的 $j\omega$ 换为 s，称为电感的运算电抗。$Li_L(0_-)$ 由初始值和电感值决定，相当于一个电压源。故可得电感的运算等效电路（见图 8.2b），其中电压源 $Li_L(0_-)$ 称为附加运算电压源，它完全体现了电感初始储能的作用。在计算中，附加电源完全可以像实际电源一样看待。

3. 电容元件

当电容（见图 8.3a）的电压和电流参考方向一致时，时域中电流、电压的关系为

$$i_C(t) = C\frac{\mathrm{d}u_C(t)}{\mathrm{d}t}$$

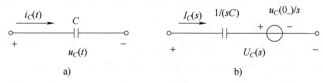

a)　　　　　　　　　　　b)

图 8.3　电容元件的运算电路

对上式进行拉氏变换并应用微分定理，得其频域关系（见图 8.3b）为

$$I_C(s) = sCU_C(s) - Cu_C(0_-) \tag{8-27}$$

或

$$U_C(s) = \frac{1}{sC}I_C(s) + \frac{u_C(0_-)}{s} \tag{8-28}$$

若 $u_C(0_-) = 0$，则频域中电压 $U_C(s)$ 和电流 $I_C(s)$ 之比为 $1/(sC)$，相当于将相量分析中容抗 $1/(j\omega C)$ 中的 $j\omega$ 换为 s，称为电感的运算电抗。$Cu_C(0_-)$ 由初始值和电容量决定，图中 $u_C(0_-)/s$ 称为附加运算电压源，它完全体现了电容初始储能的作用。在计算中，附加电源完全可以像实际独立电源一样看待。

4. 独立电源

直流电压源 $u_s(t) = E\varepsilon(t)$，其拉氏变换为

$$U_S(s) = E/s \tag{8-29}$$

正弦电流源 $i_s(t) = I_m\sin(\omega t + \varphi_i) \cdot 1(t)$，其拉氏变换为

$$I_S(s) = I_m\frac{s\sin\varphi_i + \omega\cos\varphi_i}{s^2 + \omega^2} \tag{8-30}$$

指数电压源 $u_s(t) = U_S e^{-\alpha t}\varepsilon(t)$，其拉氏变换为

$$U_S(s) = \frac{U_S}{s + \alpha} \tag{8-31}$$

所有元件都采用运算形式，电源采用象函数，所获得的电路称为运算电路。

时域中的基尔霍夫定律为

对任一节点有

$$\sum i(t) = 0$$

对任一回路有

$$\sum u(t) = 0$$

根据拉氏变换的线性性质，可直接推得运算形式的基尔霍夫定律为

对任一节点

$$\sum I(s) = 0 \tag{8-32}$$

对任一回路

$$\sum U(s) = 0 \tag{8-33}$$

同样，采用运算形式的电路表示后，在直流电路中的各种求解电路的方法和电路定律也都适用于运算电路的计算。

8.4 线性动态电路的拉普拉斯变换求解

对于 RLC（见图 8.4a）串联电路，初始条件为 $i_L(0_-)$ 和 $u_C(0_-)$，按前述原则可获其运算电路如图 8.4b 所示。

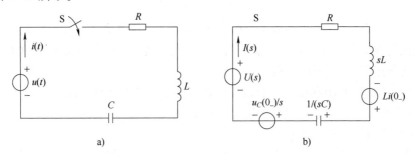

图 8.4 RLC 串联电路的运算电路

由 $\sum U(s) = 0$ 得

$$RI(s) + sLI(s) - Li(0_-) + \frac{u_C(0_-)}{s} + \frac{1}{sC}I(s) = U(s)$$

整理得

$$I(s) = \frac{U(s) + Li(0_-) - \dfrac{u_C(0_-)}{s}}{R + sL + 1/(sC)} \tag{8-34}$$

这是运算形式的欧姆定律。则

$$Z(s) = R + sL + \frac{1}{sC} \tag{8-35}$$

称为运算阻抗。基尔霍夫定律和欧姆定律在电阻电路中导出了一系列电路定理、变换和电路定律，所有这些定律在直流电路和正弦稳态电路中得到应用，现在依然可以引申到运算电路中。

例 8.11 图 8.4a 中，$U = 25\text{V}$，$R = 65\Omega$，$L = 1\text{H}$，$C = 1000\mu\text{F}$，$u_C(0_-) = 5\text{V}$，$i(0_-) = 0$，求电流 $i(t)$ 和电感电压 $u_L(t)$。

解： 该电路的运算等效电路如图 8.4b 所示，则有

$$I(s) = \frac{U(s) + Li(0_-) - \dfrac{u_C(0_-)}{s}}{R + sL + \dfrac{1}{sC}}$$

$$= \frac{\dfrac{25}{s}+\dfrac{5}{s}}{65+s+\dfrac{1}{s\times 1000\times 10^{-6}}}$$

$$= \frac{30}{(s+25)(s+40)}$$

$$= \frac{2}{s+25}-\frac{2}{s+40}(\mathrm{A})$$

拉氏逆变换后得

$$i(t)=(2\mathrm{e}^{-25t}-2\mathrm{e}^{-40t})\mathrm{A}(t\geqslant 0)$$

又

$$U_L=sLI(s)-Li(0_-)=\frac{30s}{(s+25)(s+40)}=\frac{-50}{s+25}+\frac{50}{s+40}(\mathrm{V})$$

于是

$$u_L(t)=(-50\mathrm{e}^{-25t}+50\mathrm{e}^{-40t})\mathrm{V}(t\geqslant 0)$$

利用拉氏变换，可采用变换电路法分析线性动态电路，将时域中求解微分方程问题转换为频域中的代数运算。其步骤如下：

1）将时域中的电路图利用元件的运算形式转换成频域的运算电路图。

2）利用电路基本定律和定理，列写相关代数方程。

3）求解代数方程，得到方程解。

4）利用有理分式展开定理，求出方程解的拉氏反变换，得到时间领域中的解。

例 8.12 RL 串联电路（见图 8.5a），换路前处于零状态。现将该电路接通于单位阶跃电压源，试求 $u_L(t)$ 和 $i_L(t)$。

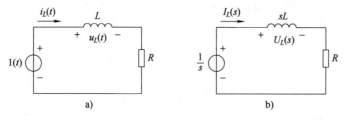

图 8.5 例 8.12 的图

解： 该电路的等效运算电路如图 8.5b 所示。其运算阻抗为

$$Z(s)=R+sL$$

电压源的象函数为 $U(s)=1/s$，故

$$I_L(s)=\frac{U(s)}{Z(s)}=\frac{1/s}{R+sL}=\frac{1}{s(R+sL)}=\frac{1}{Rs}-\frac{1}{R(s+R/L)}$$

$$i_L(t)=\frac{1}{R}(1-\mathrm{e}^{-\frac{R}{L}t})\cdot 1(t)$$

故

$$U_L(s)=I_L(s)sL=\frac{L}{R+sL}$$

$$u_L(t)=\mathrm{e}^{-\frac{R}{L}t}\varepsilon(t)$$

例 8.13 RL 串联电路（见图 8.6a），换路前处于零状态。激励为单位冲击函数 $\delta(t)$ 的电压源，试求 $u_L(t)$ 和 $i_L(t)$。

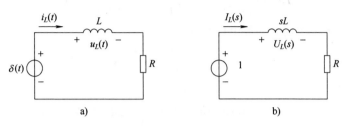

图 8.6　例 8.13 的图

解：该电路的等效运算电路如图 8.6b 所示，即

$$I_L(s) = \frac{U(s)}{Z(s)} = \frac{1}{R+sL} = \frac{1}{L\left(s+\dfrac{R}{L}\right)}$$

故

$$i_L(t) = \frac{1}{L}e^{-\frac{R}{L}t} \cdot 1(t)$$

$$U_L(s) = I_L(s)sL = \frac{s}{s+R/L} = 1 - \frac{R/L}{s+R/L}$$

得

$$u_L(t) = \delta(t) - \frac{R}{L}e^{-\frac{R}{L}t}\varepsilon(t)$$

例 8.14 电路如图 8.7a 所示，已知 $R_1 = 1\Omega$，$R_2 = 0.75\Omega$，$R_3 = 2\Omega$，$C = 1\text{F}$，$L = \dfrac{1}{12}\text{H}$，$U = 42\text{V}$，电路原来处于稳定状态，$t = 0$ 时开关 S 断开，求电感电流 $i_L(t)$。

解：

$$i_L(0_-) = \frac{U}{R_2} = \frac{42\text{V}}{0.75\Omega} = 56\text{A}$$

$$u_C(0_-) = U = 42\text{V}$$

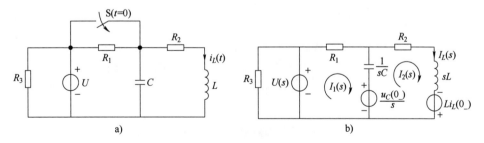

图 8.7　例 8.14 的图

其复频域电路如图 8.7b 所示。应用回路电流法有

$$\left(R_1 + \frac{1}{sC}\right)I_1(s) - \frac{1}{sC}I_2(s) = U(s) - \frac{u_C(0_-)}{s}$$

$$-\frac{1}{sC}I_1(s) + \left(R_2 + sL + \frac{1}{sC}\right)I_2(s) = \frac{u_C(0_-)}{s} + Li(0_-)$$

代入数据得

$$I_2(s) = \frac{56s^2 + 560s + 504}{s(s+3)(s+7)} = \frac{K_1}{s} + \frac{K_2}{s+3} + \frac{K_3}{s+7}(A)$$

利用部分分式展开定理求式中的各个系数有

$$I_2(s) = \frac{24}{s} + \frac{56}{s+3} - \frac{24}{s+7}(A)$$

通过拉氏反变换得

$$i_L(t) = i_2(t) = (24 + 56e^{-3t} - 24e^{-7t})A$$

例 8.15 图 8.8a 所示电路中，开关闭合前处于零状态，试求开关闭合后的 $i_c(t)$。

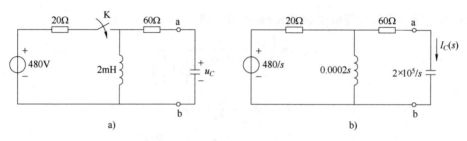

图 8.8 例 8.15 的图

解： 该电路的等效运算电路如图 8.8b 所示，采用戴维南定理，其开路电压为

$$U_{oc}(s) = \frac{\frac{480}{s} \times 0.0002s}{20 + 0.0002s} = \frac{480}{s+10^4}V$$

等效阻抗为

$$Z_0(s) = 60 + \frac{0.0002s \times 20}{20 + 0.0002s} = \frac{80(s+7500)}{s+10^4}$$

得其戴维南等效电路如图 8.9 所示，故电容电流为

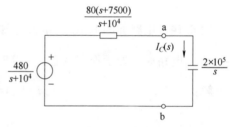

图 8.9 例 8.15 的戴维南等效电路图

$$I_{C'}(s) = \frac{\frac{480}{s+10^4}}{\frac{80(s+7500)}{s+10^4} + \frac{2 \times 10^5}{s}} = \frac{6s}{(s+5000)^2} = \frac{6}{s+5000} - \frac{30000}{(s+5000)^2}(A)$$

最后得

$$i_C(t) = (6e^{-5000t} - 30000te^{-5000t})(A) \quad (t \geq 0)$$

习 题

8-1 求下列各函数的象函数：

(1) $f(t) = e^{-\alpha t}(1 - \alpha t)$ (2) $f(t) = t^2$

(3) $f(t) = t\cos(\alpha t)$ (4) $f(t) = e^{-\alpha t} + \alpha t - 1$

8-2 求下列函数的原函数：

（1）$\dfrac{6(s+1)(s+3)}{s(s+2)(s+4)(s+5)}$ （2）$\dfrac{5(s+1)}{s(s^2+2s+2)}$

（3）$\dfrac{5(s+3)}{(s+1)^3(s+2)}$ （4）$\dfrac{s-2}{s^2+4}$

8-3 求图 8.10 所示函数 $f(t)$ 的拉普拉斯变换式。

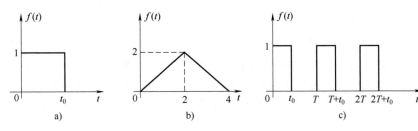

图 8.10 习题 8-3 的图

8-4 求下列函数的原函数：

（1）$\dfrac{s}{(s^2+1)^2}$ （2）$\dfrac{s^2+6s+5}{s(s^2+4s+5)}$

（3）$\dfrac{1}{(s+1)(s+2)^2}$ （4）$\dfrac{2s^2+16}{(s^2+5s+6)(s+12)}$

8-5 图 8.11 所示电路已达到稳态，$t=0$ 时开关合上，试画出运算电路。

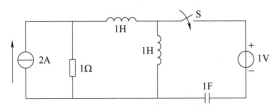

图 8.11 习题 8-5 的图

    8-6 电路如图 8.12 所示，此时已处于稳定状态，当 $t=0$ 时，开关由 1 合向 2，试用拉普拉斯变换法求换路后的电容电压 $u_C(t)$。

    8-7 电路如图 8.13 所示，此时已处于稳定状态，当 $t=0$ 时，开关由 1 合向 2，试用拉普拉斯变换法求换路后的电阻电压 $u_2(t)$。

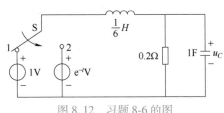

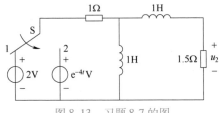

图 8.12 习题 8-6 的图   图 8.13 习题 8-7 的图

    8-8 电路如图 8.14 所示，已处于稳定状态，当 $t=0$ 时，开关打开，已知 $u_s=2\text{V}$，$L_1=L_2=1\text{H}$，$R_1=R_2=1\Omega$，试求 $t\geqslant0$ 时的 $i_1(t)$ 和 $u_{L2}(t)$。

    8-9 图 8.15 所示电路中，已知 $L=2\text{H}$，$C=0.5\text{F}$，$R_1=1\Omega$，$R_2=2\Omega$，$u_C(0_-)=1\text{V}$，求开关闭合后的 $i(t)$。

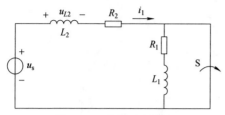

图 8.14 习题 8-8 的图

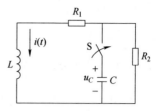

图 8.15 习题 8-9 的图

8-10 如图 8.16 所示电路，开关在位置 1 时电路处于稳定状态，求开关由 1 合向 2 后的 $i_1(t)$。

8-11 电路如图 8.17 所示，设电容上原有电压 $u_C(0_-) = 100$V，电源电压 $U_S = 200$V，$R_1 = 30\Omega$，$R_2 = 10\Omega$，$L = 0.1$H，$C = 1000\mu$F，求开关合上后电感中的电流 $i_L(t)$。

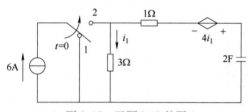

图 8.16 习题 8-10 的图

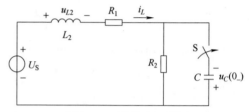

图 8.17 习题 8-11 的图

8-12 图 8.18 所示图中，已知 $i_L(0_-) = 0$，$t = 0$ 时开关闭合，求 $u_L(t)$。

8-13 图 8.19 所示电路为 RC 并联电路，电路中的电源是电流源，若

（1）$i_s(t) = \varepsilon(t)$ A

（2）$i_s(t) = \delta(t)$ A

试用拉普拉斯变换法求电路在 $t \geq 0$ 时的响应 $u(t)$。

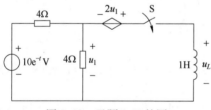

图 8.18 习题 8-12 的图

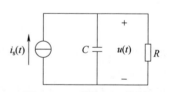

图 8.19 习题 8-13 的图

第 9 章　网络函数与二端口网络

为了便于研究正弦稳态电路中响应与激励的关系，引入正弦稳态网络函数。在现实生活中，并不是所有的电路都是正弦稳态电路，因而引入网络函数来研究这类交流电路中响应与激励的关系。

> **本章要点**
> 1) 理解网络函数和二端口网络的定义及其表示方程。
> 2) 掌握网络函数的极点、零点的定义和冲激响应的计算。
> 3) 掌握网络函数的幅频响应、相频响应的计算。
> 4) 理解二端口网络的定义和 4 个主要参数矩阵的定义。
> 5) 掌握二端口网络的等效电路模型。
> 6) 了解二端口网络的串、并联和级联。

9.1　网络函数的定义

设有一个线性非时变电路，所有储能元件都处于零值初始状态，即处于零状态条件下，且此电路的输入激励是单一的独立电压源或电流源，并用 $e(t)$ 表示。则电路的零状态响应 $r(t)$ 的象函数 $R(s)$ 与输入激励的 $e(t)$ 象函数 $E(s)$ 之比定义为该电路的网络函数 $H(s)$，即

$$H(s) \stackrel{\text{def}}{=} \frac{R(s)}{E(s)} \tag{9-1}$$

根据响应 $R(s)$ 与激励 $E(s)$ 的位置不同，又把网络函数分为策动点函数（有的教材称为驱动点函数）和转移函数。响应量和激励量属于同一端口称为策动点函数，响应量和激励量不属于同一端口称为转移函数，策动点函数又可分为策动点阻抗函数和策动点导纳函数，转移函数又可分为电压转移函数、电流转移函数、转移阻抗函数和转移导纳函数。

对于二端口网络，主要是分析两个端口的电压与电流之间的关系来表征二端口网络的电参数特性，一般不涉及二端口网络内部的工作状态。

在分析二端口网络端口之间的函数关系时，重点是分析线性无源二端口。线性无源二端口的构成元件都是线性的，且其内部不含独立源，同时储能元件无初始储能。二端口网络又可根据两个端口是否服从互易定理，又分为可逆与不可逆的二端口；根据使用时将二个端口互换位置是否不改变其外电路的工作状况，又分为对称和不对称二端口。

例 9.1 如图 9.1 所示为一低通滤波电路，激励是电压源 $u_1(t)$。求响应分别为 $i_1(t)$、$i_2(t)$ 和 $u_2(t)$ 时的网络函数。

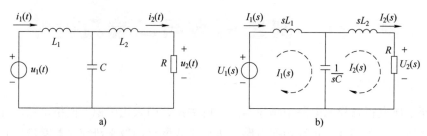

图 9.1 例 9.1 的图

解：（1）画出时域电路的等效运算电路图，如图 9.1b 所示。

（2）用回路法列出关于 $I_1(s)$ 和 $I_2(s)$ 的方程为

$$\begin{cases} \left(sL_1 + \dfrac{1}{sC}\right)I_1(s) - \dfrac{1}{sC}I_2(s) = U_1(s) \\ -\dfrac{1}{sC}I_1(s) + \left(sL_2 + \dfrac{1}{sC} + R\right)I_2(s) = 0 \end{cases}$$

求解此方程得

$$\begin{cases} I_1(s) = \dfrac{L_2 C s^2 + RCs + 1}{D(s)}U_1(s) \\ I_2(s) = \dfrac{1}{D(s)}U_1(s) \\ U_2(s) = RI_2(s) = \dfrac{R}{D(s)}U_1(s) \end{cases}$$

式中

$$D(s) = L_1 L_2 C s^3 + R L_1 C s^2 + (L_1 + L_2)s + R$$

驱动点导纳函数为

$$H(s) = \frac{I_1(s)}{U_1(s)} = \frac{L_2 C s^2 + RCs + 1}{D(s)}$$

转移导纳函数为

$$H(s) = \frac{I_2(s)}{U_1(s)} = \frac{1}{D(s)}$$

电压转移函数为

$$H(s) = \frac{U_2(s)}{U_1(s)} = \frac{R}{D(s)}$$

9.2 网络函数的极点、零点和冲激响应

9.2.1 网络函数的极点、零点

由于网络函数 $H(s)$ 的分子和分母都是关于 s 的多项式，故它可以改写为因子形式

$$H(s) = H_0 \frac{\prod\limits_{i=1}^{m}(s-z_i)}{\prod\limits_{i=1}^{n}(s-p_i)} \tag{9-2}$$

式中，H_0 为实数；z_i 称为网络函数的零点，$i=1,2,\cdots,m$，因为 $H(s)\big|_{s=z_i}=0$；p_i 称为网络函数 $H(s)$ 的极点，$i=1,2,\cdots n$ 因为 $H(s)\big|_{s=p_i}\to\infty$。

如 9.1 节指出，$H(s)$ 的零点和极点或为实数或为共轭复数，而且 $H(s)$ 的极点即为对应变量的固有频率。

例 9.2 求出 $H(s)=\dfrac{2s^2-12s+16}{s^3+4s^2+6s+3}$ 的极、零点。

解：（1）极点：令分母为 0，即 $s^3+4s^2+6s+3=0$。故有

$$s^3+4s^2+6s+3=(s+1)(s^2+3s+3)=(s+1)\left(s+\frac{\sqrt{3}}{2}+j\frac{\sqrt{3}}{2}\right)\left(s+\frac{\sqrt{3}}{2}-j\frac{\sqrt{3}}{2}\right)=0$$

得三个极点分别为：$p_1=-1$、$p_2=-\dfrac{3}{2}-j\dfrac{\sqrt{3}}{2}$、$p_3=\dfrac{-3}{3}+j\dfrac{\sqrt{3}}{2}$

（2）零点：令分子为 0，即 $2s^2-12s+16=0$。故有
$$2s^2-12s+16=2(s-2)(s-4)=0$$

得两个零点分别为：$z_1=2$、$z_2=4$

9.2.2 网络函数的冲激响应

零状态的电路对冲激信号的响应称为冲激响应。接下来讨论网络函数与冲激响应之间的关系，下面以单位冲激信号为例，设输入激励 $e(t)$ 为单位冲激函数 $\delta(t)$，由复变函数得 $L[\delta(t)]=1$，则

$$R(s)=H(s)E(s)=H(s)\mathscr{L}[\delta(t)]=H(s) \tag{9-3}$$

因此，电路对于单位冲激函数 $\delta(t)$ 的响应为

$$r(t)=\mathscr{L}^{-1}[R(s)]=\mathscr{L}^{-1}[H(s)] \tag{9-4}$$

设函数 $h(t)$ 为

$$h(t)=\mathscr{L}^{-1}[H(s)]=\mathscr{L}^{-1}\left[\sum_{i=1}^{n}\frac{k_i}{s-p_i}\right]=\sum_{i=1}^{n}k_i\mathrm{e}^{p_i t} \tag{9-5}$$

式中，p_i 为 $H(s)$ 的极点；$h(t)$ 为单位冲激响应。

可见，单位冲激响应和网络函数是一对拉普拉斯变换对。

例 9.3 RLC 串联电路接通恒定电压源 U_S，如图 9.2a 所示。用网络函数 $H(s)=U_C(s)/U_\mathrm{S}(s)$ 的极点分布情况来分析 $u_C(t)$ 的变化规律。

解： 由网络函数可得

$$H(s)=\frac{U_C(s)}{U_\mathrm{S}(s)}=\frac{1}{R+sL+1/sC}\cdot\frac{1}{sC}=\frac{1}{s^2LC+sRC+1}=\frac{1}{LC}\cdot\frac{1}{(s-p_1)(s-p)}$$

（1）当 $0<R<2\sqrt{L/C}$ 时，$p_{1,2}=-\delta\pm j\omega_\mathrm{d}$。其中

$$\delta=\frac{R}{2L},\quad \omega_0=\frac{1}{\sqrt{LC}},\quad \omega_\mathrm{d}=\sqrt{\omega_0-\delta^2}$$

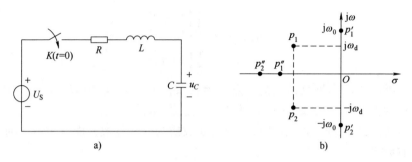

图 9.2　例 9.3 的图

这说明 $H(s)$ 的极点位于左半平面，如图 9.2b 中的 p_1、p_2，因此 $u_C(t)$ 的自由分量 $u_C''(t)$ 为衰减的正弦振荡，其包络线中的指数为 $e^{-\delta t}$，振荡角频率为 ω_d。

（2）当 $R=0$ 时，$\delta=0$，$\omega_d=\omega_0$，故有 $p'_{1,2}=\pm j\omega_0$。这说明 $H(s)$ 的极点位于虚轴上，如图 9.2b 中的 p'_1、p'_2，因此 $u_C''(t)$ 为等幅的正弦振荡，振荡角频率为 ω_0。

（3）当 $R>2\sqrt{L/C}$ 时，有

$$p_1=-\frac{R}{2L}+\sqrt{\left(\frac{R}{2L}\right)^2-\frac{1}{LC}}$$

$$p_2=-\frac{R}{2L}-\sqrt{\left(\frac{R}{2L}\right)^2-\frac{1}{LC}}$$

这说明 $H(s)$ 的极点位于负实轴上，如图 9.2b 中的 p''_1、p''_2，因此 $u_C''(t)$ 由 2 个衰减速度不同的指数函数组成。

$u_C(t)$ 的强制分量 $u_C'(t)$ 取决于激励的情况，本例中 $u_s(t)=U_S$，所以 $u_C'(t)=U_S$

9.3　网络函数的极点、零点和频率响应

对于 RLC 串联电路，设输入为正弦电压 $u_1=\sqrt{2}\,U_1\cos\omega t$，输出为电阻 R 上的电压 u_2，并设零状态响应即为 u_2。用拉氏变换可以求得网络函数 $H(s)$ 或电压转移函数为

$$H(s)=\frac{U_2(s)}{U_1(s)}=\frac{R}{R+sL+1/sC}=\frac{(R/L)s}{s^2+\left(\dfrac{R}{L}\right)s+\dfrac{1}{LC}} \qquad (9\text{-}6)$$

如果用相量法求在正弦稳态情况下的输出电压相量与输入电压相量之比，则有

$$\frac{\dot{U}_2}{\dot{U}_1}=\frac{R}{R+j\omega L+1/(j\omega C)}=\frac{(R/L)j\omega}{(j\omega)^2+\left(\dfrac{R}{L}\right)j\omega+\dfrac{1}{LC}} \qquad (9\text{-}7)$$

可见，若把式中的 s 用 $j\omega$ 来替代，则 $H(s)=\dot{U}_2/\dot{U}_1$。就是说，在 $s=j\omega$ 处计算所得网络函数 $H(s)$ 即 $H(j\omega)$，给出了角频率为 ω 时正弦稳态情况下的输出相量与输入相量之比。

这个结论在一般情况下也是成立的，所以研究 $H(j\omega)$ 随 ω 变化的情况就可以预见相应电路变量的正弦稳态响应随 ω 变化的特性。由于 $H(j\omega)$ 是在 $s=j\omega$ 时的一个特例，因此可以推论电路变量的频率响应应当与相应 $H(s)$ 的极、零点有着密切的关系。

对于某一固定角频率 ω 来说，$H(j\omega)$ 通常是一个复数，即可表示为

$$H(j\omega) = |H(j\omega)| e^{j\theta} \tag{9-8}$$

式中，$|H(j\omega)|$ 为网络函数在频率 ω 处的模值；$\theta = \arg[H(j\omega)]$ 为网络函数在频率 ω 处的相位。

通常把 $|H(j\omega)|$ 随 ω 变化的关系称为幅值频率响应，简称幅频响应。$\theta = \arg[H(j\omega)]$ 随 ω 变化的关系称为相位频率响应，简称相频响应。按式（9-2）有

$$H(j\omega) = H_0 \frac{\prod\limits_{i=1}^{m}(j\omega - z_i)}{\prod\limits_{i=1}^{n}(j\omega - p_i)} \tag{9-9}$$

于是有

$$|H(j\omega)| = H_0 \frac{\prod\limits_{i=1}^{m}|(j\omega - z_i)|}{\prod\limits_{i=1}^{n}|(j\omega - p_i)|} \tag{9-10}$$

所以若已知网络函数的极点和零点，则按式（9-9）便可以计算对应变量的频率响应。为了更直观地看出极点、零点对电路频率响应的影响，还可以通过在平面上做图的方法定性地描绘出频率响应。

9.4 二端口网络的定义

在一个复杂的电路只有两个端子向外连接，且仅对对外连接电路中的情况感兴趣，则该电路可视为一个一端口网络（见图 9.3a），并用戴维南或诺顿定理等效电路替代，然后再求出所需的电压和电流。

在工程上经常碰到涉及到两对端子之间的关系，如变压器、互感器、放大器、滤波器、晶体管放大器、通信网络的通话端与受话端等，如果不考虑它们的内部结构和工作状态，都可以按照二端口网络进行研究，将它们描述成如图 9.3b 所示情况。研究二端口网络有其现实意义，有些大型复杂的电路网络，例如集成电路，对于使用者来说，其内部结构及元件的特性是无法完全知道或难以确定的，而使用者所感兴趣的仅局限于该集成电路的端口管脚之间的电压、电流及其伏安特性方程所描述的特性，也就是外特性。即只需要对二端口网络的端口进行分析和测试，然后建立等效电路，并不去研究网络内部的结构和参数，这就是研究二端口网络的目的。本章讨论的二端口网络的分析方法，其分析问题的思路和方法很容易推广到一般的多端口网络，因为多端口网络可以看成若干个二端口网络的组合。

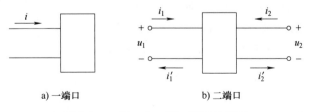

a) 一端口   b) 二端口

图 9.3 一端口和二端口网络示意图

何为二端口网络？就是含有两个端口的网络称为二端口网络，简称二端口。并不是所有含有两个端口的网络都是二端口网络，其两个端口的电流应满足一定的条件，即须满足

$$\begin{cases} i_1 = i_1' \\ i_2 = i_2' \end{cases} \qquad (9\text{-}11)$$

当向外伸出的 4 个端子上的电流无上述限制时，则称为四端网络。

这里所讲的二端口网络内部可以含有独立电源、受控电源。对于仅由线性的电阻、电感（包括互感）和电容元件所组成，并规定不包含任何独立的电源（如果用运算法分析时，还规定所有储能元件的初始条件均为零，即不存在附加电源）和受控源，这种二端口称为无源线性二端口网络。但是有时要考虑到内部存在的受控源的情况，当内部仅含受控源的二端口称为有源二端口网络。二端口网络端口处电压和电流的参考方向一般如图 9.3b 所示。

对二端口网络的研究，是将二端口网络作为一个整体来研究它对外部的作用或呈现的特性。由于二端口网络仅通过它的两个端口与外部电路相连，所以它对外部的作用就由它的两个端口的电压、电流的关系来描述。因而一般的研究方法是用相量方法研究二端口网络在正弦稳态下的外部特性，导出两个端口的电压、电流的相量关系。由在正弦稳态分析中所得的结果，很容易推广得到在复频率下的相应结果，用于分析二端口网络在暂态下的工作情况。

二端口网络的端口处有四个独立变量，如图 9.4 所示。研究它们之间的关系时，可以任取二个变量作为自变量，另外二个变量作为因变量（待求量），按排列组合关系，可以建立六组二端口外特性方程，有六组外特性参数，根据使用场合不同，选取不同的参数进行研究。但这六组参数中有二组参数使用很少，故只研究常用的四组参数，即 Y 参数、Z 参数、T 参数和 H 参数。

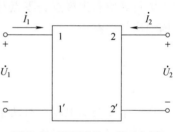

图 9.4　无源线性二端口电路

9.5 二端口网络的
Y、Z 参数

9.5 二端口网络的
T、H 参数

9.5　二端口网络的参数矩阵

图 9.4 所示为一个无源线性二端口网络。在分析中将按正弦电流电路的稳态情况考虑，并应用相量法。当然，也可以用运算法来讨论。假设在频率为 ω 的正弦稳态下，两个端口的电压、电流相量分别为 $\dot{U}_1$，$\dot{I}_1$，$\dot{U}_2$，$\dot{I}_2$（见图 9.4）。下面导出这四组描述二端口特性的方程和相应的参数。

9.5.1　Y 参数方程

如果在一个二端口的两个端口各施加一电压源（见图 9.5），每个端口的电压就等于所施加于该端口的电压源的电压。根据线性叠加定理，端口电流是这两个电压的线性函数，即

$$\begin{cases} \dot{I}_1 = Y_{11}\dot{U}_1 + Y_{12}\dot{U}_2 \\ \dot{I}_2 = Y_{21}\dot{U}_1 + Y_{22}\dot{U}_2 \end{cases} \qquad (9\text{-}12)$$

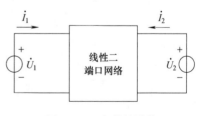

图 9.5　Y 参数的计算

式（9-12）中系数 Y_{11} 决定于二端口内部元件的参数和连接方式，而与外部电路无关，它表示端口电流对电压的关系，这些关系都是具有导纳的量纲，称这些系数为二端口的 **Y** 参数（也称为短路导纳参数）。式（9-12）称为二端口的 **Y** 参数方程。如果二端口网络内部结构比较简单，且元件的参数和连接方式已知，可利用前面求解电路的方法，列出回路电流方程、节点电压方程等，再整理成式（9-12）基本方程的形式从而求得 **Y** 参数。如果二端口网络的内部结构非常复杂，或者未知，则可用实验方法测得，也就是将输出端口和输入端口分别短路求 **Y** 参数，即

$$\begin{cases} Y_{11} = \dfrac{\dot{I}_1}{\dot{U}_1}\bigg|_{\dot{U}_2=0} \\[2mm] Y_{21} = \dfrac{\dot{I}_2}{\dot{U}_1}\bigg|_{\dot{U}_2=0} \\[2mm] Y_{12} = \dfrac{\dot{I}_1}{\dot{U}_2}\bigg|_{\dot{U}_1=0} \\[2mm] Y_{22} = \dfrac{\dot{I}_2}{\dot{U}_2}\bigg|_{\dot{U}_1=0} \end{cases} \tag{9-13}$$

式中，Y_{11} 是输出端口短路时输入端口的入端导纳，称为输入导纳；Y_{22} 是输入端口短路时输出端口的入端导纳，称为输出导纳；Y_{12} 和 Y_{21} 是不同端口的电流和电压之比的导纳，称为转移导纳。

如果满足

$$Y_{12} = Y_{21} \tag{9-14}$$

则称二端口网络具有互易性，此时 **Y** 参数中只有三个独立参数。对于不含受控源的线性无源二端口网络具有互易性。

如果满足

$$Y_{11} = Y_{22} \tag{9-15}$$

则称二端口网络具有对称性，满足互易和对称性的二端口网络只有二个独立参数。

将 **Y** 参数方程写成矩阵形式，得

$$\begin{bmatrix} \dot{I}_1 \\ \dot{I}_2 \end{bmatrix} = \begin{bmatrix} Y_{11} & Y_{12} \\ Y_{21} & Y_{22} \end{bmatrix} \begin{bmatrix} \dot{U}_1 \\ \dot{U}_2 \end{bmatrix} \tag{9-16}$$

上式中的系数矩阵称为 **Y** 参数矩阵。

例 9.4 求图 9.6a 所示二端口的 **Y** 参数。

解： 这个二端口的结构比较简单，它是一个 Π 型电路。求它的 Y_{11} 和 Y_{12} 时，把端口 2-2′ 短路，在端口 1-1′ 上外施电压 $\dot{U}_1$（见图 9.6b），这时可求出

$$\begin{cases} \dot{I}_1 = \dot{U}_1(Y_a + Y_b) \\ -\dot{I}_2 = \dot{U}_1 Y_b \end{cases}$$

式中 $\dot{I}_2$ 前有负号，是由于所指定的电流和电压的参考方向造成的。根据定义，可求得

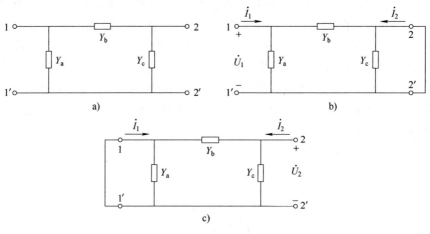

图 9.6   例 9.4 的图

$$Y_{11}=\frac{\dot{I}_1}{\dot{U}_1}\bigg|_{\dot{U}_2=0}=Y_a+Y_b \qquad\qquad Y_{21}=\frac{\dot{I}_2}{\dot{U}_1}\bigg|_{\dot{U}_2=0}=-Y_b$$

同样，如果把端口 1-1 短路，并在端口 2-2 上施电压 $\dot{U}_2$，则可求得

$$Y_{12}=\frac{\dot{I}_1}{\dot{U}_2}\bigg|_{\dot{U}_1=0}=-Y_b \qquad\qquad Y_{22}=\frac{\dot{I}_2}{\dot{U}_2}\bigg|_{\dot{U}_1=0}=Y_b+Y_c$$

即该二端口网络的 Y 参数矩阵为

$$Y=\begin{bmatrix} Y_a+Y_b & -Y_b \\ -Y_b & Y_b+Y_c \end{bmatrix}$$

电路的 Y 参数方程为

$$\begin{cases} \dot{I}_1=(Y_a+Y_b)\dot{U}_1-Y_b\dot{U}_2 \\ \dot{I}_2=-Y_b\dot{U}_1+(Y_b+Y_c)\dot{U}_2 \end{cases}$$

9.5.2   Z 参数方程

若在一个二端口的两个端口处各施加一个电流源（见图 9.7），则此时两个端口的电流分别等于所施加的电流源的电流。根据叠加定理，端口电压为电流的线性函数，得

$$\begin{cases} \dot{U}_1=Z_{11}\dot{I}_1+Z_{12}\dot{I}_2 \\ \dot{U}_2=Z_{21}\dot{I}_1+Z_{22}\dot{I}_2 \end{cases} \qquad (9\text{-}17)$$

式（9-17）中系数 Z_{ij} 决定于二端口内部元件的参数和连接方式，它表示端口电压对电流的关系，这些关系都是具有阻抗的量纲，称这些系数为二端口的 Z 参数（开路阻抗参数）。简单二端

图 9.7 Z 参数的计算

口网络可以从网络电路的基本分析法出发列出方程，如回路电流方程、节点电压方程等，再整理成上述二端口网络方程的形式从而求得 Z 参数。对于复杂二端口网络，如果内部元件的参数及连接方式未知，可用实验方法求取，也就是分别将两个端口处开路，即

$$\begin{cases} Z_{11} = \dfrac{\dot{U}_1}{\dot{I}_1}\bigg|_{\dot{I}_2=0} \\[3mm] Z_{21} = \dfrac{\dot{U}_2}{\dot{I}_1}\bigg|_{\dot{I}_2=0} \\[3mm] Z_{12} = \dfrac{\dot{U}_1}{\dot{I}_2}\bigg|_{\dot{I}_1=0} \\[3mm] Z_{22} = \dfrac{\dot{U}_2}{\dot{I}_2}\bigg|_{\dot{I}_1=0} \end{cases} \tag{9-18}$$

式中，Z_{11} 是输出端口开路时，输入端口的入端阻抗，又称为策动点阻抗或入口阻抗；Z_{22} 是输入端口开路时输出端口的入端阻抗，又称为策动点阻抗或出口阻抗；Z_{12} 和 Z_{21} 分别对应不同端口开路时电压和电流之比得到的阻抗，称为转移阻抗。

如果满足

$$Z_{12} = Z_{21} \tag{9-19}$$

则称二端口网络具有互易性，此时 Z 参数中只有三个独立参数。对于不含受控源的无源线性二端口网络具有互易性。

如果满足

$$Z_{11} = Z_{22} \tag{9-20}$$

称二端口网络具有对称性，满足互易性和对称性的二端口网络只有二个独立参数。

式（9-13）称为二端口网络的 Z 参数方程。将 Z 参数方程写成矩阵形式，得

$$\begin{bmatrix} \dot{U}_1 \\ \dot{U}_2 \end{bmatrix} = \begin{bmatrix} Z_{11} & Z_{12} \\ Z_{21} & Z_{22} \end{bmatrix} \begin{bmatrix} \dot{I}_1 \\ \dot{I}_2 \end{bmatrix} \tag{9-21}$$

上式中的系数矩阵称为 Z 参数矩阵。

对于同一二端口网络，Y 参数矩阵和 Z 参数矩阵的关系互为逆关系，即

$$Y = Z^{-1} \qquad\qquad Z = Y^{-1} \tag{9-22}$$

例 9.5　求图 9.8 所示二端口网络的 Z 参数，设电路中的储能元件无初始储能。

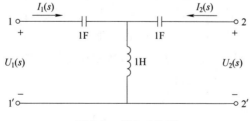

图 9.8　例 9.5 的图

解：这是一个 T 型电路，当输出端口开路时，输入端口的策动点阻抗为

$$Z_{11}(s) = \frac{U_1(s)}{I_1(s)}\bigg|_{I_2(s)=0} = \frac{1}{s} + s = \frac{s^2+1}{s}$$

输出端口电压为

$$U_2(s) = sI_1(s)$$

则有

$$Z_{21}(s) = \left. \frac{U_2(s)}{I_1(s)} \right|_{I_2(s)=0} = s$$

当输入端口开路时，输出端口的策动点阻抗为

$$Z_{22}(s) = \left. \frac{U_2(s)}{I_2(s)} \right|_{I_1(s)=0} = \frac{1}{s} + s = \frac{s^2+1}{s}$$

输入端口电压为

$$U_1(s) = sI_2(s)$$

则有

$$Z_{12}(s) = \left. \frac{U_1(s)}{I_2(s)} \right|_{I_1(s)=0} = s$$

故二端口网络的开路参数矩阵为

$$\boldsymbol{Z}(s) = \begin{pmatrix} \dfrac{s^2+1}{s} & s \\ s & \dfrac{s^2+1}{s} \end{pmatrix}$$

电路的 $\boldsymbol{Z}$ 参数方程为

$$\begin{cases} U_1(s) = \left(\dfrac{s^2+1}{s} \right) I_1(s) + sI_2(s) \\ U_2(s) = sI_1(s) + \left(\dfrac{s^2+1}{s} \right) I_2(s) \end{cases}$$

从开路参数矩阵可以看到，这是一个即互易又对称的二端口网络，是因为电路结构完全对称。

9.5.3 T 参数方程

在电力和通信系统中，经常讨论输入端口的电压、电流和输出端口的电压、电流之间的关系，输入端口和输出端口往往距离很远，通常用传输参数来表示两个端口之间的关系比较方便。T 参数方程是以输出端口的电压、电流（即 $\dot{U}_2$ 和 $\dot{I}_2$）为自变量，输入端口的电压、电流（即 $\dot{U}_1$ 和 $\dot{I}_1$）为因变量的方程。T 参数方程也称为传输参数方程。

图 9.9 所示的二端口的 T 参数方程是

$$\begin{cases} \dot{U}_1 = T_{11}\dot{U}_2 + T_{12}(-\dot{I}_2) \\ \dot{I}_1 = T_{21}\dot{U}_2 + T_{22}(-\dot{I}_2) \end{cases} \qquad (9\text{-}23)$$

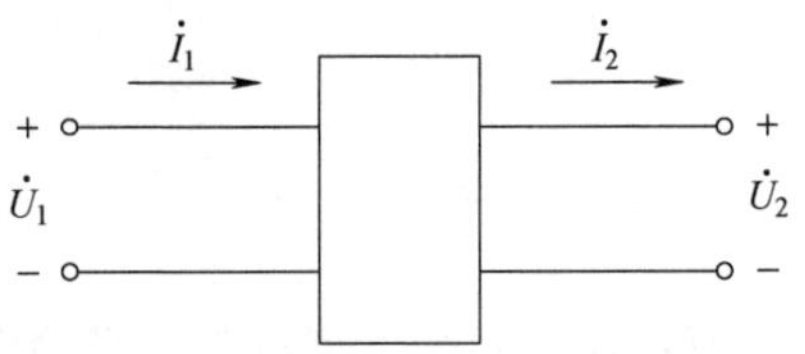

式中，参数 T_{11}，T_{12}，T_{21}，T_{22} 称为 T 参数。

由于二端口的电流电压习惯上采用关联参考方向，故电流 $\dot{I}_2$ 方向与关联参考方向相反，所以用 $(-\dot{I}_2)$ 表示。其中

图 9.9 T 参数的计算

$$\begin{cases} T_{11} = \left.\dfrac{\dot{U}_1}{\dot{U}_2}\right|_{\dot{I}_2=0} \\[3mm] T_{12} = \left.\dfrac{\dot{U}_1}{-\dot{I}_2}\right|_{\dot{U}_2=0} \\[3mm] T_{21} = \left.\dfrac{\dot{I}_1}{\dot{U}_2}\right|_{\dot{I}_2=0} \\[3mm] T_{22} = \left.\dfrac{\dot{I}_1}{-\dot{I}_2}\right|_{\dot{U}_2=0} \end{cases} \tag{9-24}$$

式中，T_{11} 为负载开路时，输入端口与输出端口电压之比，称为开路电压比；T_{12} 为负载短路时的转移阻抗；T_{21} 为负载开路时转移导纳；T_{22} 为负载短路时的输入端口和输出端口电流之比，称为短路电流比。

将前面方程写成矩阵形式如下：

$$\begin{bmatrix} \dot{U}_1 \\ \dot{I}_1 \end{bmatrix} = \begin{bmatrix} T_{11} & T_{12} \\ T_{21} & T_{22} \end{bmatrix} \begin{bmatrix} \dot{U}_2 \\ -\dot{I}_2 \end{bmatrix} \tag{9-25}$$

上式中的系数矩阵称为 **T** 参数矩阵。**T** 参数矩阵可以由式（9-12）所示的 **Y** 参数方程导出，也可以由计算和测量求出。即可由 **Y** 参数方程的第二式解出 $\dot{U}_1$，再代入第一式，整理得

$$\begin{cases} \dot{U}_1 = -\dfrac{Y_{22}}{Y_{21}}\dot{U}_2 + \dfrac{1}{Y_{21}}\dot{I}_2 \\[3mm] \dot{I}_1 = \dfrac{Y_{12}Y_{21}-Y_{11}Y_{22}}{Y_{21}}\dot{U}_2 - \dfrac{Y_{11}}{Y_{21}}(-\dot{I}_2) \end{cases}$$

将上式同 **T** 参数方程做比较，得到同一二端口网络的 **T** 参数与 **Y** 参数的关系是

$$\begin{cases} A = \left.\dfrac{\dot{U}_1}{\dot{U}_2}\right|_{\dot{I}_2=0} = -\dfrac{Y_{22}}{Y_{21}} \\[3mm] B = \left.\dfrac{\dot{U}_1}{-\dot{I}_2}\right|_{\dot{U}_2=0} = -\dfrac{1}{Y_{21}} \\[3mm] C = \left.\dfrac{\dot{I}_1}{\dot{U}_2}\right|_{\dot{I}_2=0} = Y_{12} - \dfrac{Y_{11}Y_{22}}{Y_{21}} \\[3mm] D = \left.\dfrac{\dot{I}_1}{-\dot{I}_2}\right|_{\dot{U}_2=0} = -\dfrac{Y_{11}}{Y_{21}} \end{cases} \tag{9-26}$$

由 **T** 参数矩阵的行列式得

$$\begin{vmatrix} T_{11} & T_{12} \\ T_{21} & T_{22} \end{vmatrix} = T_{11}T_{22} - T_{12}T_{21} = \frac{Y_{12}}{Y_{21}}$$

前面的分析表明，二端口若满足互易定理，它的 **Y** 参数满足 $Y_{12}=Y_{21}$，由此可得到互易的二

端口 T 参数满足的互易条件是

$$T_{11}T_{22} - T_{12}T_{21} = 1 \tag{9-27}$$

对于对称二端口，它的 Y 参数还满足对称条件 $Y_{11} = Y_{22}$，将此代入式（9-26）T_{11}、T_{22} 中，可得出对称二端口的 T 参数还须满足的条件是

$$T_{11} = T_{22} \tag{9-28}$$

例 9.6　求如图 9.10 所示二端口的 T 参数，设电路中的储能元件无初始储能。

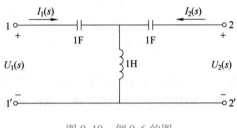

图 9.10　例 9.6 的图

解： 当输出端口开路时

$$\begin{cases} I_2(s) = 0 \\ U_1(s) = \left(\dfrac{1}{s} + s\right) I_1(s) = \dfrac{s^2+1}{s} I_1(s) \\ U_2(s) = s I_1(s) \end{cases}$$

因此

$$\begin{cases} T_{11}(s) = \dfrac{U_1(s)}{U_2(s)}\bigg|_{I_2(s)=0} = \dfrac{s^2+1}{s^2} \\ T_{21}(s) = \dfrac{I_1(s)}{U_2(s)}\bigg|_{I_2(s)=0} = \dfrac{1}{s} \end{cases}$$

当输出端口短路时

$$\begin{cases} U_2(s) = 0 \\ U_1(s) = \left(\dfrac{1}{s} + \dfrac{1}{s+1/s}\right) I_1(s) = \dfrac{2s^2+1}{s(s^2+1)} I_1(s) \\ -I_2(s) = \dfrac{s I_1(s)}{s+1/s} = \dfrac{s^2}{s^2+1} I_1(s) \end{cases}$$

因此

$$\begin{cases} T_{12}(s) = \dfrac{U_1(s)}{-I_2(s)}\bigg|_{U_2(s)=0} = \dfrac{\dfrac{2s^2+1}{s(s^2+1)} I_1(s)}{\dfrac{s^2}{s^2+1} I_1(s)} = \dfrac{2s^2+1}{s^3} \\ T_{22}(s) = \dfrac{I_1(s)}{-I_2(s)}\bigg|_{U_2(s)=0} = \dfrac{s^2+1}{s^2} \end{cases}$$

故传输参数矩阵为

$$T(s) = \begin{bmatrix} \dfrac{s^2+1}{s^2} & \dfrac{2s^2+1}{s^3} \\ \dfrac{1}{s} & \dfrac{s^2+1}{s^2} \end{bmatrix}$$

由于

$$T_{11}T_{22} - T_{12}T_{21} = \frac{s^2+1}{s^2} \times \frac{s^2+1}{s^2} - \frac{2s^2+1}{s^3} \times \frac{1}{s} = 1$$

所以该二端口网络是互易的，又由于 $T_{11} = T_{22}$，它也是对称的。

9.5.4　H 参数方程

如果以二端口的输入电流 $\dot{I}_1$ 和输出电压 $\dot{U}_2$ 为自变量（见图 9.4），而将输入电压 $\dot{U}_1$ 和输出电流 $\dot{I}_2$ 作为因变量，则可将两个端口的电压、电流关系表示为

$$\begin{cases} \dot{U}_1 = H_{11}\dot{I}_1 + H_{12}\dot{U}_2 \\ \dot{I}_2 = H_{21}\dot{I}_1 + H_{22}\dot{U}_2 \end{cases} \tag{9-29}$$

式中，系数 H_{ij} 称为二端口的 H 参数或混合参数。

式（9-29）称为二端口的 H 参数方程，H 参数可由下列式子求得

$$\begin{cases} H_{11} = \dfrac{\dot{U}_1}{\dot{I}_1}\bigg|_{\dot{U}_2=0} \\ H_{21} = \dfrac{\dot{I}_2}{\dot{I}_1}\bigg|_{\dot{U}_2=0} \\ H_{12} = \dfrac{\dot{U}_1}{\dot{U}_2}\bigg|_{\dot{I}_1=0} \\ H_{22} = \dfrac{\dot{I}_2}{\dot{U}_2}\bigg|_{\dot{I}_1=0} \end{cases} \tag{9-30}$$

式中，H_{11} 为输出端口短路时输入端口的入端阻抗，具有阻抗量纲；H_{21} 为输出端口短路时的短路电流与输入端口的入端电流之比值，也称短路电流比；H_{12} 为输入端口开路时输入和输出端口电压的比值，也称开路反向电压比；H_{22} 为输入端口开路时，输出端口的入端导纳。

上面各项参数中，既有阻抗、导纳量纲，还有无量纲的电压、电流比值，因此又称为混合参数。

H 参数方程的矩阵形式如下：

$$\begin{bmatrix} \dot{U}_1 \\ \dot{I}_2 \end{bmatrix} = \begin{bmatrix} H_{11} & H_{12} \\ H_{21} & H_{22} \end{bmatrix} \begin{bmatrix} \dot{I}_1 \\ \dot{U}_2 \end{bmatrix} \tag{9-31}$$

式中，系数矩阵称为 H 参数矩阵，也称为混合参数矩阵。

一个二端口的 H 参数也可以由它的 Y 参数导出。由 Y 参数方程得

$$\begin{cases} \dot{I}_1 = Y_{11}\dot{U}_1 + Y_{12}\dot{U}_2 \\ \dot{I}_2 = Y_{21}\dot{U}_1 + Y_{22}\dot{U}_2 \end{cases}$$

由第一式解出 $\dot{U}_1$ 后代入第二式得

$$\begin{cases} \dot{U}_1 = \dfrac{1}{Y_{11}}\dot{I}_1 - \dfrac{Y_{12}}{Y_{11}}\dot{U}_2 \\ \dot{I}_2 = \dfrac{Y_{21}}{Y_{11}}\dot{I}_1 + \dfrac{Y_{11}Y_{22} - Y_{12}Y_{21}}{Y_{11}}\dot{U}_2 \end{cases}$$

比较 $\boldsymbol{H}$ 参数方程与上式，有

$$\begin{cases} H_{11} = \dfrac{\dot{U}_1}{\dot{I}_1}\bigg|_{\dot{U}_2=0} = \dfrac{1}{Y_{11}} \\[2mm] H_{12} = \dfrac{\dot{U}_1}{\dot{U}_2}\bigg|_{\dot{I}_1=0} = -\dfrac{Y_{12}}{Y_{11}} \\[2mm] H_{21} = \dfrac{\dot{I}_2}{\dot{I}_1}\bigg|_{\dot{U}_2=0} = \dfrac{Y_{21}}{Y_{11}} \\[2mm] H_{22} = \dfrac{\dot{I}_2}{\dot{U}_2}\bigg|_{\dot{I}=0_1} = Y_{22} - \dfrac{Y_{12}Y_{21}}{Y_{11}} \end{cases} \tag{9-32}$$

对于互易的二端口，有 $Y_{12} = Y_{21}$，可得 $\boldsymbol{H}$ 参数的互易条件为

$$H_{12} = -H_{21} \tag{9-33}$$

对于对称二端口，在 $\boldsymbol{H}$ 参数矩阵的行列式中代入 $Y_{11} = Y_{22}$ 可得出它的 $\boldsymbol{H}$ 参数应满足的对称条件为

$$H_{11}H_{22} - H_{12}H_{21} = 1 \tag{9-34}$$

例 9.7 求图 9.11 所示二端口的 $\boldsymbol{H}$ 参数，设电路中的储能元件没有初始储能。

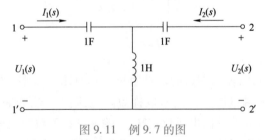

图 9.11　例 9.7 的图

解：首先计算混合参数矩阵 $\boldsymbol{H}(s)$

当输出端口短路时，由 $U_2(s)=0$ 可得输入端口的策动点阻抗为

$$\begin{cases} U_1(s) = \left(\dfrac{1}{s} + \dfrac{1}{s+1/s} \right) I_1(s) = \dfrac{2s^2+1}{s(s^2+1)} I_1(s) \\[2mm] I_2(s) = -\dfrac{s}{s+1/s} I_1(s) = -\dfrac{s^2}{s^2+1} I_1(s) \end{cases}$$

因而有

$$\begin{cases} H_{11} = \dfrac{U_1(s)}{I_1(s)}\bigg|_{U_2(s)=0} = \dfrac{2s^2+1}{s(s^2+1)} \\[4mm] H_{21}(s) = \dfrac{I_2(s)}{I_1(s)}\bigg|_{U_2(s)=0} = -\dfrac{s^2}{s^2+1} \end{cases}$$

当输入端口开路时，由 $I_1(s)=0$ 可得

$$U_1(s) = \frac{U_2(s)}{s+1/s}\cdot s = \frac{s^2}{s^2+1}U_2(s)$$

因而有

$$\begin{cases} H_{12}(s) = \dfrac{U_1(s)}{U_2(s)}\bigg|_{I_1(s)=0} = \dfrac{s^2}{s^2+1} \\[4mm] H_{22}(s) = \dfrac{I_2(s)}{U_2(s)}\bigg|_{I_1(s)=0} = \dfrac{1}{s+\dfrac{1}{s}} = \dfrac{s}{s^2+1} \end{cases}$$

故混合参数矩阵为

$$\boldsymbol{H}(s) = \begin{pmatrix} \dfrac{2s^2+1}{s(s^2+1)} & \dfrac{s^2}{s^2+1} \\[4mm] -\dfrac{s^2}{s^2+1} & \dfrac{s}{s^2+1} \end{pmatrix}$$

从 $\boldsymbol{H}(s)$ 参数矩阵中可以看到

$$H_{12} = -H_{21}$$

因此该二端口网络是互易的。又

$$H_{11}H_{22} - H_{12}H_{21} = \frac{2s^2+1}{s(s^2+1)}\times\frac{s}{s^2+1} - \frac{s^2}{s^2+1}\times\left(-\frac{s^2}{s^2+1}\right) = 1$$

故可知，该二端口网络是互易的。

9.6 二端口网络的等效电路

一个不含独立电源的一端口网络可以用一个阻抗（或导纳）构成的最简单的等效电路模型来替代。在复杂网络的分析中，常常也需要将一个不含独立源的二端口网络用一个尽可能简单的二端口等效电路模型来替代，等效条件是二端口等效电路模型的参数方程必须与被替代的二端口网络的参数方程相同。

描述线性互易二端口的每一组参数的四个参数中只有三个参数是独立的，用三个阻抗（或导纳）元件连接成的电路可以构成等效二端口网络，而构成等效二端口网络的最简等效电路只有图 9.12 中的 T 型电路或 Π 型电路。

对于图 9.12a 所示的 T 型电路，它的 $\boldsymbol{Z}$ 参数有

$$\begin{cases} Z_{11} = Z_1 + Z_3 \\ Z_{22} = Z_2 + Z_3 \\ Z_{12} = Z_{21} = Z_3 \end{cases}$$

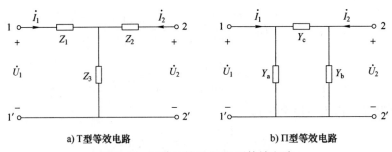

a) T型等效电路　　　　　　　　　　b) Π型等效电路

图 9.12　二端口的 T 和 Π 型等效电路

T 型电路的 $\boldsymbol{Z}$ 参数矩阵为

$$\boldsymbol{Z} = \begin{bmatrix} Z_1 + Z_3 & Z_3 \\ Z_3 & Z_2 + Z_3 \end{bmatrix}$$

反过来，如果知道了一个线性互易二端口网络的 $\boldsymbol{Z}$ 参数矩阵，则由上述关系该二端口网络可以用一个 T 型等效电路来替代，T 型等效电路的三个元件表达式为

$$\begin{cases} Z_1 = Z_{11} - Z_{12} \\ Z_2 = Z_{22} - Z_{12} \\ Z_3 = Z_{12} \end{cases} \tag{9-35}$$

对于图 9.12b 所示的 Π 型电路，它的 $\boldsymbol{Y}$ 参数有

$$\begin{cases} Y_{11} = Y_a + Y_c \\ Y_{22} = Y_b + Y_c \\ Y_{12} = Y_{21} = -Y_c \end{cases}$$

Π 型电路的 $\boldsymbol{Y}$ 参数矩阵为

$$\boldsymbol{Y} = \begin{bmatrix} Y_a + Y_c & -Y_c \\ -Y_c & Y_b + Y_c \end{bmatrix}$$

同样，如果知道了一个线性互易二端口网络的 $\boldsymbol{Y}$ 参数矩阵，则由上述关系可以用一个 Π 型等效电路来替代，Π 型等效电路的三个元件表达式为

$$\begin{cases} Y_a = Y_{11} + Y_{12} \\ Y_b = Y_{22} + Y_{12} \\ Y_c = -Y_{12} \end{cases} \tag{9-36}$$

对于一给定的二端口网络只需 T 型等效电路或 Π 型等效电路的各二端口参数分别等于给定的二端口相应的参数，就可确定二端口网络的等效电路中各阻抗（或导纳）的数值。

例 9.8　给出对应于下列各参数矩阵的任意一种等效二端口网络模型

(1) $\boldsymbol{Y} = \begin{vmatrix} 8 & -3 \\ -3 & 5 \end{vmatrix}$ S　　　　(2) $\boldsymbol{Z} = \begin{vmatrix} 9 & 2 \\ 2 & 6 \end{vmatrix}$ Ω

解：（1）由 $\boldsymbol{Y}$ 参数矩阵可以看出是互易的，其等效二端口网络可用 Π 型电路来替代，如图 9.13a 所示。该模型为纯导纳电路，由式（9-36）可知

$$\begin{cases} Y_a = Y_{11} + Y_{12} = (8-3)\,S = 5S \\ Y_b = Y_{22} + Y_{12} = (5-3)\,S = 2S \\ Y_c = -Y_{12} = 3S \end{cases}$$

图中各阻抗元件的单位均用电导值表示。

（2）由于 $\boldsymbol{Z}$ 参数矩阵是互易的，其等效二端口网络模型可用 T 型电路来替代，如图 9.13b 所示。该模型为纯电阻电路，由式（9-36）可知

$$Z_1 = Z_{11} - Z_{12} = (9-2)\Omega = 7\Omega, Z_2 = Z_{22} - Z_{12} = (6-2)\Omega = 4\Omega, Z_3 = Z_{12} = 2\Omega$$

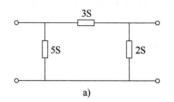 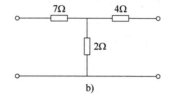

图 9.13 例 9.8 的图

例 9.9 已知某二端口网络（见图 9.14）的 $\boldsymbol{Z}$ 参数矩阵为 $\boldsymbol{Z} = \begin{vmatrix} 5 & 3 \\ 3 & 8 \end{vmatrix} \Omega$，试求：

（1）当 R 为多少时，可从电源获得最大功率？

（2）该最大功率为多少？

解：（1）根据给定的 $\boldsymbol{Z}$ 参数矩阵可知，该二端口网络具有互易性质，可用 T 型电路来等效这个二端口网络，这时原电路等效为图 9.15 所示的电路。

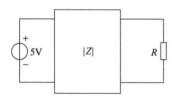 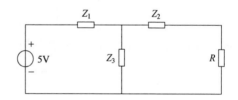

图 9.14 例 9.9 的图　　　　图 9.15 $\boldsymbol{Z}$ 参数矩阵等效电路图

由式（9-35）可知

$$Z_1 = Z_{11} - Z_{12} = (5-3)\Omega = 2\Omega, Z_2 = Z_{22} - Z_{12} = (8-3)\Omega = 5\Omega, Z_3 = Z_{12} = 3\Omega$$

利用戴维南定理将图 9.15 等效为图 9.16，其中

$$U_{oc} = \left(\frac{5V}{Z_1 + Z_3}\right)Z_3 = 3V \qquad R_{eq} = Z_2 + \frac{Z_1 Z_3}{Z_1 + Z_3} = 6.2\Omega$$

即当 $R = R_{eq} = 6.2\Omega$ 时，可从电源获取最大功率。

（2）此时电阻 R 从电源获取的最大功率为

$$P_{max} = RI^2 = R\left(\frac{U_{oc}}{R + R_{eq}}\right)^2 = 6.2 \times \left(\frac{3}{6.2 + 6.2}\right)^2 W = 0.363W$$

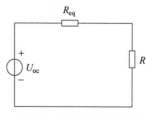

图 9.16 图 9.15 的戴维南
等效电路图

9.7 二端口网络的连接

在分析和设计电路时，经常将多个二端口通过一定的方式连接起来组成一个新的网络，其连接方式有很多种，常用的连接方式有级联、并联和串联。下面主要讨论由两个二端口网络以不同的连接方式连接后形成的复合二端口网络的参数与原来的各单独二端口网络的参数

之间的关系，由这种参数间的关系推广到更多的二端口网络的连接中去。

9.7.1 二端口网络的级联

将一个二端口的输出端口与另一个二端口的输入端口连接在一起，如图 9.17 所示，形成一个复合二端口网络（图 9.17 虚线框内），这样的连接方式称为两个二端口网络的级联。

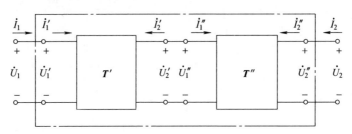

图 9.17 二端口的级联

分析二端口网络级联的电路，使用传输参数矩阵比较方便。给定级联的两个二端口网络的传输参数矩阵分别是

$$
\begin{cases}
\boldsymbol{T}' = \begin{bmatrix} A' & B' \\ C' & D' \end{bmatrix} \\
\boldsymbol{T}'' = \begin{bmatrix} A'' & B'' \\ C'' & D'' \end{bmatrix}
\end{cases}
\tag{9-37}
$$

级联后形成的复合二端口网络的传输参数矩阵设为

$$
\boldsymbol{T} = \begin{bmatrix} A & B \\ C & D \end{bmatrix}
\tag{9-38}
$$

从图 9.17 可以看出

$$
\dot{U}_1 = \dot{U}_1', \quad \dot{U}_2' = \dot{U}_1'', \quad \dot{U}_2'' = \dot{U}_2, \quad \dot{I}_1' = \dot{I}_1, \quad \dot{I}_1'' = -\dot{I}_2', \quad \dot{I}_2'' = \dot{I}_2
$$

则有

$$
\begin{bmatrix} \dot{U}_1 \\ \dot{I}_1 \end{bmatrix} = \begin{bmatrix} \dot{U}_1' \\ \dot{I}_1' \end{bmatrix} = \boldsymbol{T}' \begin{bmatrix} \dot{U}_2' \\ -\dot{I}_2' \end{bmatrix} = \boldsymbol{T}' \begin{bmatrix} \dot{U}_1'' \\ \dot{I}_1'' \end{bmatrix} = \boldsymbol{T}'\boldsymbol{T}'' \begin{bmatrix} \dot{U}_2'' \\ -\dot{I}_2'' \end{bmatrix} = \boldsymbol{T}'\boldsymbol{T}'' \begin{bmatrix} \dot{U}_2 \\ -\dot{I}_2 \end{bmatrix}
$$

即

$$
\begin{bmatrix} \dot{U}_1 \\ \dot{I}_1 \end{bmatrix} = \boldsymbol{T} \begin{bmatrix} \dot{U}_2 \\ -\dot{I}_2 \end{bmatrix} = \boldsymbol{T}'\boldsymbol{T}'' \begin{bmatrix} \dot{U}_2 \\ -\dot{I}_2 \end{bmatrix}
$$

$$
\boldsymbol{T} = \boldsymbol{T}'\boldsymbol{T}''
\tag{9-39}
$$

上式表明：两个二端口网络级联后形成的复合二端口的传输参数矩阵等于该两个二端口网络的传输参数矩阵的乘积。

例 9.10 求图 9.18a 所示 Π 型二端口网络的传输矩阵。

解：图 9.18a 所示的二端口可以看作由图 9.18b 所示的三个单元件二端口网络级联而成。各二端口网络的传输矩阵如下：

$$
\boldsymbol{T}_1 = \begin{pmatrix} 1 & 0 \\ Y_1 & 1 \end{pmatrix} \qquad \boldsymbol{T}_2 = \begin{pmatrix} 1 & Z \\ 0 & 1 \end{pmatrix} \qquad \boldsymbol{T}_3 = \begin{pmatrix} 1 & 0 \\ Y_2 & 1 \end{pmatrix}
$$

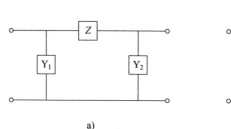 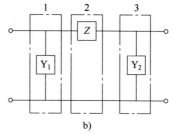

图 9.18   Ⅱ 型电路的传输矩阵

根据式（9-21）可得 Ⅱ 型二端口网络的传输矩阵为

$$T = T_1 T_2 T_3 = \begin{pmatrix} 1 & 0 \\ Y_1 & 1 \end{pmatrix}\begin{pmatrix} 1 & Z \\ 0 & 1 \end{pmatrix}\begin{pmatrix} 1 & 0 \\ Y_2 & 1 \end{pmatrix} = \begin{pmatrix} 1 & Z \\ Y_1 & Y_1 Z + 1 \end{pmatrix}\begin{pmatrix} 1 & 0 \\ Y_2 & 1 \end{pmatrix}$$

$$= \begin{pmatrix} 1 + Y_2 Z & Z \\ Y_1 + Y_2 + Y_1 Y_2 Z & 1 + Y_1 Z \end{pmatrix}$$

9.7.2 二端口网络的并联

将两个二端口网络的输入端口和输出端口分别并联，形成一复合二端口网络（见图 9.19），这样的连接方式称为二端口网络的并联。

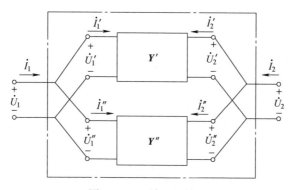

图 9.19   二端口的并联

讨论二端口网络并联的时候，使用 Y 参数比较方便。给定并联的两个二端口网络如图 9.16 所示，其 Y 参数矩阵分别为

$$Y' = \begin{bmatrix} Y'_{11} & Y'_{12} \\ Y'_{21} & Y'_{22} \end{bmatrix} \qquad Y'' = \begin{bmatrix} Y''_{11} & Y''_{12} \\ Y''_{21} & Y''_{22} \end{bmatrix} \tag{9-40}$$

并联后形成的复合二端口网络的 Y 参数矩阵设为

$$Y = \begin{bmatrix} Y_{11} & Y_{12} \\ Y_{21} & Y_{22} \end{bmatrix} \tag{9-41}$$

从图 9.19 可以看出

$$\dot{U}_1 = \dot{U}'_1 = \dot{U}''_1 \qquad \dot{U}_2 = \dot{U}'_2 = \dot{U}''_2 \qquad \dot{I}_1 = \dot{I}'_1 + \dot{I}''_1 \qquad \dot{I}_2 = \dot{I}'_2 + \dot{I}''_2$$

则有

$$\begin{bmatrix} \dot{I}_1 \\ \dot{I}_2 \end{bmatrix} = \begin{bmatrix} \dot{I}'_1 + \dot{I}''_1 \\ \dot{I}'_2 + \dot{I}''_2 \end{bmatrix} = \begin{bmatrix} \dot{I}'_1 \\ \dot{I}'_2 \end{bmatrix} + \begin{bmatrix} \dot{I}''_1 \\ \dot{I}''_2 \end{bmatrix} = Y' \begin{bmatrix} \dot{U}'_1 \\ \dot{U}'_2 \end{bmatrix} + Y'' \begin{bmatrix} \dot{U}''_1 \\ \dot{U}''_2 \end{bmatrix} = (Y' + Y'') \begin{bmatrix} \dot{U}_1 \\ \dot{U}_2 \end{bmatrix}$$

$$= Y \begin{bmatrix} \dot{U}_1 \\ \dot{U}_2 \end{bmatrix}$$

得

$$Y = Y' + Y'' \tag{9-42}$$

上式表明：两个二端口网络并联后形成的复合二端口网络的 Y 参数矩阵等于这两个二端口网络的 Y 参数矩阵的相加。

例 9.11 求图 9.20a 所示二端口的 Y 参数矩阵。

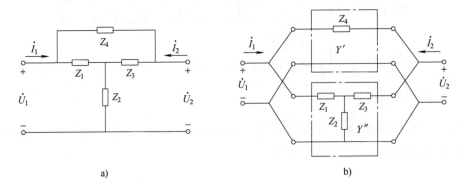

图 9.20　例 9.11 的图

解： 图 9.20a 所示电路可以看成是图 9.20b 中的两个二端口并联形成的电路。容易求出

$$Y' = \begin{pmatrix} \dfrac{1}{Z_4} & -\dfrac{1}{Z_4} \\ -\dfrac{1}{Z_4} & \dfrac{1}{Z_4} \end{pmatrix} \qquad Y'' = \begin{pmatrix} \dfrac{Z_2+Z_3}{\Delta} & -\dfrac{Z_2}{\Delta} \\ -\dfrac{Z_2}{\Delta} & \dfrac{Z_1+Z_2}{\Delta} \end{pmatrix}$$

其中

$$\Delta = Z_1 Z_2 + Z_2 Z_3 + Z_3 Z_1$$

根据式（9-24）即可以求得图 9.20a 所示二端口的 Y 参数矩阵为

$$Y = Y' + Y'' = \begin{pmatrix} \dfrac{1}{Z_4} & -\dfrac{1}{Z_4} \\ -\dfrac{1}{Z_4} & \dfrac{1}{Z_4} \end{pmatrix} + \begin{pmatrix} \dfrac{Z_2+Z_3}{\Delta} & -\dfrac{Z_2}{\Delta} \\ -\dfrac{Z_2}{\Delta} & \dfrac{Z_1+Z_2}{\Delta} \end{pmatrix}$$

$$= \begin{pmatrix} \dfrac{1}{Z_4} + \dfrac{Z_2+Z_3}{\Delta} & -\dfrac{1}{Z_4} - \dfrac{Z_2}{\Delta} \\ -\dfrac{1}{Z_4} - \dfrac{Z_2}{\Delta} & \dfrac{1}{Z_4} + \dfrac{Z_1+Z_2}{\Delta} \end{pmatrix}$$

9.7.3　二端口网络的串联

将两个二端口网络的输入端口和输出端口分别串联，形成一复合二端口网络（见

图 9.21），这样的连接方式称为二端口的串联。

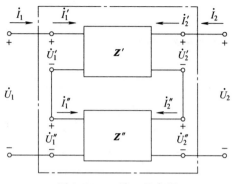

图 9.21　二端口的串联

分析二端口网络串联的时候，使用 $\boldsymbol{Z}$ 参数矩阵比较方便。给定串联的两个二端口网络的 $\boldsymbol{Z}$ 参数矩阵分别为

$$\boldsymbol{Z}' = \begin{bmatrix} Z'_{11} & Z'_{12} \\ Z'_{21} & Z'_{22} \end{bmatrix} \qquad \boldsymbol{Z}'' = \begin{bmatrix} Z''_{11} & Z''_{12} \\ Z''_{21} & Z''_{22} \end{bmatrix} \qquad (9\text{-}43)$$

串联后形成的复合二端口的 $\boldsymbol{Z}$ 参数矩阵设为

$$\boldsymbol{Z} = \begin{bmatrix} Z_{11} & Z_{12} \\ Z_{21} & Z_{22} \end{bmatrix} \qquad (9\text{-}44)$$

从图 9.21 可以看出

$$\dot{U}_1 = \dot{U}'_1 + \dot{U}''_1 \qquad \dot{U}_2 = \dot{U}'_2 + \dot{U}''_2 \qquad \dot{I}_1 = \dot{I}'_1 = \dot{I}''_1 \qquad \dot{I}_2 = \dot{I}'_2 = \dot{I}''_2$$

则有

$$\begin{bmatrix} \dot{U}_1 \\ \dot{U}_2 \end{bmatrix} = \begin{bmatrix} \dot{U}'_1 + \dot{U}''_1 \\ \dot{U}'_2 + \dot{U}''_2 \end{bmatrix} = \begin{bmatrix} \dot{U}'_1 \\ \dot{U}'_2 \end{bmatrix} + \begin{bmatrix} \dot{U}''_1 \\ \dot{U}''_2 \end{bmatrix} = \boldsymbol{Z}' \begin{bmatrix} \dot{I}'_1 \\ \dot{I}'_2 \end{bmatrix} + \boldsymbol{Z}'' \begin{bmatrix} \dot{I}''_1 \\ \dot{I}''_2 \end{bmatrix} = (\boldsymbol{Z}' + \boldsymbol{Z}'') \begin{bmatrix} \dot{I}_1 \\ \dot{I}_2 \end{bmatrix}$$

$$= \boldsymbol{Z} \begin{bmatrix} \dot{I}_1 \\ \dot{I}_2 \end{bmatrix}$$

即

$$\boldsymbol{Z} = \boldsymbol{Z}' + \boldsymbol{Z}'' \qquad (9\text{-}45)$$

上式表明：两个二端口网络串联后形成的复合二端口网络的 $\boldsymbol{Z}$ 参数矩阵等于这两个二端口网络的 $\boldsymbol{Z}$ 参数矩阵之和。

值得注意的是，两个二端口串联时，也可能出现每一个二端口条件因串联而不再成立、每一个二端口的方程就不再适用的情况，此时式（9-45）就失去意义。两个具有公共端的二端口，如图 9.22 所示，如果按照图中所示的方式串联连接时，每一个二端口的端口条件是一定能够满足的，由它们串联得到的复合二端口的 $\boldsymbol{Z}$ 参数就一定可以用式（9-45）计算。

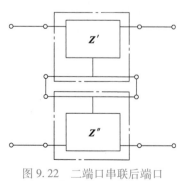

图 9.22　二端口串联后端口
条件仍成立的情形

习　题

9-1 试求图 9.23 所示二端口电路的 **Z** 参数矩阵。

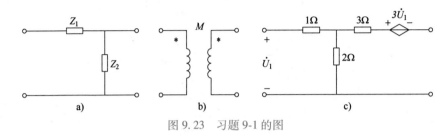

图 9.23　习题 9-1 的图

9-2 试求图 9.24 所示二端口电路的 **Y** 参数矩阵。

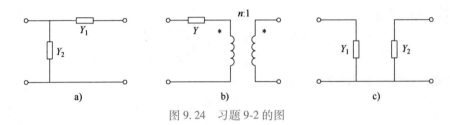

图 9.24　习题 9-2 的图

9-3 试求图 9.25 所示二端口电路的 **T** 参数矩阵。

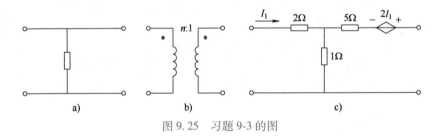

图 9.25　习题 9-3 的图

9-4 试求图 9.26 所示二端口电路的 **H** 参数矩阵。

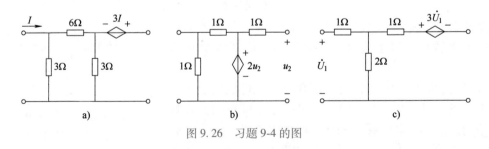

图 9.26　习题 9-4 的图

9-5 图 9.27 所示二端口网络的传输参数矩阵 $T = \begin{bmatrix} 2 & 6\Omega \\ 1S & 4 \end{bmatrix}$，问其输入电阻 R_i 为多少？

9-6 图 9.28 所示电路中，二端口网络为一对称二端口网络，若在 11′端口接 12V 的直流电源，测得

22′端口开路时，电压 $U_2 = 6V$；22′端口短路时，电流 $I_2 = -4V$。求此二端口网络的传输参数矩阵 $\boldsymbol{T}$。

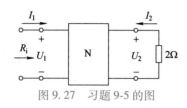

图 9.27 习题 9-5 的图

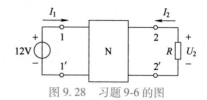

图 9.28 习题 9-6 的图

9-7 求图 9.29 所示 T 型电路的 $\boldsymbol{Y}$ 参数矩阵。

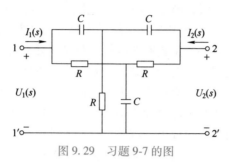

图 9.29 习题 9-7 的图

9-8 求图 9.30 所示二端口网络的 $\boldsymbol{T}$ 参数矩阵，设内部的二端口网络 N 的 $\boldsymbol{T}$ 参数矩阵为 $\boldsymbol{T}_N = \begin{bmatrix} A & B \\ C & D \end{bmatrix}$。

9-9 已知图 9.31 所示二端口网络的 $\boldsymbol{Z}$ 参数矩阵 $\boldsymbol{Z} = \begin{bmatrix} 4 & 2 \\ 2 & 6 \end{bmatrix} \Omega$，试求：

（1）当 $R = ?$ 时，可从电源获得最大功率。

（2）该最大功率为多少？

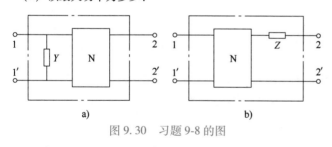

图 9.30 习题 9-8 的图

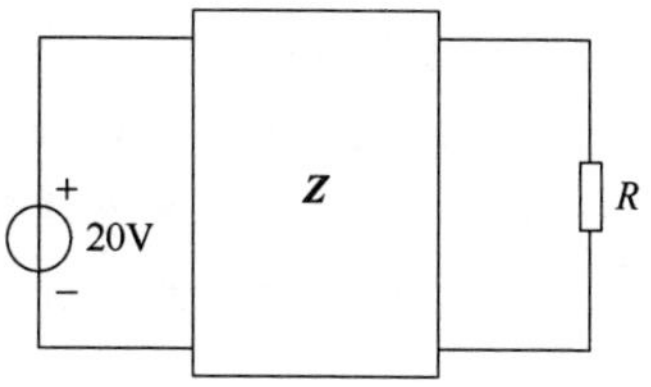

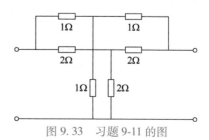

图 9.31 习题 9-9 的图

9-10 试设计一如图 9.32 所示的对称 T 型二端口，使其符合下述条件：

（1）当 $R = 75\Omega$ 时，此二端口的输入电阻也是 75Ω。

（2）其转移电压比为 $U_2/U_1 = 1/2$，试确定电阻 R_a 和 R_b 的值。

9-11 试求图 9.33 所示二端口的 $\boldsymbol{Y}$ 参数矩阵。

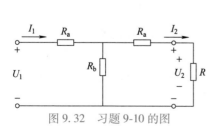

图 9.32 习题 9-10 的图

图 9.33 习题 9-11 的图

第 10 章　非线性电路和分布参数电路

前面各章讨论的内容都是线性电路，其中的电阻、电容、电感等元件的参数都是常数，电路中各元件的电流和电压关系可用线性方程（代数方程或常微分方程）来描述。但实际上，日常使用的电路元件都或多或少具有非线性，只是当其电流、电压不超出规定的误差范围时，就可以按线性元件处理，所得计算结果误差不大，不影响使用。可是一旦超出规定的误差范围，再按线性元件处理，就会产生很大的计算误差，严重影响到使用结果。本章将讨论这样一些元件，它们的电压和电流之间不是线性关系，或者说它们的参数不是常数，而是与电压、电流、磁链、电荷的数值或方向有关，这些元件称为非线性元件。非线性元件具有线性元件所没有的功能，如整流、稳压、调制、分频、振荡等功能。含有非线性元件的电路称为非线性电路，严格地讲，一切实际电路都是非线性电路。只是对于那些非线性程度较弱的电路元件，把它作为线性元件处理时不会带来较大的误差。但也有许多非线性元件的特征不能按线性处理，否则就将无法解释电路中发生的现象，甚至产生本质上的差异；或者虽无本质的影响，但却会造成很大的误差。所以研究非线性电路具有很重要的意义。

> **本章要点**
> 1) 理解非线性元件的伏安特性。
> 2) 掌握含非线性元件的电路方程的建立。
> 3) 掌握用小信号分析法求解非线性电路。
> 4) 了解分布参数电路和均匀传输线的基本概念。
> 5) 了解均匀传输线方程的建立及其正弦稳态解的计算。

10.1 非线性
电路

10.1　非线性元件的伏安特性

下面介绍非线性电阻、电感、电容元件。

10.1.1　非线性电阻元件

　　线性电阻元件遵从欧姆定律，若选电阻元件的 u，i 为关联参考方向，则可用 $u=Ri$ 表示其伏安关系；若用 u-i 平面上的曲线表示，则为一条通过坐标原点的直线。而非线性电阻元件则不遵从欧姆定律，而遵从某种特定的非线性函数关系，其电路符号如图 10.1a 所示。

　　非线性电阻元件的伏安特性可表达为

$$f_R(u,i)=0 \tag{10-1}$$

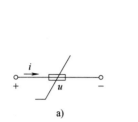 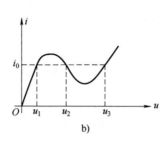 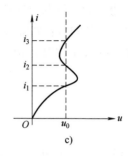

图 10.1　非线性电阻及其伏安特性曲线

　　求得非线性电阻元件的伏安特性的方法有两种：①根据物理定律推导非线性元件的理论特性，例如真空二极管的伏安特性曲线可表示为

$$i = k u^{\frac{3}{2}} \tag{10-2}$$

式中，k 为常数。

　　半导体二极管的伏安特性曲线可表示为

$$i = I_S(e^{au} - 1) \tag{10-3}$$

式中，I_S 和 a 都是常数。

　　这两式都是用数学解析式表示的非线性电阻元件的伏安特性。

　　利用非线性电阻元件的物理特性推导出其伏安特性关系往往非常困难，更常用的是采用实验的方法，利用实验得到的数据做出非线性电阻元件的伏安特性曲线。

　　依据元件上电压、电流之间关系特征的不同，非线性电阻元件可以分为电压控制型、电流控制型和单调型三种：

　　1）如果通过电阻的电流 i 是其端电压 u 的单值函数，则称这种电阻为电压控制型电阻（简称压控型电阻），其函数关系为

$$i = f(u) \tag{10-4}$$

"电压控制型"意味着用连续地改变加在元件两端电压的方法可以获得该元件完整的伏安特性曲线。电压控制型电阻的典型特性曲线如图 10.1b 所示，从特性曲线上可以看到：对于每个电压值 u，有且仅有一个电流值 i 与之对应；反之，同一个电流值 i 可能对应多个电压值 u。隧道二极管就具有这样的特性。压控型电阻常用在放大、振荡、记忆和开关电路中。

　　2）如果电阻元件的端电压 u 是其电流 i 的单值函数，则就称这种电阻为电流控制型电阻（简称流控型电阻），其函数关系可表示为

$$u = f(i) \tag{10-5}$$

其典型的伏安特性如图 10.1c 所示。从特性曲线上同样可以看出：对于每一个电流值 i，有且仅有一个电压值 u 与之对应；反之，对于同一个电压值 u，可能有多个电流值 i 与之相对应。辉光管就具有这种伏安特性。

　　3）如果某种非线性电阻的伏安关系既是压控又是流控的，并且伏安特性是单调增长或单调下降的，则称这种非线性电阻为单调型非线性电阻。PN 结二极管就属于这种非线性电阻，其函数关系为

$$i = I_S(e^{\frac{qu}{kT}} - 1) \tag{10-6}$$

式中，I_S 为常数，称为反向饱和电流；q 是电子的单位电荷（$1.6 \times 10^{-19}C$）；k 是玻耳兹曼常数（$1.38 \times 10^{-23}J/K$）；T 为热力学温度。

在 $T = 300K$（室温）时

$$\frac{q}{kT} = 40(J/C)^{-1} = 40V^{-1}$$

因此

$$i = I_S(e^{40u} - 1)$$

从式（10-6）亦可求得

$$u = \frac{kT}{q} \ln\left(\frac{1}{I_S}i + 1\right)$$

也就是说，电压 u 也可用电流 i 的单值函数表示，其伏安特性曲线如图 10.2b 所示。

因为线性电阻是双向元件，而许多非线性电阻却是单向元件，也就是说，当加在非线性电阻两端电压的方向改变时，流过其中的电流就会完全不同，即其伏安特性曲线并不对称于原点，图 10.2 就是典型的例子。

如果非线性电阻的伏安特性关系与时间有关，则称为时变电阻；如果非线性电阻的伏安特性与时间无关，则称为非时变电阻。时变电阻的伏安特性分析比较复杂，这里只讨论非时变电阻。

为了计算方便，对非线性非时变电阻引入静态电阻和动态电阻的概念。非线性电阻元件在某个工作点（见图 10.2b 中的 P 点）上的静态电阻 R 定义为该点的电压值 u 与电流值 i 之比，即

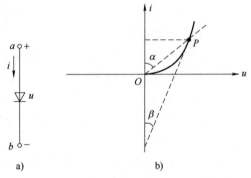

图 10.2　晶体二极管的伏安特性曲线

$$R = \frac{u}{i} \tag{10-7}$$

其中，P 点的静态电阻 R 正比于 $\tan\alpha$。

非线性电阻元件在某个工作点（见图 10.2b 中的 P 点）上的动态电阻 R_d 定义为该点电压增量对电流增量之比，即

$$R_d = \frac{du}{di} \tag{10-8}$$

P 点的动态电阻 R_d 正比于 $\tan\beta$。元件的动态参数是由特性曲线的切线所决定的，特性曲线上升部分的动态电阻为正，而下降部分则为负。图 10.1b、10.1c 所示伏安特性曲线的下倾段，其动态电阻为负值，因此这种非线性电阻具有"负电阻"的特性，但此点上的静态电阻仍为正值。

另外，非线性电阻还具有倍频作用，齐次定理和叠加定理不适用于非线性电阻电路。

10.1.2　非线性电容元件

非线性电容元件的特性一般也可以表示为

$$f_C(u,q)=0 \qquad 或 \qquad f_C(u,q,t)=0 \tag{10-9}$$

第一式表示非线性特性与时间无关，称为非时变的非线性电容；第二式表示的是时变的非线性电容。

对于非线性电容元件的特性常用电荷-电压（q-u）曲线，即库伏特性曲线表示，这里电荷采用的单位是库仑，电压采用的单位是伏特。如果电容的库伏特性曲线在 q-u 平面上是一条通过坐标原点的直线，则称为线性电容，否则就称为非线性电容，其电路符号和库伏特性曲线如图 10.3 所示。非线性电容也有与非线性电阻相类似的分类：

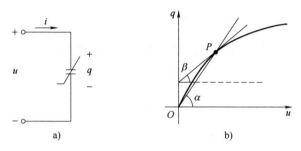

图 10.3　非线性电容及其库伏特性曲线

1）如果电荷是电压的单值函数，该电容就称为电压控制型电容。其特性关系式为
$$q=f(u) \tag{10-10}$$

2）如果电压是电荷的单值函数，则该电容就称为电荷控制型电容。其特性关系式为或
$$u=f(q) \tag{10-11}$$

3）非线性电容还有单调型的，其库伏特性在 q-u 平面上是单调增长或单调下降的。

对于非时变的非线性电容也有静态电容和动态电容的概念，其定义分别为

$$\begin{cases} C=\dfrac{q}{u}\bigg|_P \\[2mm] C_\mathrm{d}=\dfrac{\mathrm{d}q}{\mathrm{d}u}\bigg|_P \end{cases} \tag{10-12}$$

非线性电容的静态电容和动态电容都与工作点 P 有关，且 P 点的静态电容与 $\tan\alpha$ 成正比，P 点的动态电容与 $\tan\beta$ 成正比。

10.1.3　非线性电感元件

非线性电感元件的特性一般也可以表示为
$$f_L(i,\varPsi)=0 \qquad 或 \qquad f_L(i,\varPsi,t)=0 \tag{10-13}$$

第一式表示非线性特性与时间无关；第二式表示非线性特性与时间有关。

非线性电感元件的特性常用磁通链-电流（$\varPsi$-i）曲线，即韦安特性曲线表示，磁链的单位用韦伯，电流的单位用安培。如果电感元件的韦安特性在 $\varPsi$-i 平面上是一条通过原点的直线，则称为线性电感，否则就称这种电感元件为非线性电感元件。其电路符号及韦安特性如图 10.4 所示。

非线性电感元件也有与非线性电阻相类似的分类：

1）如果电流是磁链的单值函数，则该电感就称为磁链控制型电感，其特性关系为
$$i=h(\varPsi) \tag{10-14}$$

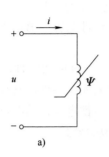
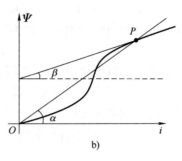

图 10.4　非线性电感及其韦安特性

2）如果磁链是电流的单值函数，则该电感就称为电流控制型电感，其特性关系为

$$\Psi = f(i) \tag{10-15}$$

同样，非时变的非线性电感也有静态电感和动态电感的概念，它们分别定义如下：

$$L = \frac{\Psi}{i}\bigg|_{P} \tag{10-16}$$

$$L_{\mathrm{d}} = \frac{\mathrm{d}\Psi}{\mathrm{d}i}\bigg|_{P} \tag{10-17}$$

在图 10.4b 中，工作点 P 上的静态电感 L 与 $\tan\alpha$ 成正比，动态电感 L_{d} 则与 $\tan\beta$ 成正比。

3）非线性电感也有单调型的，即其 Ψ-i 曲线是单调增长或单调下降的。因为大多数实际的非线性电感元件都是用包含铁磁材料做成的心子，称为铁心，导线绕在铁心上形成非线性电感。考虑到铁磁材料的磁滞现象，故 Ψ-i 特性具有回线形状，如图 10.5 所示。

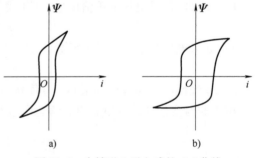

图 10.5　含铁磁心子电感的 Ψ-i 曲线

10.2 含有非线性元件的电路方程

10.2　含有非线性元件的电路方程

只要是集总参数电路，基尔霍夫定律就都适用，而不管电路是线性、非线性的，有源、无源的，还是时变、非时变的，所以非线性电路方程与线性电路方程的差别仅仅在于元件的特性约束方程上。非线性电阻电路的方程是一组非线性代数方程，而含有非线性储能元件（即非线性电容或非线性电感）的电路方程，则是一组非线性微分方程。下面通过实例来说明。

先来看一个非线性电阻电路方程建立过程的例子。

例 10.1　电路如图 10.6 所示，其中非线性电阻的特性方程为 $u_3 = 20i_3^{1/2}$。试列写电路方程。

解：（1）先列写元件约束方程，即各个电阻的电压、电流约束关系为

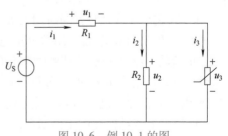

图 10.6　例 10.1 的图

$$\begin{cases} u_1 = R_1 i_1 \\ u_2 = R_2 i_2 \\ u_3 = 20 i_3^{1/2} \end{cases}$$

（2）根据 KCL、KVL 列写电路约束方程为

$$\begin{cases} i_1 = i_2 + i_3 \\ u_1 + u_2 = U_S \\ u_2 = u_3 \end{cases}$$

（3）把元件约束方程代入 KVL 方程中，得

$$\begin{cases} i_1 = i_2 + i_3 \\ R_1 i_1 + R_2 i_2 = U_S \\ R_2 i_2 = 20 i_3^{1/2} \end{cases}$$

对于上面这样简单的方程，不难用代数的方法求出非线性电阻元件中的电流 i_3。下面再来看一个含有非线性元件的电路建立电路方程的例子。

例 10.2 图 10.7 所示为一个已充电的线性电容 C 向晶体二极管放电的电路。设二极管的伏安特性关系可近似表示为 $i = au + bu^2$，其中 a, b 为常数。试列写此电路的方程。

解： 分别列写元件约束方程和电路约束方程

$$\begin{cases} C \dfrac{\mathrm{d}u_C}{\mathrm{d}t} = -i \\ u_C = u \end{cases}$$

将二极管的伏安特性关系代入后，有

$$C \frac{\mathrm{d}u_C}{\mathrm{d}t} = -a u_C - b u_C^2$$

即

$$\frac{\mathrm{d}u_C}{\mathrm{d}t} = -\frac{a}{C} u_C - \frac{b}{C} u_C^2$$

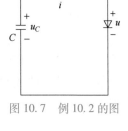

图 10.7　例 10.2 的图

设 $\alpha = \dfrac{a}{C}$，$\beta = \dfrac{b}{C}$，则方程可改写为

$$\frac{\mathrm{d}u_C}{\mathrm{d}t} = -\alpha u_C - \beta u_C^2$$

式中，u_C 为电路的状态变量。

显然，这是一个一阶非线性微分方程。非线性电路方程的解析解一般都是比较难以求出来的，但是可以利用计算机应用数值计算方法求取其数值解。

10.3　小信号分析法求解非线性电阻电路

在工程上常遇到的一些非线性电阻电路中，除直流电压源（或电流源）外，同时还有时变电压源（电流源）。这样，在非线性电阻上的响应中除了直流分量外，还存在时变分量（也称为交流分量），而且常常是时变分量远远小于直流分量。例如在半导体交流放大电路中，时变电

10.3 小信号分析法
求解非线性电路

源相当于信号源，直流电源则相当于偏置电源。分析此类电路，可采用小信号分析法。

小信号分析法是工程上分析非线性电阻电路的一个重要方法。所谓小信号，它的意思是指独立电源在它原有的固定值上叠加一个振幅很小的振荡（信号或扰动），所加振荡的振幅是如此之小，以致它并不影响非线性元件的运行情况。下面通过实例来说明。

在图 10.8a 所示的电路中，U_S 为直流电压源，$u_s(t)$ 则为时变电压源，并且满足 $U_S \gg |u_s(t)|$，R_S 为线性电阻，非线性电阻为半导体二极管 D，其 u-i 特性曲线如图 10.8b 所示，也可表示为

$$i = h(u) \tag{10-18}$$

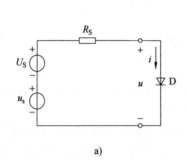

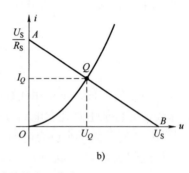

a)　　　　　　　　　　　　　　　　b)

图 10.8　非线性电路的静态工作点

根据 KVL 有

$$U_S + u_s(t) = R_S i(t) + u(t) \tag{10-19}$$

当 $u_s(t) = 0$ 时，即只有直流电压源单独作用时，负载线如图 10.8b 中的直线所示，它与二极管伏安特性曲线的交点 $Q(U_Q, I_Q)$ 即为静态工作点。在上述 $U_S \gg |u_s(t)|$ 的条件下，该电路的解 $u(t)$、$i(t)$ 必定位于静态工作点 $Q(U_Q, I_Q)$ 附近，所以可近似地把 $u(t)$、$i(t)$ 表示为

$$\begin{cases} u(t) = U_Q + \Delta u \\ i(t) = I_Q + \Delta i \end{cases} \tag{10-20}$$

其中 Δu、Δi 是由时变电压源 $u_s(t)$ 所引起的电压和电流增量。由于 $U_S \gg |u_s(t)|$，所以在任何时刻 t，必有 $|\Delta u| \ll U_Q$，$|\Delta i| \ll I_Q$。

根据晶体二极管 D 的特性方程式（10-18）和式（10-20），有

$$I_Q + \Delta i = h(U_Q + \Delta u)$$

由于 Δu 很小，故可将上式右边展开为泰勒级数，并只取前两项，即

$$I_Q + \Delta i \approx h(U_Q) + \left. \frac{\mathrm{d}h}{\mathrm{d}u} \right|_Q \cdot \Delta u$$

因为 $I_Q = h(U_Q)$，则由上式可得

$$\Delta i = \left. \frac{\mathrm{d}h}{\mathrm{d}u} \right|_Q \cdot \Delta u \tag{10-21}$$

根据动态电阻的定义，有

$$\left. \frac{\mathrm{d}h}{\mathrm{d}u} \right|_Q = G_d = \frac{1}{R_d} \tag{10-22}$$

式中，G_d 是二极管 D 在静态工作点 $Q(U_Q,I_Q)$ 处的动态电导；R_d 是其动态电阻；它们在静态工作点 $Q(U_Q,I_Q)$ 上都是常数，故有

$$\Delta i = G_d \Delta u \tag{10-23}$$

或

$$\Delta u = R_d \Delta i \tag{10-24}$$

另将式（10-20）代入式（10-19），有

$$U_S + u_s(t) = R_S(I_Q + \Delta i) + U_Q + \Delta u \tag{10-25}$$

又因为在静态工作点 $Q(U_Q,I_Q)$ 上必有

$$\begin{cases} I_Q = h(U_Q) \\ R_S I_Q + U_Q = U_S \end{cases} \tag{10-26}$$

从式（10-25）中消去式（10-26）中的第二式可得

$$u_s(t) = R_S \Delta i + R_d \Delta i \tag{10-27}$$

由式（10-27）即可画出图 10.8a 电路在静态工作点 $Q(U_Q,I_Q)$ 上的小信号等效电路，如图 10.9 所示。

根据小信号等效电路可求得

$$\Delta i = \frac{u_s(t)}{R_S + R_d} \tag{10-28}$$

$$\Delta u = R_d \Delta i = \frac{R_d}{R_S + R_d} \cdot u_s(t) \tag{10-29}$$

图 10.9 小信号等效电路

代入式（10.20）便可获得此非线性电路的解为

$$i(t) = I_Q + \frac{u_s(t)}{R_S + R_d} \tag{10-30}$$

$$u(t) = U_Q + \frac{R_d}{R_S + R_d} \cdot u_s(t) \tag{10-31}$$

例 10.3 在如图 10.10a 所示的电路中，直流电流源 $I_S = 10A$，$R_S = \frac{1}{3}\Omega$，非线性电阻为电压控制型，其特性曲线如图 10.10b 所示，函数表达式为 $i(t) = g(u) = \begin{cases} u^2 & (u>0) \\ 0 & (u<0) \end{cases}$，小信号电流源 $i_s(t) = 0.5\cos t A$，试求静态工作点和由小信号电流源产生的电压 Δu 和电流 Δi。

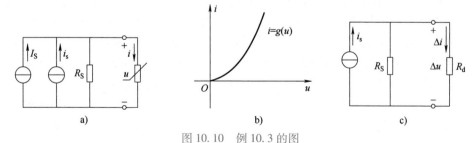

图 10.10 例 10.3 的图

解： 应用 KCL，有

$$\frac{1}{R_S}u + i = I_S + i_s$$

即

$$3u+g(u) = 10+0.5\cos t$$

先求静态工作点 $Q(U_Q,I_Q)$，即令 $i_s=0$，则由上式得

$$3u+g(u) = 10$$

结合

$$g(u)=\begin{cases}u^2 & (u>0)\\ 0 & (u<0)\end{cases}$$

可解得

$$U_Q=2\text{V},\ I_Q=4\text{A}$$

静态工作点 $Q(2,4)$ 上的动态电导为

$$G_d=\frac{\mathrm{d}g(u)}{\mathrm{d}u}\bigg|_{U_Q}=\frac{\mathrm{d}(u^2)}{\mathrm{d}u}\bigg|_{U_Q}=2u\mid_{U_Q}=4\text{S}$$

依此可画出小信号等效电路，如图 10.10c 所示，并可求得

$$\Delta i=\frac{R_S}{R_S+R_d}\cdot i_s=\frac{2}{7}\cos t\text{A}$$

$$\Delta u=R_d\Delta i=\frac{1}{14}\cos t\text{V}$$

则电路的全解为

$$\begin{cases}i=I_Q+\Delta i=\left(4+\dfrac{2}{7}\cos t\right)\text{A}\\[2mm] u=U_Q+\Delta u=\left(2+\dfrac{1}{14}\cos t\right)\text{V}\end{cases}$$

10.4 分布参数电路的概念

在此以前的各章中，讨论的都是集总参数电路。在集总参数电路中，电路的电、磁、热等现象用有限个集总的电路元件来进行模拟。例如将电路中的热损耗集总起来用电阻模拟，线圈中的磁场效应用电感模拟，电容器中的电场效应用电容模拟，这种用等效的集总元件构成的电路称为集总参数电路（有的教科书中称为集中参数电路）。同时，认为连接各个元件的则是既无电阻又无电感的理想导线，而且这些导线与电路其他导线部分之间的分布电容都不予考虑。但是实际情况并非如此，因为任何导线的电阻都是沿着导线的全部长度分布的；任何线圈的电感也都是分布在线圈的每一匝上，即使是一根导线也存在着分布电感；任何两根导线之间不仅有分布电容，而且由于绝缘的不完善，处处都有漏电导的存在。因此可以说，电路中的任何参数都具有分布性，一切实际电路都是分布参数电路。虽然如此，并不是在任何情况下都必须考虑电路参数的分布性。在物理学中学过，电磁波是以有限速度在空间传播的，它由电路的一端传播到电路的另一端是需要时间的。因此，当电路的线性尺寸 l 比电路中电压、电流变化的最高频率 f 相对应的波长小很多时，即电磁波由电路的一端传播到另一端的时间可以忽略时，常常可以不必考虑一些影响极为微小的分布参数；而另一些不能忽略的分布参数也常可把它们等效成为一些集总参数（例如，可以把线圈导线的电阻看作是与电感相串联的电阻，而把线圈线匝之间的电容看作是与电感相并联的电容），从而可以把这种电路近似地作为集总参数电路来分析。当电路的线性尺寸 l 可以与电路中的电压、电

流的工作波长 λ 相比较时，就必须把电路作为分布参数来考虑。大体上可以认为，当

$$l \leqslant \frac{\lambda}{100} \tag{10-32}$$

时（$\lambda f = c = 3 \times 10^8 \text{m/s}$），电路可以作为集总参数电路来研究；否则就应该作为分布参数电路来考虑。

例如在工频（$f = 50\text{Hz}$）工作下的电力网系统，其对应的波长为

$$\lambda = \frac{c}{f} = \frac{3 \times 10^8 \text{m/s}}{50\text{Hz}} = 6000\text{km}$$

根据前面的判则，只要电力线的长度不超过

$$l \leqslant \frac{\lambda}{100} = \frac{6000\text{km}}{100} = 60\text{km}$$

就可以将此电力系统作为集总参数电路来研究。而对于在高频工作下的手机来说，例如对 GSM 制的手机，其工作频率为 900MHz，其对应的波长为

$$\lambda = \frac{c}{f} = \frac{3 \times 10^8 \text{m/s}}{900 \times 10^6 \text{Hz}} = 0.33\text{m}$$

只要手机中电路或电线的长度

$$l \leqslant \frac{\lambda}{100} = \frac{0.33\text{m}}{100} = 3.3\text{mm}$$

就可将其电路作为集总参数电路来研究。当不满足上述条件时，就不能按集总参数电路进行分析计算，否则会产生很大的误差。另外，对于计算机电路、高频工作的仪器等都必须注意这一问题。

在电力工程中，输送电能的远距离高压传输线是典型的分布参数电路。这种传输线虽然工作频率很低（50Hz），但是工作电压很高（35kV 以上），而且线性尺寸很大（一般大于200km）。在这种电力传输线中，除掉导线的电阻和电感都是沿线分布之外，由于电缆介质绝缘不完善而引起的泄漏电流以及由于导线间电容而引起的电容电流也都是沿传输线分布的。因此在同一瞬间导线上各处的电流是不相同的，沿线各处导线间电压也不相等，所以不能作为集总参数电路来研究。在通信工程高频信号电信线路中，计算机和各种控制设备中使用的传输线，如平行二线传输线和同轴电缆等，虽然线性尺寸可能比较小，但是当信号频率或脉冲重复频率很高时，也必须作为分布参数电路来处理，否则如果仍采用集总参数电路的方法分析和计算，会造成很大的误差。同样，当电路在极短时间的冲击电压（或电流）作用下，例如户外变压器在雷电的冲击波作用下，变压器绕组间电压的分布也需用分布参数的方法处理。

在分布参数电路理论中，用线间分布电容来反映沿传输线周围空间分布的电场的储能特性；用沿线的分布电感来反映沿传输线周围空间分布的磁场的储能特性。此外，因电流通过金属导体而引起发热损耗的现象存在于传输线的整个长度上，用以反映这一现象的电路参数是沿线的分布电阻；因绝缘不完善而引起的线间泄漏电流也是沿线分布的，用以反映这一现象的电路参数是线间的分布漏电导。

在分布参数电路中，电压、电流不仅是时间的函数，同时也是距离的函数，列写的电路动态方程是偏微分方程。电路的分布参数致使信号传输有延迟现象，有各种行波和驻波现

象，阻抗匹配的性质也与集总参数电路不相同。

由于均匀传输线的几何尺寸及媒质的电磁性能的均匀性，上述用以反映传输线电磁过程的各个电路参数都是均匀地分布于传输线的全线上。故均匀传输线的原始参数是以每单位长度的电路参数来表示的，即：单位长度线段上的电阻 R_0（包括来回两导线），其单位为 Ω/m；单位长度线段上的电感 L_0，其单位为 H/m；单位长度线段的两导体间的漏电导 G_0 其单位为 S/m；单位长度线段上的电容 C_0，其单位为 F/m。这 4 个原始参数可以通过计算或测量来确定，并可被认为在相当宽的频率范围内基本都是恒定的，即认为这 4 个参数均为常量。

对于均匀长线中电、磁、热现象的研究，可以用电磁场理论的方法，也可以用分布参数电路的方法，本章采用后者的方法。

10.5 均匀传输线及其电路方程

考察图 10.11 所示的两根均匀传输线，选择传输线始端（激励源端）作为计算距离的起点，即令该处 $x=0$，x 轴的正方向由始端指向终端（负载端）。传输线上的电压 u 及电流 i 的参考方向如图中所示。

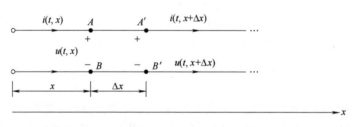

图 10.11　一段传输线及其上电压、电流的参考方向

对均匀传输线上各处电压和电流进行分析时，要比处理集总参数电路复杂一些。由于均匀传输线的各电路参数均匀地分布于传输线的全线上，因而传输线上的电压和电流，不仅是时间 t 的函数，而且是空间坐标 x 的函数，即

$$\begin{cases} u=u(x,t) \\ i=i(x,t) \end{cases} \tag{10-33}$$

故传输线的方程将是含有变量 t 和 x 的偏微分方程。为了研究均匀传输线上各处电压和电流随时间变化的规律和在指定时刻电压、电流沿线分布规律，首先需要建立在任意工作状态下均匀线的电压和电流均应满足的偏微分方程。为此，在距传输线始端 x 处取一长度为 Δx 的微段来研究，当 Δx 足够小时，可以忽略该微段上电路参数的分布性，而用图 10.12 所示的集总参数电路来等效代替。整个均匀传输线可以视为由一系列这样的微段级联而成。这样一来，对于分布参数电路，基尔霍夫定律本来是不适用的，但由于在 Δx 微段已经用集总参数电路来等效代替，就仍然可以根据基尔霍夫两个定律来列写方程。

设均匀传输线的每一长度元 dx 具有电阻 $R_0 dx$ 和电感 $L_0 dx$，两导线间具有电容 $C_0 dx$ 和电导 $G_0 dx$，这样构成了如图 10.12 所示的均匀传输线电路模型。

设长度元 dx 左端的电压和电流分别 u 和 i，右端的电压和电流分别为 $u+\dfrac{\partial u}{\partial x}dx$ 和 $i+\dfrac{\partial i}{\partial x}dx$，

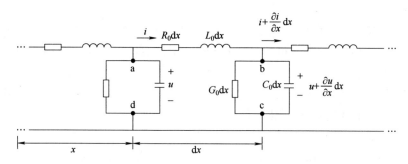

图 10.12　长度为 Δx 的一微段传输线的电路模型

对结点 b 写 KCL 方程有

$$i-\left(i+\frac{\partial i}{\partial x}dx\right)-G_0dx\left(u+\frac{\partial u}{\partial x}dx\right)-C_0dx\,\frac{\partial}{\partial x}\left(u+\frac{\partial u}{\partial x}dx\right)=0 \tag{10-34}$$

对回路 abcda 写 KVL 方程有

$$u-\left(u+\frac{\partial u}{\partial x}dx\right)-(R_0dx)i-L_0dx\,\frac{\partial i}{\partial t}=0 \tag{10-35}$$

略去二阶无穷小量并约去 dx 后，便得到均匀传输线方程为

$$-\frac{\partial u}{\partial x}=R_0i+L_0\,\frac{\partial i}{\partial t} \tag{10-36}$$

$$-\frac{\partial i}{\partial x}=G_0u+C_0\,\frac{\partial u}{\partial t} \tag{10-37}$$

这就是均匀传输线偏微分方程组，其中 u、i 是 t、x 的函数，可写成 $u(x,t)$、$i(x,t)$，简称均匀传输线方程。可见电压和电流不仅随时间变化，同时也随距离变化。这是分布参数电路与集总参数电路的一个显著区别。均匀传输线方程是研究均匀传输线的工作状态（暂态和稳态）的基本依据。

式（10-36）表明，由于均匀传输线上连续分布的电阻和电感分别引起相应的电位降，致使线间电压沿线变化；式（10-37）表明，由于均匀传输线导线间连续分布的漏电导和电容分别在线间引起相应的泄漏电流和位移电流，致使电流沿线变化。

下面推导只含一个变量 u（或 i）的方程。

式（10-36）中对 x 求偏导得

$$-\frac{\partial^2 u}{\partial x^2}=\left(R_0+L_0\,\frac{\partial}{\partial t}\right)\frac{\partial i}{\partial x} \tag{10-38}$$

再将（10-36）代入上式整理得

$$\frac{\partial^2 u}{\partial x^2}=\left(R_0+L_0\,\frac{\partial}{\partial t}\right)\left(G_0+C_0\,\frac{\partial}{\partial t}\right)u \tag{10-39}$$

同理可推得

$$\frac{\partial^2 i}{\partial x^2}=\left(G_0+C_0\,\frac{\partial}{\partial t}\right)\left(R_0+L_0\,\frac{\partial}{\partial t}\right)i \tag{10-40}$$

上两式也是均匀传输线方程，它们具有相同的形式，互成对耦。

均匀传输线方程是一组常系数线性偏微分方程，在给定的初始条件和边界条件下，即可

唯一地确定其解 $u(t,x)$ 和 $i(t,x)$。

例 10.4 图 10.13 所示为一传输线，线长 $l = 150\text{km}$，设始端激励为 $U_\text{S} = 200\text{V}$ 的直流电压源，终端短路。已知传输线每单位长度的参数为 $R_0 = 1\Omega/\text{km}$，$G_0 = 5 \times 10^{-5}\text{S/km}$。试计算达到稳态后终端的电流 I_2。

解： 由于激励为直流电压源，到达稳态后沿线的电压都不随时间而变化。所以按式（10-36）和式（10-37）有

图 10.13　例 10.4 图

$$-\frac{\text{d}U}{\text{d}x} = R_0 I \qquad -\frac{\text{d}I}{\text{d}x} = G_0 U$$

消去变量 I 可得

$$\frac{\text{d}^2 U}{\text{d}x^2} = R_0 G_0 U$$

其解为

$$U = A_1 \text{e}^{-\alpha x} + A_2 \text{e}^{\alpha x}$$

其中 $\alpha = \sqrt{R_0 G_0} = \sqrt{50} \times 10^{-3}/\text{km}$，$A_1$，$A_2$ 可由边界条件确定。由于 $x = 0$ 处，$U = U_\text{S} = 200\text{V}$；$x = l = 150\text{km}$ 处 $U = 0\text{V}$，于是有

$$\begin{cases} A_1 + A_2 = 200 \\ A_1 \text{e}^{-\alpha l} + A_2 \text{e}^{\alpha l} = 0 \end{cases}$$

故可求得 $A_1 = 227.24$，$A_2 = -27.24$，最后得

$$\begin{cases} U = (227.24\text{e}^{-\sqrt{50} \times 10^{-3} x} - 27.24\text{e}^{\sqrt{50} \times 10^{-3} x})\text{V} \\ I_2 = \frac{1}{R_0}\left(-\frac{\partial U}{\partial x}\right)_{x=l} = 1.11\text{A} \end{cases}$$

如果用集总电路模型分析此传输线，则可用图 10.14 所示电路，其中 $R = R_0 l$ 代表传输线的总电阻，$G_1 = G_2 = \frac{l}{2}G_0$。由此电路可得

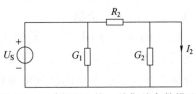

图 10.14　例 10.4 的一种集总参数模型

$$I_2 = \frac{U_\text{S}}{R} = \frac{200}{150}\text{A} = 1.33\text{A}$$

把此结果与前面所得结果 $I_2 = 1.11\text{A}$ 相比较，可见由于集总电路模型造成的误差已达到 20%。这是由于把沿线分布的漏电流用集总漏电导表示而引起的。

10.6　均匀传输线电路方程的正弦稳态解

设均匀传输线的激励源是角频率为 ω 的正弦电压源，当电路达到稳定状态后，传输线上各处的电压、电流随时间变化的规律均为与激励源同频率的正弦时间函数，故可用电压相量 $\dot{U}$ 和电流相量 $\dot{I}$ 分别表示该正弦电压 $u(x,t)$ 和正弦电流 $i(x,t)$，即

$$\begin{cases} u(x,t) = I_\text{m}[\sqrt{2}\dot{U}\text{e}^{\text{j}\omega t}] \\ i(x,t) = I_\text{m}[\sqrt{2}\dot{I}\text{e}^{\text{j}\omega t}] \end{cases} \tag{10-41}$$

式中，I_m 表示取虚部；电压相量 $\dot{U}$ 和电流相量 $\dot{I}$ 仍然是距离 x 的函数，即

$$\begin{cases} \dot{U} = \dot{U}(x) \\ \dot{I} = \dot{I}(x) \end{cases} \tag{10-42}$$

在正弦稳态下，根据式（10-36）和式（10-37）所示均匀传输线方程可以写出如下的相量方程：

$$-\frac{\mathrm{d}\dot{U}}{\mathrm{d}x} = (R_0 + \mathrm{j}\omega L_0)\dot{I} \tag{10-43}$$

$$-\frac{\mathrm{d}\dot{I}}{\mathrm{d}x} = (G_0 + \mathrm{j}\omega C_0)\dot{U} \tag{10-44}$$

或

$$-\frac{\mathrm{d}\dot{U}}{\mathrm{d}x} = Z_0\dot{I} \tag{10-45}$$

$$-\frac{\mathrm{d}\dot{I}}{\mathrm{d}x} = Y_0\dot{U} \tag{10-46}$$

式中 $\qquad Z_0 = R_0 + \mathrm{j}\omega L_0 \qquad\qquad Y_0 = G_0 + \mathrm{j}\omega C_0$

分别为均匀传输线单位长度线段上的阻抗和单位长度导线间的导纳。

式（10-43）和式（10-44）所示相量形式的均匀传输线方程已不含时间变量 t，从而成为常系数线性常微分方程。下面求解常微分方程式（10-43）。

将式（10-43）对 x 求导数，然后将式（10-46）代入，得

$$-\frac{\mathrm{d}^2\dot{U}}{\mathrm{d}x^2} = Z_0\frac{\mathrm{d}\dot{I}}{\mathrm{d}x} = -Z_0Y_0\dot{U}$$

即

$$\frac{\mathrm{d}^2\dot{U}}{\mathrm{d}x^2} = Z_0Y_0\dot{U} = \gamma^2\dot{U} \tag{10-47}$$

式（10-47）是一个二阶常系数线性微分方程，它的通解是

$$\dot{U} = A_1\mathrm{e}^{-\gamma x} + A_2\mathrm{e}^{\gamma x} \tag{10-48}$$

而

$$\dot{I} = \frac{-1}{Z_0}\frac{\mathrm{d}\dot{U}}{\mathrm{d}x} = \frac{\gamma}{Z_0}(A_1\mathrm{e}^{-\gamma x} - A_2\mathrm{e}^{\gamma x}) = \frac{A_1}{Z_c}\mathrm{e}^{-\gamma x} - \frac{A_2}{Z_c}\mathrm{e}^{\gamma x} \tag{10-49}$$

式中

$$\gamma = \beta + \mathrm{j}\alpha \overset{\mathrm{def}}{=\!=} \sqrt{Z_0Y_0} = \sqrt{(R_0 + \mathrm{j}\omega L_0)(G_0 + \mathrm{j}\omega C_0)} \tag{10-50}$$

$$Z_c = \frac{Z_0}{\gamma} = \sqrt{\frac{Z_0}{Y_0}} \tag{10-51}$$

γ 称为均匀传输线的传播常数，是一个无量纲的复数，它决定于均匀线的原始参数及电源频率的复数导出参数。γ 的幅角在 $0° \sim 90°$ 之间，故其实部 β 和虚部 α 均应为正值。而 Z_c 具有电阻的量纲，叫作传输线的波阻抗或特性复阻抗。

式（10-48）和式（10-49）是均匀传输线方程正弦稳态解的一般表示式，式中的复常数 A_1 和 A_2 必须由边界条件（即始端或终端的电压或电流）来确定。

如果始端的电压相量 $\dot{U}_1$ 和电流相量 $\dot{I}_1$ 是已知的，即当 $x = 0$ 时，有 $\dot{U} = \dot{U}_1$，$\dot{I} = \dot{I}_1$。以之代入式（10-48）和式（10-49），得

$$\begin{cases} A_1+A_2=\dot{U}_1 \\ A_1-A_2=Z_c\dot{I}_1 \end{cases}$$

解得

$$\begin{cases} A_1=\dfrac{1}{2}(\dot{U}_1+Z_c\dot{I}_1) \\ A_2=\dfrac{1}{2}(\dot{U}_1-Z_c\dot{I}_1) \end{cases}$$

把 A_1 和 A_2 的值代回式（10-48）和式（10-49），就得到传输线上任何处的线间电压相量 $\dot{U}$ 及线路电流相量 $\dot{I}$ 为

$$\dot{U}=\frac{1}{2}(\dot{U}_1+Z_c\dot{I}_1)\mathrm{e}^{-\gamma x}+\frac{1}{2}(\dot{U}_1-Z_c\dot{I}_1)\mathrm{e}^{\gamma x} \tag{10-52}$$

$$\dot{I}=\frac{1}{2Z_c}(\dot{U}_1+Z_c\dot{I}_1)\mathrm{e}^{-\gamma x}-\frac{1}{2Z_c}(\dot{U}_1-Z_c\dot{I}_1)\mathrm{e}^{\gamma x} \tag{10-53}$$

由于

$$\begin{cases} \mathrm{ch}\gamma x=\dfrac{1}{2}(\mathrm{e}^{\gamma x}+\mathrm{e}^{-\gamma x}) \\ \mathrm{sh}\gamma x=\dfrac{1}{2}(\mathrm{e}^{\gamma x}-\mathrm{e}^{-\gamma x}) \end{cases} \tag{10-54}$$

式（10-52）和式（10-53）可以用双曲线函数的形式表示为

$$\begin{cases} \dot{U}=\dot{U}_1\mathrm{ch}\gamma x-\dot{I}_1Z_c\mathrm{sh}\gamma x \\ \dot{I}=-\dfrac{\dot{U}_1}{Z_c}\mathrm{sh}\gamma x+\dot{I}_1\mathrm{ch}\gamma x \end{cases} \tag{10-55}$$

如果传输线的长度为 l，则传输线终端的电压相量 $\dot{U}_2$ 和电流相量 $\dot{I}_2$ 为

$$\begin{cases} \dot{U}_2=\dot{U}_1\mathrm{ch}\gamma l-\dot{I}_1Z_c\mathrm{sh}\gamma l \\ \dot{I}_2=-\dfrac{\dot{U}_1}{Z_c}\mathrm{sh}\gamma l+\dot{I}_1\mathrm{ch}\gamma l \end{cases} \tag{10-56}$$

如果已知的不是传输线始端的电压相量 $\dot{U}_1$ 和电流相量 $\dot{I}_1$，而是终端的电压相量 $\dot{U}_2$ 和电流相量 $\dot{I}_2$，则从传输线的终端算起较为方便。这时，可以令 $x=l-x'$，x' 是从传输线终端到所讨论的那一处的距离（见图 10.15），于是由式（10-48）和式（10-49）有

$$\dot{U}=A_1\mathrm{e}^{-\gamma(l-x')}+A_2\mathrm{e}^{\gamma(l-x')}=A_1\mathrm{e}^{-\gamma l}\mathrm{e}^{\gamma x'}+A_2\mathrm{e}^{\gamma l}\mathrm{e}^{-\gamma x'}=A_3\mathrm{e}^{\gamma x'}+A_4\mathrm{e}^{-\gamma x'}$$

式中

$$A_3=A_1\mathrm{e}^{-\gamma l} \qquad A_4=A_2\mathrm{e}^{\gamma l}$$

及

$$\dot{I}=\frac{A_3}{Z_c}\mathrm{e}^{\gamma x'}-\frac{A_4}{Z_c}\mathrm{e}^{-\gamma x'}$$

在 $x'=0$ 处，$\dot{U}=\dot{U}_2$，$\dot{I}=\dot{I}_2$，于是有

$$\begin{cases} A_3+A_4=\dot{U}_2 \\ A_3-A_4=Z_c\dot{I}_2 \end{cases}$$

解得

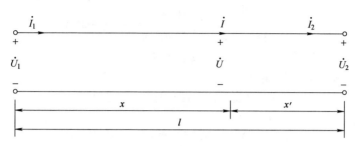

图 10.15 从始端起算变为终端

$$\begin{cases} A_3 = \dfrac{1}{2}(\dot{U}_2 + Z_c \dot{I}_2) \\[2mm] A_4 = \dfrac{1}{2}(\dot{U}_2 - Z_c \dot{I}_2) \end{cases}$$

因而

$$\dot{U} = \frac{1}{2}(\dot{U}_2 + Z_c \dot{I}_2)\mathrm{e}^{\gamma x'} + \frac{1}{2}(\dot{U}_2 - Z_c \dot{I}_2)\mathrm{e}^{-\gamma x'} \tag{10-57}$$

$$\dot{I} = \frac{1}{2Z_c}(\dot{U}_2 + Z_c \dot{I}_2)\mathrm{e}^{\gamma x'} - \frac{1}{2Z_c}(\dot{U}_2 - Z_c \dot{I}_2)\mathrm{e}^{-\gamma x'} \tag{10-58}$$

上式的双曲线函数形式为

$$\dot{U} = \dot{U}_2 \mathrm{ch}\gamma x' + \dot{I}_2 Z_c \mathrm{sh}\gamma x'$$

$$\dot{I} = \frac{\dot{U}_2}{Z_c}\mathrm{sh}\gamma x' + \dot{I}_2 \mathrm{ch}\gamma x' \tag{10-59}$$

例 10.5 某三相超高压传输线的单相等效参数如下：$R_0 = 0.09\,\Omega/\mathrm{km}$，$L_0 = 1.33\times10^{-3}\,\mathrm{H/km}$，$C_0 = 8.48\times10^{-9}\,\mathrm{F/km}$，$G_0 = 0.1\times10^{-6}\,\mathrm{S/km}$。传输线的长度为 200km，传输线的终端电压为 220kV，负载功率为 160MW，功率因数为 0.9（感性）工作频率 50Hz。求始端的电压和电流以及传输效率。

解： 先计算传输线的传播常数 γ 和波阻抗 Z_c 分别为

$$\gamma = \sqrt{(R_0 + \mathrm{j}\omega L_0)(G_0 + \mathrm{j}\omega C_0)} = 1.067\times10^{-3} \angle 82.85°$$

$$Z_c = \sqrt{\frac{R_0 + \mathrm{j}\omega L_0}{G_0 + \mathrm{j}\omega C_0}} = 400.4 \angle -5.005°$$

还须计算：

$$\gamma l = 0.02656 + \mathrm{j}0.2117$$

$$\mathrm{ch}\gamma l = \frac{1}{2}\mathrm{e}^{\gamma l} + \frac{1}{2}\mathrm{e}^{-\gamma l} = 0.978 \angle 0.328°$$

$$\mathrm{sh}\gamma l = \frac{1}{2}\mathrm{e}^{\gamma l} - \frac{1}{2}\mathrm{e}^{-\gamma l} = 0.2118 \angle 82.95°$$

因为，以终端相电压为参考相量时，有

$$U_2 = U_2 \angle 0° \frac{U_{l2}}{\sqrt{3}} = \frac{220}{\sqrt{3}} \times 127\mathrm{kV}$$

终端电流为
$$I_2 = \frac{P_2}{\sqrt{3}\,U_{l2}\cos\varphi_2} = \frac{160\text{MW}}{\sqrt{3}\times220\times0.9} = 0.4665\text{kA}$$

而 $\varphi_2 = \arccos 0.9 = 25.84°$，故 $I_2 = I_2\angle-\varphi_2 = 0.4665\angle-25.84°$

传输线始端的电压相量和电流相量分别为
$$\dot{U}_1 = \dot{U}_2\text{ch}\gamma l + \dot{I}_2 Z_c\text{sh}\gamma l = 151.9\angle12.13°\text{kV}$$

$$\dot{I}_1 = \frac{\dot{U}_2}{Z_c}\text{sh}\gamma l + \dot{I}_2\text{ch}\gamma l = 0.4338\angle-17.35°\text{kA}$$

始端的线电压为
$$U_{l1} = \sqrt{3}\,U_1 = \sqrt{3}\times151.9\text{kV} = 263.1\text{kV}$$

始端的功率因数角为
$$\varphi_2 = 12.13° + 17.35° = 29.48°$$

输入功率为
$$P_1 = \sqrt{3}\,U_{l1}I_1\cos\varphi_1 = 172.1\text{MW}$$

传输效率为
$$\eta = \frac{P_2}{P_1} = \frac{160}{172.1} = 0.9297 = 92.97\%$$

习　题

10-1　如果通过非线性电阻的电流为 $\cos(\omega t)$ A，要使该电阻二端的电压中仅含有 4ω 角频率的电压分量，试求该电阻的伏安特性，写出其解析表达式。

10-2　设非线性电容的库伏特性为 $u = 1 + 2q + 3q^2$，如果电容的电量从 $q(t_0) = 0$ 充电至 $q(t) = 1$C，试求此时电容储存的能量。

10-3　设非线性电感的韦安特性为 $\psi = i^3$，当有 2A 电流流过电感时，试求此时的静态电感值。

10-4　设有一非线性电阻其伏安特性为 $u = f(i) = 100i + i^2$。则

(1) 试分别求出 $i_1 = 2$A、$i_2 = 10$A、$i_3 = 10$mA 时对应的电压值 u_1、u_2、u_3。

(2) 求 $i = 2\sin(314t)$A 时对应的电压 u。

(3) 设 $u_{12} = f(i_1 + i_2)$V，试问 $u_{12} = u_1 + u_2$ 是否成立？

10-5　电路如图 10.16 所示，试列出其结点电压方程，设电路中的非线性均为电压控制型，且有 $i_1 = u_1^3$，$i_2 = u_2^2$，$i_3 = u_3^{\frac{3}{2}}$。

10-6　电路如图 10.17 所示，$U_s = 84$V，$R_1 = 2$kΩ，$R_2 = 10$kΩ，非线性电阻的伏安特性关系为 $i_3 = 0.3u_3 + 0.04u_3^2$A，试求电流 i_1 和 i_3。

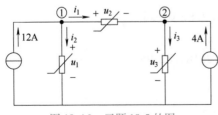

图 10.16　习题 10-5 的图

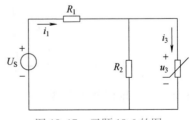

图 10.17　习题 10-6 的图

10-7 在图 10.18 所示电路中，已知 $U_S = 9V$，$R_1 = 2\Omega$，非线性电阻的伏安特性关系为 $u_2 = -2i + \dfrac{1}{3}i^2 V$，若 $u_s = \sin t V$，试求电流 i。

10-8 在图 10.19 所示电路中，非线性电阻的伏安特性关系为 $u = 2i + i^3$，已知当 $u_s(t) = 0$ 时，电路中的电流 $I_Q = 1A$，当 $u_s(t) = \cos(\omega t) V$ 时，试用小信号分析法求此时的电路电流 i。

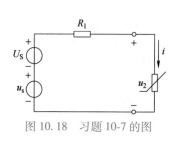

图 10.18 习题 10-7 的图

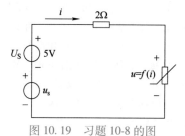

图 10.19 习题 10-8 的图

10-9 长距离传输线电路如图 10.20 所示，已知 $l = 200km$，$U_S = 100V$，$R_0 = 1\Omega/km$，$G_0 = 1\times10^{-5}S/km$，如果负载处短路，试求 I_2。

图 10.20 习题 10-9 的图

10-10 某均匀传输线的参数是 $R_0 = 2.8\Omega/km$，$L_0 = 0.2\times10^{-3}H/km$，$G_0 = 0.6\times10^{-6}F/km$，试求工作频率为 1kHz 时传输线的波阻抗 Z_c 和传播常数 γ。

10-11 一高压线长 $l = 300km$，终端接负载，功率为 30MW，功率因素为 0.9（感性），已知输电线的 $Z_0 = 1\angle80°\Omega/km$，$Y_0 = 6.5\times10^{-6}\angle90°S/km$，设负载端电压 $\dot{U}_2 = 115.5\angle0°kV$，求距离始端 200km 处的电压、电流相量。

10-12 已知均匀传输线的参数 $Z_0 = 0.427\angle79°\Omega/km$，$Y_0 = 2.7\times10^{-6}\angle90°S/km$，终端处电压、电流的相量分别为 $\dot{U}_2 = 220\angle0°kV$，$\dot{I}_2 = 455\angle0°A$，求传输线上距终端 900km 处的电压和电流。设信号频率为 50Hz。

参 考 文 献

[1] 邱关源. 电路 [M]. 5 版. 北京：高等教育出版社，2006.

[2] 李瀚荪. 电路分析基础 [M]. 5 版. 北京：高等教育出版社，2017.

[3] 秦曾煌. 电工学 [M]. 7 版. 北京：高等教育出版社，2010.

[4] 张永瑞. 电路分析基础 [M]. 4 版. 西安：西安电子科技大学出版社，2013.

[5] 王文辉，刘淑英，蔡胜乐，等. 电路与电子学 [M]. 3 版. 北京：电子工业出版社，2003.

[6] 范承志，江传桂，孙士乾. 电路原理 [M]. 北京：机械工业出版社，2003.

[7] 李海. 电工电子技术 [M]. 北京：中国电力出版社，2007.

[8] 吴大正. 电路基础 [M]. 2 版. 西安：西安电子科技大学出版社，2000

[9] 史仪凯. 电工电子技术 [M]. 北京：科学出版社，2005.

[10] 孙玉芹. 电路理论 [M]. 北京：冶金工业出版社，2003.

[11] 李守成. 电工电子技术 [M]. 西安：西安交通大学出版社，2002.

[12] 胡翔骏. 电路分析 [M]. 北京：高等教育出版社，2004.

[13] 贺洪江，王振涛. 电路基础 [M]. 北京：高等教育出版社，2004.

[14] 张永瑞，王松林，李晓平. 电路基础典型题解及自测试题 [M]. 西安：西北工业大学出版社，2002.

[15] 郑宗亚. 电工电子技术：上、下册 [M]. 北京：中国电力出版社，2008.

[16] 付植桐. 电工技术 [M]. 北京：清华大学出版社，2001.